全国高等职业教育规划教材
计算机专业编委会成员名单

出 版 说 明

根据《教育部关于以就业为导向深化高等职业教育改革的若干意见》中提出的高等职业院校必须把培养学生动手能力、实践能力和可持续发展能力放在突出的地位，促进学生技能的培养，以及教材内容要紧密结合生产实际，并注意及时跟踪先进技术的发展等指导精神，机械工业出版社组织全国近60所高等职业院校的骨干教师对在2001年出版的"面向21世纪高职高专系列教材"进行了全面的修订和增补，并更名为"全国高等职业教育规划教材"。

本系列教材是由高职高专计算机专业、电子技术专业和机电专业教材编委会分别会同各高职高专院校的一线骨干教师，针对相关专业的课程设置，融合教学中的实践经验，同时吸收高等职业教育改革的成果而编写完成的，具有"定位准确、注重能力、内容创新、结构合理和叙述通俗"的编写特色。在几年的教学实践中，本系列教材获得了较高的评价，并有多个品种被评为普通高等教育"十一五"国家级规划教材。在修订和增补过程中，除了保持原有特色外，针对课程的不同性质采取了不同的优化措施。其中，核心基础课的教材在保持扎实的理论基础的同时，增加实训和习题；实践性较强的课程强调理论与实训紧密结合；涉及实用技术的课程则在教材中引入了最新的知识、技术、工艺和方法。同时，根据实际教学的需要对部分课程进行了整合。

归纳起来，本系列教材具有以下特点：

1）围绕培养学生的职业技能这条主线来设计教材的结构、内容和形式。

2）合理安排基础知识和实践知识的比例。基础知识以"必需、够用"为度，强调专业技术应用能力的训练，适当增加实训环节。

3）符合高职学生的学习特点和认知规律。对基本理论和方法的论述要容易理解、清晰简洁，多用图表来表达信息；增加相关技术在生产中的应用实例，引导学生主动学习。

4）教材内容紧随技术和经济的发展而更新，及时将新知识、新技术、新工艺和新案例等引入教材。同时注重吸收最新的教学理念，并积极支持新专业的教材建设。

5）注重立体化教材建设。通过主教材、电子教案、配套素材光盘、实训指导和习题及解答等教学资源的有机结合，提高教学服务水平，为高素质技能型人才的培养创造良好的条件。

由于我国高等职业教育改革和发展的速度很快，加之我们的水平和经验有限，因此在教材的编写和出版过程中难免出现问题和错误。我们恳请使用这套教材的师生及时向我们反馈质量信息，以利于我们今后不断提高教材的出版质量，为广大师生提供更多、更适用的教材。

机械工业出版社

全国高等职业教育规划教材

Photoshop CS4 图像处理案例教程

主　编　刘本军　石亚军

副主编　赵　明　张菁嵘

参　编　吕　陵　叶云青　向　阳

　　　　武　韩　王　敏　苏荣辉

机械工业出版社

本书通过案例，深入浅出地介绍了中文版 Photoshop CS4 的图像处理和编辑技巧，全书共分为 10 章，分别介绍了基本功能、绘图和编辑、图像选择、图层、路径、色彩调整、通道和蒙版、3D 图像等内容。本书在讲解过程中结合了大量来自广告设计、婚纱摄影、数码照片修饰、网页平面图像制作、电影海报等领域的案例，读者通过本书的学习，能够熟悉 Photoshop CS4 的各项基本操作，并掌握 Photoshop CS4 在不同应用领域的设计思想和技术要领。

本书可作为高职高专计算机专业的教材，也可以作为图形图像制作和平面设计人员的培训教程和参考资料。

本书提供案例素材和授课电子课件，需要的教师可登录 www.cmpedu.com 免费注册、审核通过后下载，或联系编辑索取（QQ：1239258369，电话：010－88379739）。

图书在版编目（CIP）数据

Photoshop CS4 图像处理案例教程/刘本军，石亚军主编 . —北京：机械工业出版社，2012.3

全国高等职业教育规划教材

ISBN 978－7－111－37160－1

Ⅰ . ①P⋯　Ⅱ . ①刘⋯　②石⋯　Ⅲ . ①图像处理软件，Photoshop CS4 －高等职业教育 － 教材　Ⅳ . ①TP391. 41

中国版本图书馆 CIP 数据核字（2012）第 009143 号

机械工业出版社（北京市百万庄大街 22 号　邮政编码 100037）

责任编辑：鹿　征

责任印制：李　妍

中国农业出版社印刷厂印刷

2012 年 3 月第 1 版·第 1 次印刷

184mm×260mm·19. 25 印张·476 千字

0001－3000 册

标准书号：ISBN 978－7－111－37160－1

定价：37. 00 元

前　言

中文版 Photoshop CS4 是 Adobe 公司推出的 Photoshop 系列软件的最新版本，它是一款界面友好、功能强大、操作简单的图形图像处理软件，深受广大平面设计人员的青睐，是目前世界最优秀的平面设计软件之一。新版本软件不但保持了原有的图像编辑处理方面的强大功能，而且还在高级复合、画布旋转、3D 加速等方面有了明显的进步。

本书内容编排从实际教学出发，全书共分为 10 章，由浅入深、循序渐进地介绍了中文版 Photoshop CS4 的工作环境和操作技巧，从中文版 Photoshop CS4 的基础知识和基本操作讲起，详细而全面地介绍了 Photoshop 基础知识、图像编辑工具、选区的创建与编辑、图层的创建与应用、路径与文字工具、色彩与色调的调整、通道与蒙版的应用、滤镜、3D 图像处理以及 Photoshop 自动化功能等内容，通过详细的步骤进行讲解，让读者能全面、细致地掌握软件的核心内容和精髓技法，灵活地将所学内容应用于图像处理的各个领域中。

本书以教和学为目的，语言通俗易懂，结构清晰，层层深入。在每章开始部分，通过职业情境的描述，让读者感觉到软件实际应用的工作环境，并通过章节描述和技能目标，明确地指出本章的学习要点，有助于读者掌握本章的重点内容。在讲解基本知识点时，图文并茂，采用大量的典型案例和效果图进行辅助说明，穿插讲解了实际操作中的一些经验和技巧；在每章的结尾，安排了章节实训和习题，便于读者检查学习成果，达到举一反三、灵活运用的目的。本书的配套光盘包含了各个实例和实训的素材文件及效果文件，为读者在 Photoshop 的学习过程中提供一定的帮助。

在本书的编写中，湖北三峡职业技术学院电子信息学院院长李建利给予大力支持，在此表示衷心的感谢！

本书由刘本军、石亚军任主编，赵明、张菁嵘任副主编，参与编写的人员还有吕陵、叶云青、向阳、武犇、王敏、苏荣辉。由于作者水平有限，书中纰漏在所难免，恳请广大读者批评指正。

编　者

V

目　　录

第 1 章　Photoshop CS4 基础知识

职业情境：

　　柳晓莉文秘专业毕业后在三峡美辰广告有限公司客户部担任客户专员，负责广告客户资料图片的收集与整理。刚入职柳晓莉以为这工作比较简单，但没多久就发现出了问题，公司设计部和制作部反映她提供的客户资料图片存在许多问题，不是文件的类型和格式错了，就是文件分辨率太低，导致许多工作无法进行下去，问题到底出在什么地方？

章节描述：

　　Photoshop CS4 是每一个从事平面设计、网页设计、图像处理、影像合成等工作的专业人士必备的工具软件。本章主要介绍 Photoshop CS4 的工作环境和基本操作，包括文件操作、图像的显示、使用辅助工具以及系统的相关设置等，这些操作使用频率特别高，熟练掌握其使用方法，可以有效地简化工作，加快图像处理的速度。

技能目标：

- 掌握在 Photoshop CS4 中新建文档、存储文档以及调整图像大小的方法
- 掌握文档存储的格式、分辨率的概念，能够区分位图和矢量图
- 了解工具箱中的工具，并掌握 Photoshop CS4 的基本命令与基本操作

1.1　Photoshop CS4 功能概述

　　在众多图像处理软件中，Adobe 公司推出的专门用于图形图像处理的软件 Photoshop，以其功能强大、集成度高、适用面广和操作简便而著称于世。它不仅提供了强大的绘图工具，可以绘制艺术图形，还能从扫描仪、数码相机等设备采集图像，对它们进行修改、修复，调整图像的色彩、亮度，改变图像的大小，还可以对多幅图像进行合并增加特殊效果。

　　Photoshop 被称为"思想的照相机"，是目前最流行的图像设计与制作工具，它不仅能够真实地反映现实世界，而且能够创造出虚幻的景物，最拿手的是还可以创建成百上千种特效文字，根据自己的思想制作几十种纹理效果。Photoshop 是可以与艺术家的创作灵感相匹配的最优秀的创作工具，它能轻松带用户进入无与伦比的、崭新的图形图像艺术空间，从而激发创作灵感和创作欲望。学会并灵活运用 Photoshop，每个人都可能成为图形图像方面的专家，创作的作品也可以达到专业水平。

Photoshop 有超强的图像处理功能，它可以使平面的物体产生透视的效果，能让静止的汽车产生飞驰的动感，能让平静的水面出现涟漪，它的无所不能的选择工具、图层工具、滤镜工具，能使用户得到各种手工处理或其他软件无法得到的美妙图像效果。

Adobe Photoshop 软件作为专业的图像编辑工具，还可以提高用户的工作效率，让用户尝试新的创作方式，以及制作适用于打印、Web 和其他任何用途的最佳品质的图像。自从 Photoshop 投放市场以来，其版本经历了 3.0、4.0、5.0、6.0、7.0，2003 年 Adobe 公司推出了 Photoshop CS（Creative Suit），又经过 Photoshop CS2、Photoshop CS3，到如今的 Photoshop CS4，每一个版本都增添了一些新的功能，使它获得越来越多的支持者，在今天的平面设计软件中独占鳌头。本节将介绍 Photoshop 的基本功能以及 Photoshop CS4 的新增功能。

1.1.1 Photoshop 基本功能

Photoshop 以其强大的图像编辑、制作、处理功能，以及操作简便实用而备受广大用户的青睐，主要应用于平面设计、广告摄影、建筑装潢、网页创作、动画制作等领域。Photoshop 可以支持几乎所有的图像格式和颜色模式，能够同时进行多图层处理，它的绘画功能与选取功能使编辑图像变得十分方便，图像变形功能可以用来制造特殊的视觉效果，基本功能如下：

1. 支持多种图像格式

Photoshop CS4 支持多种高质量的图像格式，包括 PSD、TIF、JPG、BMP、EPS、PCX、FLM、PDF、RAW 和 SCT 等 20 多种，它还可以将任何格式的图像另存为其他格式的图像，以适应不同用户的需要。

2. 处理图像尺寸和分辨率

可以按要求任意调整图像的尺寸，在不影响分辨率的情况下改变图像尺寸，还可以在不影响尺寸的同时增减分辨率，以适应图像要求，其裁剪功能可以方便地选择图像某部分内容。

3. 图层功能

支持多图层工作方式，可以对图层进行合并、合成、翻转、复制和移动等操作，特技效果可以用在部分或者全部的图层上面。调整图层可以在不影响图像的同时，控制图层中像素的色相、渐变和透明度等属性。其拖曳功能可以轻易地把图像中的层从一个图像复制到另一个图像中。文字图层可以让文本内容和文本格式的修改更为简便。

4. 绘画功能

使用喷枪工具、画笔工具、铅笔工具、直线工具时可以直接绘制图形，使用文字工具时可以在图像中添加文本，进行不同格式文本排版，用户可以自行设定笔刷形状，设定笔刷压力、笔刷边缘和笔刷的大小。选择不同渐变样式，就可以产生不同的绘画效果。

5. 选取功能

矩形选区工具和椭圆选区工具可以选择一个或多个不同大小或不同形状的范围。套索工具可以选取不规则形状的图形，使用磁性套索工具还可以模拟选择边缘像素的反差，自动定位选择区域，使范围选取变得更为简单易行。魔术棒工具可以根据颜色范围自动选取所需部分。羽化边缘功能可以用于混合不同图层之间的图像，对选择区域进行移动、增减、变形、载入和保存等操作。

6. 色调和色彩功能

可以有选择地调整色相、饱和度和明暗度，根据输入的相对值或绝对值，选色修正功能可以使用户分别调整每个色版或色层的油墨量，取代颜色功能可以帮助选取某一种颜色，然后改变其色调、饱和度和明暗度，可以分别调整暗部色调、中间色调和亮部色调。

7. 图像的旋转和变形

可以将图像按固定方向进行翻转和旋转，也可以按不同角度进行旋转，还可以将图像进行拉伸、倾斜和自由变形等处理。

8. 颜色模式

可以方便地转换多种颜色模式，包括黑白、灰度、双色调、索引色、HSB、Lab、RGB和 CMYK 模式等。CMYK 预览功能可以在 RGB 模式下查看 CMYK 模式下的图像效果，可以利用多种面板选择颜色，不但可以使用 Photoshop 提供的颜色表，还可以自定义颜色表以方便选择颜色，也可以利用 PANTONE 色混合制作高质量的双色调、三色调和四色调图像。

9. 开放式结构

支持 TWAIN 32 界面，可以接受广泛的图像输入设备，如扫描仪和数码相机，还支持第三方滤镜的加入和使用，无限扩展图像处理功能。

1.1.2　Photoshop 应用领域

Photoshop 以其强大的位图编辑功能，灵活的操作界面，开发式的结构，早已渗透到了平面印刷设计、建筑装潢、游戏场景设计、广告设计、网页制作、动画制作、照片处理等图像设计的各个领域，Photoshop CS4 又增加了 3D 图像处理等功能，更加奠定了 Photoshop 在各种图形编辑领域的主导地位。Photoshop 的主要应用领域大致分为以下 4 个方面。

1. 平面印刷设计

Photoshop 从诞生之日起，就引发了印刷业的技术革命。工作人员不但摆脱了手工剪贴图片的烦琐操作，而且使原本很难制作的流程，以及也许在现实生活中根本不存在的图像效果，利用 Photoshop 得以实现，而且效果非常好。现在 Photoshop 已渗透到平面广告、包装、装潢、印刷、制版等领域，图 1-1 所示为经典的平面广告效果。【参见本书配套素材文件】

2. 建筑装潢设计

在设计制作建筑装潢效果图时，一般用 3ds Max 渲染出来的图片颜色有偏差，或者边缘有缺陷。一些人物、植物、天空、装饰品不需要在 3ds Max 里面渲染，那样既复杂又浪费时间，有时还达不到需要的效果。只需要利用 Photoshop 来进行后期贴图就可以了，为图像调整、渲染颜色，或者添加一些纹理效果，既增强了图像的美感，又比在 3ds Max 中渲染节省了大量时间，图 1-2 所示即是用 Photoshop 处理前后的鲜明对比。【参见本书配套素材文件】

3. 网络游戏设计

在进行一些电子游戏贴图设计或者虚拟景

图 1-1　平面广告效果

图 1-2　建筑效果图处理

观设计时，利用 Photoshop 可以制作游戏中变换复杂的虚拟背景，如图 1-3 所示，这样既节省时间，做的图片还逼真、美观，深受广大爱好游戏者的青睐。【参见本书配套素材文件】

图 1-3　游戏场景设计

4. 修复照片

有一张珍贵的旧照片，原来的照片边角缺损了，看上去很别扭，也不美观，如果在以前肯定很难将其修复得完完整整，没有一点痕迹。现在利用 Photoshop 中的修补工具，就可以使其成为一张完整的照片，既快速又不留修补痕迹，如图 1-4 所示即是照片修补前和修补后的对照。【参见本书配套素材文件】

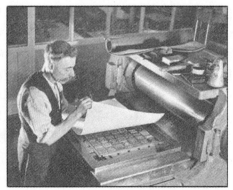

图 1-4　修复老照片

1.1.3 Photoshop CS4 新增功能

Photoshop CS4 拥有多项创新，特别注重简化工作流程、提高设计效率，它支持基于内容的智能缩放，支持 64 位操作系统、更大容量内存，支持基于 OpenGL 的 GPU 通用计算加速等功能。

与早期版本的 Photoshop 相比，Photoshop CS4 带来了很多的新功能，提供了更多的创造性选项，更方便按照用户使用习惯定制 Photoshop，增加了更多可以节省工作效率的文件处理功能，Photoshop CS4 可以使用户的创意得到更大的提升。

Photoshop CS4 主要新增和改进了以下 10 个方面的功能。

1. 界面布局设计

在界面布局方面，Photoshop CS4 又重新设计了新的界面样式，去掉了 Windows 本身的"蓝条"，直接以菜单栏代替，在菜单栏的右侧（显示器屏幕比较宽时）或上侧增加了一批应用程序按钮，常规的操作功能都在这里，例如移动、缩放、显示网格标尺、新的旋转视图工具（Rotate View Tool）等。

2. 通过标签页打开多个文件

Photoshop CS4 在打开图片时已经默认采用了多标签形式，用户只要在标签栏上单击，就能迅速找到某个已打开的图片，使用〈Ctrl + Tab〉组合键可以在多个文件间跳转，使用鼠标拖动可以调整文件位置。同时为了方便多图浏览，预设了图片布局功能，只要选择某一布局样式，就能迅速将所有图片按该既定样式快速编排。此外，为了方便编辑与查看多图，还特意在按〈H〉键转换光标为抓手的情况下，加入了一项"Shift + 抓手"快捷方式，能够同时对视图中所有图片进行移动，方便了原来十分烦琐的多图编辑操作。

3. 可旋转的"画布"

在 Photoshop CS4 中，有一项特别实用的功能，就是"视图旋转"，与之前的画布旋转完全不同，这项功能仅仅作用于当前视图。在应用程序窗口上方单击"旋转视图工具"按钮，就可以任意地调整视图角度，双击"旋转视图工具"按钮或按〈Esc〉键可以恢复原来的视图角度。由于这项功能并不针对图像本身，因此无论此前使用的文字工具，还是经常打开的矩形选框，都会跟随视图变换角度。

4. 调整面板

调整面板是快速实现非破坏性调整图像颜色和色调时所需的控件，包括处理图像的控件和位于同一位置的预设。在此前版本中，如果想对某一选区进行调整，要进入菜单进行选择，比较麻烦。在 Photoshop CS4 中，创新性地将所有调整功能集中在调整面板上，用户只要事先完成选区设定，调整面板便会自行弹出。尽管每一项的功能都和菜单命令一致，但集中化的设计和实用的预设效果，还是十分方便的。通过调整面板建立的编辑，都会默认以调整图层形式提供，不会对原图产生更改。

5. 蒙版面板

蒙版面板用于快速创建精确的蒙版，能够创建基于像素和矢量的可编辑的蒙版，蒙版的浓度、羽化、调整蒙版边缘和反相等功能均位于调板中，使蒙版的创建和修改更加轻松方便。

6. 像素边框

Photoshop CS4 使用了视频加速功能，在对图像进行视图缩放时具有平滑的过渡效果。

当对图像局部放大时，像素的边缘会被加亮描绘出来，这样在制作一些需要对齐到像素的操作时就有了很好的参照，在排版和网页设计的时候会非常有用。

7. 内容识别比例

传统的缩放功能会在照片缩减的同时，使主体变形失真，而"内容识别比例"命令首先对图像进行分析，智能保留下前景物体的当前比例（由软件自动分析），之后才会对背景进行缩放，这样照片中的主要对象便不会出现太大的失真。

8. GPU 加速体验

Photoshop CS4 第一次引入了全新的 GPU 支持，启用 OpenGL 绘图以加速 3D 操作。无论是图片缩放，还是鼠标拖动，当开启 GPU 加速后，整个缩放过程加入了平滑动画，不会出现一顿一顿的感觉，并且部分滤镜的处理速度也有所提高。

9. 使用 Adobe Bridge CS4 进行高效的可视化素材管理

使用 Adobe Bridge CS4 可以进行高效的可视化素材管理，该应用程序具有以下特性：更快速的启动、适合处理各项任务的工作区，以及创建 Web 画廊和 Adobe PDF 联系表的超强功能。

10. 3D 加速与功能齐全的 3D 工具

可启用 OpenGL 绘图以加速 3D 操作，也可以直接在 3D 模型上绘画、将 2D 图像绕 3D 形状折叠、将渐变形状转换为 3D 对象、为图层和文本添加景深，并且可以轻松导出常见的 3D 格式。

除了这些新功能以外，Photoshop CS4 还对许多小功能进行了完善，例如"减淡"命令中新增了"保持色调"功能，打印窗口中增加了"溢色预览"功能等，都非常实用。

1.2 Photoshop CS4 图像处理基本知识

要真正掌握和灵活使用一个图像处理软件，不仅要掌握软件的操作，而且还要掌握图形图像方面的知识，如图像的像素与分辨率、图像类型、图像的颜色模式和图像的文件格式等知识。尤其是对于像 Photoshop CS4 这样一个专业的图像处理软件，更应该牢牢掌握这些内容，只有如此，才能按要求发挥创意，从而创作出高品质、高水准的艺术作品。

1.2.1 像素与分辨率

像素和分辨率是 Photoshop 软件中最常用到的两个基本概念，它们的设置决定了文件的大小和图像输出时的质量。

1. 像素

位图图像放大到一定程度会出现色块，色块的专业名称叫像素（Pixel），它是组成位图图像的最基本单元。一个图像文件的像素越多，包含的图像信息就越多，就越能表现更多的细节，图像的质量自然就越高，同时保存它们所需要的磁盘空间也会越大，编辑和处理的速度也会越慢。

2. 分辨率

分辨率是指在单位长度内包含的点（像素）的多少，其单位为像素/英寸（Pixel/inch）或像素/厘米（Pixel/cm）。分辨率分为图像分辨率、屏幕分辨率、输出分辨率、位分辨率以及扫描分辨率，其含义分别如下。

- 图像分辨率：指每英寸图像中所包含的点（即像素）的多少，例如600 dpi 表示的就是该图像每英寸包含了600 个点（像素）。图像的尺寸、分辨率和图像文件的大小三者之间有着密切关系，图像的尺寸越大，图像的分辨率越高，图像文件也就越大，调整图像尺寸和分辨率可以改变图像文件的大小。图像分辨率是决定打印品质的重要因素，分辨率越高，图像越清晰，打印处理需要的时间越长，对打印设备的要求越高。

  注意： 图像分辨率并不是越高越好，图像要使用何种大小的分辨率，应视其用途而定，如果设计的图像只是用于屏幕显示，分辨率一般可设置为72 dpi；如果用于打印，新闻纸分辨率一般可设置为150 dpi；如果要用于印刷，胶版纸分辨率为200 dpi，铜版纸应不低于300 dpi。一定要在文件建立时设置好图像的分辨率，如果在文件生成后再更改分辨率，会严重影响图像的质量。【参见本书配套素材文件】

- 屏幕分辨率：指打印灰度级图像或分色所用的网屏上每英寸的点数，它是用每英寸上有多少行来测量的。

- 输出分辨率：也称为设备分辨率，指的是各类设备每英寸上可产生的点数，如显示器、喷墨打印机、激光打印机和绘图仪等输出设备的分辨率。

- 位分辨率：也称为位深，是用来衡量每个像素储存信息的位数。这种分辨率决定可以标记为多少种色彩等级的可能性，一般常见的有8 位、16 位、24 位或32 位色彩。有时我们也将位分辨率称为颜色深度。所谓"位"，实际上是指2 的平方次数，8 位即是2 的8 次方，也就是8 个2 相乘，等于256，所以一张8 位色彩深度的图像，所能表现的色彩等级是256 级。

- 扫描分辨率：指在扫描一幅图像之前所设定的分辨率，它将影响扫描所生成的图像文件的质量和使用性能，决定图像将以何种品质显示或打印。如果扫描图像用于640 × 480 像素的屏幕显示，则扫描分辨率一般不必大于显示器屏幕的设备分辨率，即一般不超过120 dpi。但大多数情况下，扫描图像是为了在高分辨率的设备中输出。如果图像扫描分辨率过低，会导致输出的效果非常粗糙。反之，如果扫描分辨率过高，则扫描生成的数据中将会产生超过打印所需要的信息，这不但会减慢打印速度，而且在打印输出时会使图像色调的细微过渡丢失。

  注意： 如果扫描的是图表，最好生成GIF 文件；如果扫描的是照片，要保存为JPG 格式；如果是黑白图像，要先转换为灰度模式，然后保存为GIF 格式文件；如果颜色在256 色以下的，要用GIF 格式保存，这样文件容量小，不损失质量；如果是真彩色图像，采用彩色扫描并保存为JPG 格式，这样扫描后的色彩层次丰富、饱和度高。

1.2.2　位图与矢量图

在计算机中，图像是以数字方式来记录、处理和保存的。所以，图像也可以称为数字化图像。图像类型大致可以分为矢量图形与位图图像。这两种类型的图像各具特色，也各有优缺点，两者各自的优点恰好可以弥补对方的缺点。因此，在绘图与图像处理的过程中，往往需要将这两种类型的图像交叉使用，这样才能取长补短，使作品更加完善。

1. 矢量图

矢量图也称为面向对象的图像或绘图图像，在数学上定义为一系列由线连接的点。Flash、Adobe Illustrator、CorelDraw、CAD 等软件是以矢量图形为基础进行创作的。矢量文件中的图形元素称为对象。每个对象都是一个自成一体的实体，它具有颜色、形状、轮廓、大小和屏幕位置等属性。矢量图形与分辨率无关，这意味着它们可以按最高分辨率显示到输出设备上。可以将它缩放到任意大小和以任意分辨率在输出设备上打印出来，都不会影响清晰度。因此，矢量图形是文字和线条图形的最佳选择。

矢量图形格式也很多，如 Adobe Illustrator 的 ∗.AI、∗.EPS、SVG、AutoCAD 的 ∗.dwg 和 dxf、Corel DRAW 的 ∗.cdr、Windows 标准图元文件 ∗.wmf 和增强型图元文件 ∗.emf 等。

【参见本书配套素材文件】

当需要打开这种图形文件时，程序根据每个元素的代数式计算出这个元素的图形，并显示出来。就好像我们写出一个函数式，通过计算也能得出函数图形一样。它们有共同的规律：

- 可以无限放大图形中的细节，不用担心会造成失真和色块。
- 一般的线条图形和卡通图形，存成矢量图文件就比存成位图文件要小很多。
- 存盘后文件的大小与图形中元素的个数和每个元素的复杂程度成正比，而与图形面积和色彩的丰富程度无关。（元素的复杂程度指的是这个元素的结构复杂度，如五角星就比矩形复杂、一个任意曲线就比一个直线段复杂。）
- 通过软件，矢量图可以轻松地转化为位图，而位图转化为矢量图就需要经过复杂而庞大的数据处理，而且生成的矢量图的质量绝对不能和原来的图形相比。

2. 位图

位图通过组成图像的每一个点（像素）的位置和色彩来表现图像，这些点可以进行不同的排列和染色以构成图样。如果把照片扫描成为文件并存盘，一般可以这样描述图 1-5 这张照片里的位图：高为 117，宽为 117，分辨率为 72 像素/英寸。这样的文件可以用 Photoshop、CorelPaint 等软件来浏览和处理。通过这些软件，我们可以把图形的局部一直放大，到最后可以看见一个一个像马赛克一样的色块，这就是图形中的最小元素——像素。到这里，再继续放大图像，将看见马赛克继续变大，直到一个像素占据了整个窗口，窗口就变成单一的颜色。位图图形是与分辨率有关的，即在一定面积的图像上包含有固定数量的像素。因此，如果在屏幕上以较大的倍数放大显示图像，或以过低的分辨率打印，位图图像就会出现锯齿边缘。在图 1-5 中，可以清楚地看到将矢量图与位图图像放大 4 倍的效果对比。

图 1-5　矢量图与位图的区别

位图图形文件类型很多，如 ∗.bmp、∗.pcx、∗.png、∗.gif、∗.jpg、∗.tif、Photo-shop 的 ∗.psd、CorelPaint 的 ∗.cpt 等。

同样的图形，存盘成以上几种不同的位图格式时，文件的字节数会有一些差别，尤其是 jpg 格式，它的大小只有同样的 bmp 格式的 1/35～1/20，这是因为它们的点矩阵经过了复杂的压缩算法的缘故。位图文件有以下特点：

- 图形面积越大，文件的字节数越多。
- 文件的色彩越丰富，文件的字节数越多。

1.2.3 图像的颜色模式

颜色模式是决定用于显示和打印图像的色彩模式，简单地说，颜色模式是用于表现颜色的一种数学算法，即一幅电子图像用什么样的方式在计算机中显示或打印输出。常见的颜色模式有 RGB、CMYK、Lab、HSB、灰度、位图和多通道模式等。Photoshop CS4 还包括了为特别颜色输出的模式，如索引模式和双色调模式。不同的颜色模式所定义的颜色范围不同，其通道数目和文件大小也不同，所以它们的应用方法也就各不相同。

下面介绍各种颜色模式的特点，让用户对各种颜色模式都有一个较深刻的了解，从而便于合理有效地使用各种模式。

1. RGB 模式

RGB 模式是 Photoshop CS4 中最常用的一种颜色模式。不管是扫描输入的图像，还是绘制的图像，几乎都是以 RGB 模式存储的。这是因为在 RGB 模式下处理图像较为方便，而且 RGB 图像比 CMYK 图像的文件要小得多，可以节省内存和存储空间。在 RGB 模式下，还能够使用 Photoshop 中所有的命令和滤镜。

RGB 模式由红（Red）、绿（Green）和蓝（Blue）3 种原色组合而成，然后由这 3 种原色混合产生出成千上万种颜色。在 RGB 模式下的图像是三通道图像，每一个像素由 24 位的数据来表示，其中每种原色各使用 8 位。每一种原色都可以表现出 256 种不同浓度的色调，所以，当三种原色混合起来就可以生成 $2^{24}=16\,777\,216$ 种颜色，也就是人们常说的真彩色。

2. CMYK 模式

CMYK 模式是一种印刷的颜色模式，它由分色印刷的 4 种颜色组成，在本质上与 RGB 模式没什么区别，但它们产生色彩的方式不同，RGB 模式产生色彩的方式称为加色法，而 CMYK 模式产生色彩的方式称为减色法。

只要将生成 CMYK 模式中的三原色（即 100% 的青色（Cyan）、100% 的洋红色（Magenta）和 100% 的黄色（Yellow））组合在一起就可以生成黑色（Black），但实际上等量的 CMY 三原色混合并不能产生完美的黑色和灰色。因此，只有再加上一种黑色后，才会产生图像中的黑色和灰色。为了与 RGB 模式中的蓝色区别，黑色就以 K 字母表示，这样就产生了 CMYK 模式。在 CMYK 模式下的图像是四通道图像，每一个像素由 32 位的数据来表示。

在处理图像时，一般不采用 CMYK 模式，因为这种模式文件大，会占用较多的磁盘空间和内存。此外在该种模式下，有很多滤镜都不能使用，所以在编辑图像时会带来很大的不便，因而通常都是在印刷时才转换成这种模式。

3. 位图模式

位图模式的图像只有黑色和白色两种颜色，它的每一个像素只包含一位数据，占用的磁盘空间较小。因此，在该模式下不能制作出色调丰富的图像，只能制作一些黑白两色的图像。

当要将一幅彩色图像转换成黑白图像时，必须先将该图像转换成灰度模式的图像，然后再将它转换成只有黑白两色的图像，即位图模式下的图像。

4. 灰度模式

灰度模式的图像可以表现出丰富的色调，表现出自然界物体的生动形态和景观，但它始终是一幅黑白的图像，就像我们通常看到的黑白电视和黑白照片一样。

灰度模式中的像素是由 8 位的位分辨率来记录的，因此只能够表现出 256 种色调，但只使用这 256 种色调就可以使黑白图像表现得相当完美。

5. Lab 模式

Lab 模式是一种较陌生的颜色模式，它由 3 种分量来表示颜色，该模式下的图像由三通道组成，每像素有 24 位的分辨率。

通常情况下不会用到该模式，但使用 Photoshop CS4 编辑图像时，事实上就已经使用了这种模式，因为 Lab 模式是 Photoshop CS4 内部的颜色模式。例如，如果要将 RGB 模式的图像转换成 CMYK 模式的图像，Photoshop CS4 会先将 RGB 模式转换成 Lab 模式，然后再由 Lab 模式转换成 CMYK 模式，只不过这一操作是在内部进行而已。因此 Lab 模式是目前所有模式中包含色彩范围最广泛的模式，它能毫无偏差地在不同系统和平台之间进行交换。Lab 模式有 3 个参数定义色彩，如图 1-6a 所示。

- L：代表亮度，其取值范围为 0 ~ 100。
- a：由绿到红的光谱变化，其取值范围为 - 128 ~ 127。
- b：由蓝到黄的光谱变化，其取值范围为 - 128 ~ 127。

6. HSB 模式

HSB 模式是一种基于人的直觉的颜色模式，使用该模式可以轻松自然地选择各种不同明亮度的颜色。在 Photoshop 中不直接支持该种模式，而只能在颜色面板中（如图 1-6b 所示）和"拾色器"对话框中定义一种颜色。HSB 模式描述颜色有下列 3 个基本特征。

- H：色相，用于调整颜色，其取值范围为 0° ~ 360°。
- S：饱和度，即彩度，其取值范围为 0% ~ 100%，当饱和度值为 0% 时为灰色，当饱和度值为 100% 时为白色。
- B：亮度，颜色的相对明暗程度，其取值范围为 0% ~ 100%，当亮度值为 0% 时为黑色，当亮度值为 100% 时为白色。

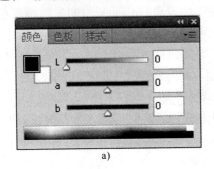
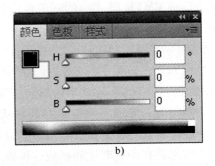

a)   b)

图 1-6　Lab 与 HSB 模式调色板

a) Lab 模式　b) HSB 模式

7. 多通道模式

多通道模式在每个通道中使用256灰度级，多通道图像对特殊的打印非常有用，例如，可以将图像转换为双色调模式，然后以 Scitex CT 格式打印。可以按照以下的准则将图像转换成多通道模式：

- 将一个以上通道合成的任何图像转换为多通道模式图像，原有通道将被转换为专色通道。
- 将彩色图像转换为多通道时，新的灰度信息基于每个通道中像素的颜色值。
- 将 CMYK 图像转换为多通道时，可创建青、洋红、黄和黑专色通道。
- 将 RGB 图像转换为多通道，可创建青、洋红和黄专色通道。
- 从 RGB、CMYK 或 Lab 图像中删除一个通道，会自动将图像转换为多通道模式。

8. 双色调模式

双色调是用两种油墨打印的灰度图像，黑色油墨用于暗调部分，灰色油墨用于中间调和高光部分。但是，在实际过程中，更多地使用彩色油墨打印图像的高光颜色部分，因为双色调使用不同的彩色油墨显示不同的灰阶。要将其他模式的图像转换成双色调模式的图像，必须先转换成灰度模式。转换时，可以选择单色调、双色调、三色调和四色调。但要注意在双色调模式中，颜色只是用来表示"色调"而已。所以在这种模式下，彩色油墨只是用来创建灰度级的，不是创建彩色的。当油墨颜色不同时，其创建的灰度级也不同。通常选择颜色时，都会保留原有的灰度部分作为主色，其他加入的颜色为副色。这样才能表现较丰富的层次感和质感。

9. 索引颜色模式

索引颜色模式又称为图像映射颜色模式，这种模式的像素只有8位，即图像最多只有256种颜色。索引颜色模式可以减少图像文件大小，因此常用于多媒体动画的应用或网页制作。

1.2.4 图像的文件格式

在 Photoshop 中处理完成的图像通常都不直接进行输出，而是置入到排版软件或图形软件中，加上文字或图形并完成最后的版面编排和设计工作，然后再存储为相应的文件格式进行胶片输出。因此，熟悉一些常用图像格式特点及其适用范围，就显得尤为重要。

下面介绍一些常见图像文件格式的特点，以及在 Photoshop CS4 中进行图像格式转换时应注意的问题，以便在存储图像时更有效地选择图像格式。【可以参见本书配套相关素材文件】

1. BMP 格式

BMP（Windows Bitmap，图像文件）最早应用于微软公司推出的 Microsoft Windows 系统，它是一种 Windows 标准的位图图像文件格式。它支持 RGB、索引颜色、灰度和位图颜色模式，且与设备无关，但不支持 Alpha 通道。

2. TIFF 格式

TIFF（Tagged Image File Format）即标记图像文件格式，几乎所有的扫描仪和大多数图像软件都支持这一格式。因此，TIFF 格式应用非常广泛，它可以在许多图像软件和平台之间转换，是一种灵活的位图图像格式。它支持 RGB、CMYK、Lab、索引颜色、位图模式和灰度模式，并且在 RGB、CMYK 和灰度 3 种颜色模式中还支持使用通道、图层和路径的功能。在 Photoshop 中，TIFF 格式的图像能够保存图像中的图层、通道和路径等内容。

3. PSD 格式

PSD 格式是使用 Adobe Photoshop 软件生成的图像格式，这种格式支持 Photoshop 中所有的图层、通道、参考线、注释和颜色模式的格式。这种格式在保存文件时，会将文件压缩以减小占用的磁盘空间。

由于 PSD 格式所包含的图像数据信息较多（如图层、通道、剪辑路径、参考线等），因此比其他格式的图像文件要大得多，但是由于 PSD 文件保留了所有原图像数据信息（如图层），因而修改起来较为方便，这也是 PSD 格式的优越之处。

4. JPEG 格式

JPEG（Joint Photographic Experts Group，联合图像专家组）格式的图像通常用于图像预览和一些超文本文档（HTML 文档）。它的最大特色就是文件比较小，经过高倍率的压缩，是目前所有格式中压缩率最高的格式。但是 JPEG 格式在压缩保存图像的过程中会以失真方式丢掉一些数据，因而保存后的图像与原图有所差别，没有原图像的质量好，因此印刷品最好不要使用该图像格式。

5. EPS 格式

EPS 格式应用非常广泛，可以用于绘图或排版，是一种 PostScript 格式。它的最大优点是可以在排版软件中以低分辨率预览，将插入的文件进行编辑排版，而在打印或出胶片时则以高分辨率输出，做到工作效率与图像输出质量两不误。

6. GIF 格式

GIF 格式是 CompuServe 提供的一种图形格式，在通信传输时较为经济。它也可使用 LZW 压缩方式将文件压缩而不会占用磁盘空间，因此也是一种经过压缩的格式。这种格式可以支持位图、灰度和索引颜色的颜色模式。GIF 格式还可以广泛应用于因特网的 HTML 网页文档中，但它只能支持 8 位的图像文件。

7. PNG 格式

PNG 格式是由 Netscape 公司开发的图像格式，可以用于网络图像，但 PNG 格式不同于 GIF 格式图像，GIF 格式只能保存 256 色，但 PNG 格式可以保存 24 位的真彩色图像，并且支持透明背景和消除锯齿边缘的功能，可以在不失真的情况下压缩保存图像。由于 PNG 格式不完全支持所有浏览器，且所保存的文件也较大，从而影响下载速度，因此它在网页中的使用要比 GIF 格式少得多。PNG 格式文件在 RGB 和灰度模式下支持 Alpha 通道，但在索引颜色和位图模式下不支持 Alpha 通道。

8. PDF 格式

PDF（Portable Document Format，便携文档格式）是 Adobe 公司开发的用于 Windows、Mac OS、UNIX（R）和 DOS 系统的一种电子出版软件的文档格式。它以 PostScript Level 2 语言为基础，可以覆盖矢量图形和位图图像，并且支持超级链接。PDF 文件是由 Adobe Acrobat 软件生成的文件格式。该格式文件可以存有多页信息，其中包含图形、文档的查找和导航功能。因此，使用该软件不需要排版或图像软件即可获得图文混排的版面。由于该格式支持文本链接，因此网络下载经常使用该格式的文件。

1.3 【案例：美丽童画】熟悉 Photoshop CS4 工作界面与基本操作

【案例导入】本案例是一款典型的平面设计作品，通过本案例来介绍 Photoshop CS4 的工作界面、工具箱中的工具以及菜单栏中的基本命令，让读者能够感受到 Photoshop CS4 操作的基本工作流程。

【技能目标】根据设计要求，学会打开文档、存储文档等操作，认识工具箱中的工具、浮动面板等，掌握 Photoshop CS4 中的基本命令与基本操作。

【案例路径】第 1 章 Photoshop CS4 基础知识\ 效果\ ［案例］美丽童画.psd

1.3.1 Photoshop CS4 工作界面

打开【案例：美丽童画】的操作步骤如下：

1）选择"开始"→"程序"→"Adobe Photoshop CS4"命令，启动 Photoshop CS4 程序，此时计算机屏幕上就出现了 Photoshop CS4 的工作界面。

2）选择"文件"→"打开"命令，打开"第 1 章 Photoshop CS4 基础知识\ 效果\ ［案例］美丽童画.psd"文件，如图 1-7 所示。

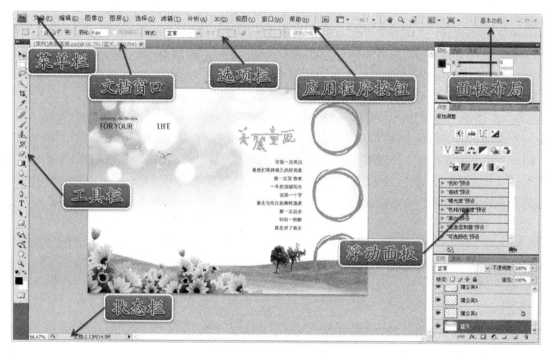

图 1-7　Photoshop CS4 的工作界面

Photoshop CS4 的工作界面主要由文档窗口、菜单栏、工具栏、浮动面板、状态栏和工作区等几部分组成，下面将分别对其进行介绍。

1. 文档窗口

在 Photoshop CS4 中，每一幅打开的图像文件都有自己的图像编辑窗口，在图像编辑窗口中，可以实现所有的编辑功能，也可以对图像进行多种操作。当打开多个文件时，文档窗口将以选项卡方式显示，图像标题栏显示为灰白的图像是当前文件，所有操作只对当前文件有效。在选项卡中任意位置单击，即可将此文件切换为当前文件。

图像标题栏是了解图像信息的重要途径，通过图像编辑窗口中的标题栏，可以了解当前应用程序的名称、文件的名称、所使用的颜色模式以及显示模式等一些基本的信息。例如，从本案例图像标题栏"［案例］美丽童画.psd@66.7%（蓝天，RGB/8#）"中可以得知，当前编辑的是一个文件名为"［案例］美丽童画.psd"的 Photoshop 文件的图层"蓝天"，显示比例为66.7%，颜色模式为 RGB 模式，8 位图像。

2. 菜单栏

菜单栏位于 Photoshop CS4 工作界面中的最顶端，为了方便使用，Photoshop CS4 将各命令按照其所管理的操作类型进行排列划分，按照从左到右的顺序依次为"文件"、"编辑"、"图像"、"图层"、"选择"、"滤镜"、"分析"、"3D"、"视图"、"窗口"和"帮助"菜单。

单击任何一个主菜单时，都会弹出相应的下拉菜单，使用下拉菜单中的命令，可以完成大部分的图像处理工作。在使用菜单命令时，应注意以下几点：

- 菜单命令呈灰色时，表示该命令在当前状态下不可使用。
- 菜单命令后标有黑色小三角按钮符号，表示该菜单命令中还有下级子菜单。
- 菜单命令后标有组合键（称为菜单快捷键），表示按该快捷键，可直接执行该项命令。
- 菜单命令后标有省略符号，表示选择该菜单命令，将会打开一个对话框。
- 要切换菜单，只需在各菜单名称上移动光标即可。
- 要关闭所有已打开的菜单，可单击已经打开的主菜单名称，还可按〈Alt〉键或〈F10〉键。
- 若要逐级向上关闭菜单，可按〈Esc〉键或切换主、次菜单。

3. 工具箱

一名能干的修理工人都有自己完备的工具箱，只有这样工作起来才得心应手。在 Photoshop CS4 中，工具箱是它处理图像的"兵器库"，它包含了 70 个绘图工具，按照功能可以将其分为四大类：选取工具组、绘图工具组、路径工具组和辅助工具组，另外还有设置前景色与设置背景色按钮、以快速蒙版模式编辑按钮等。工具箱及其展开的各种工具如图1-8 所示。

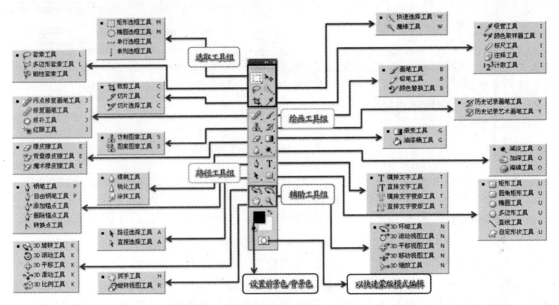

图1-8　工具箱中的各种工具

默认情况下，工具箱一般放置在工作界面的最左边，若将鼠标移置工具箱上方的灰黑色条上，单击鼠标左键并拖曳，可将其移动至任何位置处。按〈Tab〉键，可隐藏工具箱和所有显示出来的面板，若再次按〈Tab〉键，将显示隐藏的工具箱和所有面板。在工具箱中还包含有前景色与背景色、标准编辑模式与蒙版编辑模式。

在工具箱中单击需要选取的工具按钮，当工具按钮显示为白色时，表示该工具已经被选取。如工具按钮右下方有一个三角形符号，表示该工具有一个隐藏的工具组，在该工具上单击鼠标左键，稍等片刻即可弹出隐藏的工具组，或在该工具处单击鼠标右键，也可弹出隐藏的工具组。

在弹出的工具组中，单击鼠标左键即可选取该复合工具，按住〈Alt〉键的同时单击所选工具，可切换工具组中不同的工具。选取工具也可通过快捷键来实现，将光标置于所选工具按钮上，稍等片刻会出现工具名称的提示，提示框中的大写英文字母即是该工具的快捷键。

4. 工具属性栏

在工具箱中选择一个工具后，可在工具属性栏中进行工具的各种参数设置。工具属性栏用于对工具进行各种属性设置，它位于菜单栏的下方。在 Photoshop CS4 中选取了某个工具后，工具属性栏会改变成相应工具的属性设置，如图 1-9 所示为仿制图章工具属性栏。在工具属性栏中，可以对工具进行各种设置。

图 1-9　仿制图章工具属性栏

若执行"窗口"→"选项"命令，即可显示或隐藏工具属性栏。在默认情况下，工具属性栏位于工作界面窗口中菜单栏的下方，若要改变其位置，可将鼠标光标置于其左侧标题栏处，单击鼠标左键并拖曳，即可移动工具属性栏至窗口中的任何位置。

5. 工作区

所谓工作区，就是可以在上面进行图像处理与编辑的地方。在 Photoshop CS4 中，图像文件也作为一个窗口出现在工作区中，图像窗口是 Photoshop CS4 的常规工作区，主要用于显示图像文件、进行浏览和编辑图像。

6. 状态栏

状态栏位于窗口最底部，它由两部分组成，如图 1-10a 所示。状态栏最左边的是一个文本框，主要用于控制图像窗口的显示比例，直接在文本框中一个数值，然后按〈Enter〉键，即可改变图像窗口的显示比例。

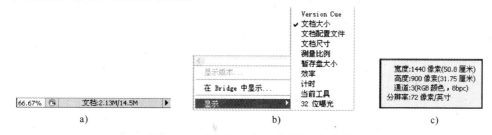

图 1-10　状态栏以及显示图像文件信息

a）状态栏　b）"显示"选项的子菜单　c）图像文件信息

状态栏的中间部分用于显示图像文件信息。若单击其右侧的三角形按钮，弹出一个菜单，可在弹出菜单"显示"选项的子菜单中选择不同的选项，以显示文件的不同信息，如图 1-10b 所示。该子菜单中主要选项的含义如下。

● Version Cue（翻译提示）：选中该选项，将在状态栏上显示图像文件操作提示的信息。

- 文档大小：选中该选项，将在状态栏上显示图像文件大小的信息。
- 文档尺寸：选中该选项，将在状态栏上显示文档的高度和宽度。
- 暂存盘大小：选中该选项，将在状态栏上显示当前图像虚拟内存大小。
- 效率：选中该选项，将在状态栏上显示一个百分数，该数值代表 Photoshop CS4 执行工作的效率。如果这个百分数经常低于60%，则说明硬件系统可能已经无法满足需要。
- 计时：选中该选项，将在状态栏上显示一个时间数，该数值代表执行上一次操作所需要的时间。
- 当前工具：选中该选项，将在状态栏上显示当前所使用的工具的名称。
- 32 位曝光：选中该选项，将在状态栏上显示当前图像操作的位数。

提示：在状态栏中图像文件信息区域处单击鼠标左键，可以查看图像的宽度、高度、通道数目、颜色模式以及分辨率的信息，如图1-10c所示。

7. 浮动面板

浮动面板是 Photoshop CS4 中一项很有特色的功能，它其实是一种窗口，总是浮动在工作界面的上方，其主要功能是帮助监视和修改图像。在 Photoshop CS4 中提供了 23 个浮动面板，其基本功能分别如下。

- 3D 面板*：该面板是 Photoshop CS4 为了支持虚拟立体功能而新加的面板，它显示关联的 3D 文件的组件，在面板顶部列出文件中的网格、材料和光源，在面板的底部显示在顶部选定的 3D 组件的设置和选项等。
- 测量记录面板：当测量对象时，测量记录面板会记录测量数据。此记录中的每一行表示一个测量组；列表示测量组中的数据点。当测量对象时，测量记录中就会出现新行。可以为记录中的列重新排序，为列中的数据排序，删除行或列，或者将记录中的数据导出到逗号分隔的文本文件中。
- 导航器面板：用于调整图像显示，当图像被放大超出当前窗口时，将光标移至该面板的缩览图区域，光标呈手形标记图形时，单击鼠标左键并拖曳，可调整图像窗口中所显示的图像区域。该面板中的红色方框用于表示在图像窗口中显示的图像区域。此外，可使用预览区下方的滚动条对图像进行缩放操作。
- 调整面板*：可快速访问用于在调整面板中非破坏性地调整图像颜色和色调所需的控件，包括处理图像的控件和位于同一位置的预设。
- 动画面板：使用该面板可以创建 GIF 动画。
- 动作面板：用于录制一连串的编辑操作，以实现操作自动化。
- 段落面板：用于对文字图层中的段落文本进行间距、行距、换行、字符缩进等的编辑。
- 仿制源面板*：用于仿制图章工具或修复画笔工具的选项，可以设置 5 个不同的样本源并快速选择所需的样本源，而不用在每次需要更改为不同的样本源时重新取样。可以查看样本源的叠加，以便在特定位置仿制源，还可以缩放或旋转样本源以更好地匹配仿制目标的大小和方向。
- 工具预设面板：用于保存工具预置参数，以便以后使用。
- 画笔面板：用于选择画笔和设置画笔特性。
- 历史记录面板：记录了用户对图像进行编辑和修改的过程。用户在执行了错误的操作时，可通过历史记录面板返回前面的某个操作中。

- 路径面板：用于管理图像路径。如将选区转换为路径，对路径进行填充、描边，或将路径转换为选区等。
- 蒙版面板*：可以快速创建精确的蒙版，提供具有以下功能的工具和选项，如创建基于像素和矢量的可编辑的蒙版、调整蒙版浓度并进行羽化，以及选择不连续的对象。
- 色板面板：用于快速选取使用的颜色或特定颜色。
- 通道面板：用于选择、切换、复制或删除图像通道，以及创建、删除、编辑 Alpha 通道或专色通道等。
- 图层面板：用于图层操作。如调整图层的颜色混合模式、不透明度，为图层添加样式，打开、关闭图层样式，添加图层蒙版式，新建图层、切换图层和合并图层等。
- 图层复合面板：是将图层的位置、透明度、样式等布局信息存储起来，之后可以简单地通过切换来比较几种布局的效果。
- 信息面板：用于显示鼠标所在位置的坐标和颜色值。当在图像中创建选取范围或对图像进行旋转变形时，将会显示创建选区的大小和旋转角度等信息。此外，在对图像进行旋转变形操作时，还可以显示图像旋转的角度。
- 颜色面板：用于选取或设置颜色，以便于使用工具进行绘图和填充操作。
- 样式面板：用于为创建的图层套用样式，也可以将创建好的图层样式添加至样式库中，以备后用。
- 直方图面板：用于检查图像的色调范围。图像调整前，应查看图像的直方图，评估图像是否有足够的细节达到高品质的输出，直方图中数值的范围越大，细节越丰富。效果不好的扫描图像和缺少足够细节的照片即使可以校正，也很难处理。过多的色彩校正也可能会造成像素损失和细节太少。
- 注释面板*：新加入的注释面板上可以写一些文件注释，在以前的版本中，加入注释的通过选择的注释工具，在文件上拖动，在拖出的文本框中输入注释内容，而现在在新版本中是直接将注释写于注释面板内。这对于将审阅评语、生产说明或其他信息与图像关联十分有用。注释在图像上显示为不可打印的小图标。它们与图像上的位置有关，与图层无关。可以隐藏或显示注释，也可以打开注释以查看或编辑其内容。当一个文件中有多个注释时，可以通过注释面板下的导航进行不同注释间的切换。
- 字符面板：用于调整文字的字体、大小、颜色等属性。

注意： 标有符号 * 的面板表示与 Photoshop CS3 版本相比，Photoshop CS4 新增的面板。

默认设置下，每个控制面板窗口中都包含 2~3 个不同的面板，如果要同时使用同一面板窗口中的两个不同面板时，就很不方便，需要来回切换。此时最好的解决方法是将这两个面板分离，同时在屏幕上显示。方法很简单，只要在面板标签上按住鼠标并拖动，拖出面板后释放，就可以将两个面板分开。同样也可以将某些不常用的面板合并起来，只要用鼠标拖动面板到要合并的面板上即可实现。

在经常执行这种操作以后，可能某些面板的设置有些杂乱，这时候如果需要将面板状态返回到默认状态，执行"窗口"→"工作区"→"基本功能（默认）"命令即可。

1.3.2　最常用的文件操作

在 Photoshop CS4 中，最常用的 4 种文件操作分别是新建文件、打开文件、保存文件和关闭文件，只有熟练地掌握好这些操作后，才能更好地掌握 Photoshop CS4 的其他知识。

1. 新建文件

启动 Photoshop CS4 后，它的工作区中是没有任何图像的。若要在一个新图像中进行编辑，首先需要新建一个文件。新建文件的具体操作步骤如下：执行"文件"→"新建"命令，或按〈Ctrl + N〉组合键，弹出"新建"对话框，如图 1-11 所示。

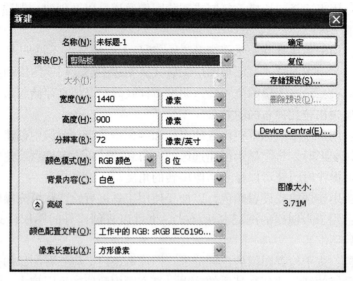

图 1-11　"新建"对话框

该对话框中的主要选项含义如下。

- 名称：用于设置新文件的名称，若没有设置其名称，系统则以默认的"未标题 - 1"命名文件。若连续新建多个文件，则按顺序命名为"未标题 - 2"、"未标题 - 3"，以此类推。

- 预设：用于选择预设的文件尺寸，其中有系统自带的二十多种文件尺寸设置。选择某一选项后，在"宽度"和"高度"数值框中将显示该选项对应的宽度与高度数值。若选择"自定"选项，则可以直接在"宽度"和"高度"数值框中输入所需要的文件尺寸。

- 宽度/高度：在此栏中可设置新建文件的尺寸数值，还可自行设置不同的单位，其中包括"像素"、"英寸"、"厘米"、"毫米"、"点"、"派卡"、"列"等。

- 分辨率：用于设置图像的分辨率。在设置分辨率时，也需要设置分辨率的单位，其中有"像素/英寸"和"像素/厘米"两个选项。

- 颜色模式：用于设置图像的色彩模式。其下拉列表选项有位图、灰度、RGB 颜色、CMYK 颜色和 Lab 颜色 5 种模式，并可在其右侧的选项中设置所需要色彩模式的位数。

- 背景内容：用于设置文件的背景色。可以根据需要进行 3 种方式的选择，即"白色"、"背景色"和"透明"。

- 高级：单击此按钮，可以显示更多的选项。在"颜色配置文件"下拉列表中可以选择一个颜色配置文件；在"像素长度比"下位列表中可以选择一个颜色配置文件；在"像素长度比"下拉列表中可以选择像素的长宽比，除非图像用于视频，否则应该选择"方形像素"，选择其他选项使用非方形像素。

- Device Central：单击此按钮，可以找开 Adobe Device Central 程序，可以为特定的设备（手机）创建新文档。
- 图像大小："图像大小"下面的数字显示了当前文件的大小，它会随着设置的宽度、高度、分辨率和颜色模式的改变而改变大小。

提示：如果在新建文件前，曾执行过复制图像的操作，则"新建"对话框将会显示上次复制图像的尺寸，或按〈Ctrl + Alt + N〉组合键，也可以得到上一次新建图像文件的尺寸大小。

2. 打开文件

打开文件是为了对已经存在的或编辑好的图像重新进行编辑，打开文件的具体操作步骤如下：执行"文件"→"打开"命令，或按〈Ctrl + O〉组合键，弹出"打开"对话框，如图 1-12 所示。按住〈Ctrl〉键的同时，在 Photoshop CS4 工作窗口中的灰色空白区域处双击鼠标左键，也可以弹出"打开"对话框。

执行上述操作可以打开一个图像文件，若是需要一次打开多个图像文件时，则可在"打开"对话框中选择多个图像文件。选中多个文件的方法有 3 种，分别如下：

- 选择最开始位置的图像文件，然后按住〈Shift〉键的同时，单击最后一个图像文件，即可选中多个连续的文件。
- 按住〈Ctrl〉键的同时，依次选择需要打开的多个图像文件。
- 在文件列表框中的空白处单击鼠标左键并拖曳，框选所需要打开的多个图像文件。

选中多个图像文件后，单击"打开"按钮，或在选中的文件处单击鼠标右键，在弹出的快捷菜单中选择"打开"命令，即可打开所选择的多个文件。

在 Photoshop CS4 中，打开文件的数量是有限的，它取决于计算机所拥有的内存和磁盘空间的大小，内存和磁盘空间越大，能打开的文件数目也就越多。另外，图像文件的大小与打开的文件的数量有密切的关系，如果内存和磁盘空间太小，有可能一个文件都打不开，因为打开一个图像文件至少需要该图像文件的 3 ~ 5 倍的虚拟空间。

图 1-12　"打开"对话框

提示： 在 Photoshop CS4 中进行了保存文件或打开文件的操作之后，在"文件"→"最近打开文件"命令出现的子菜单中就会显示以前编辑过的 10 个文件，单击某文件的名称，可以快速地打开该文件。

3. 保存文件

不管是对创建的新图像，还是对一个已有的图像进行编辑和修改时，在操作完成之后都要将其保存，以免因为停电或死机等意外事故，从而使自己的劳动成果付诸东流。

如果当前需要保存的图像文件是一幅新创建图像，则将其保存的具体操作步骤如下：执行"文件"→"存储"命令，或按〈Ctrl + S〉组合键，将弹出"存储为"对话框，如图 1-13 所示，对话框中主要选项的含义如下。

- **存储：** 在该选项区中可以选择设置是否保存文件的副本、是否保存图像的注释内容、是否保存图像中 Alpha 通道和专色通道的内容，以及是否保存图层内容（当这些复选框呈灰色显示时，表示保存的图像中没有相对应的数据信息）。
- **颜色：** 在该选项区中可以选择是否保存颜色相关属性的内容。
- **缩览图：** 选中该复选框，可以保存文件的缩览图，即保存的图像文件可以在"打开"对话框中显示图像的缩览图。
- **使用小写扩展名：** 用于设置当前保存的文件的扩展名是否为小写（选中该复选框，表示扩展名为小写，取消选中该复选框，表示扩展名为大写）。

图 1-13 "存储为"对话框

单击"格式"右侧的下拉按钮，在弹出的下拉列表中选择需要保存的图像的格式，默认为 PSD 格式，即 Photoshop 的文件格式。Photoshop CS4 支持的文件格式有很多种，因此可以在 Photoshop CS4 中，将编辑的图像保存为不同格式的文件，如 JPEG、RAW 格式等。当选择了一种图像格式后，"存储为"对话框下方的"存储选项"选项区中的选项会发生相应的变化，以供进行相应的设置。

提示：如果所保存的图像中含有图层，而且需要保存这些图层的内容，以便在以后的工作中对其进行编辑和修改，这时只能使用 Photoshop CS4 自身的格式（即 PSD 格式）或 TIFF 格式（该格式也可以保留图层）进行保存。若是以其他格式对图形进行保存，在保存时，Photoshop CS4 会自动合并图层，这样，图像就失去反复修改的可能性。

4. 关闭文件

关闭文件的操作方法有四种，具体的操作方法如下。

- 执行"文件"→"关闭"命令。
- 按〈Alt + F4〉组合键，或按〈Ctrl + W〉组合键。
- 在图像窗口中，双击标题栏左侧的 **Ps** 图标。
- 单击图像窗口标题栏右侧的 × 按钮。

采用以上方法，均可关闭当前的工作图像。如果打开了多个图像窗口，并想将它们一次性进行关闭时，可执行"文件"→"关闭全部"命令，或按〈Ctrl + Alt + W〉组合键。

若图像文件在关闭之前没有进行保存，系统会弹出一个提示框，在该提示框中，单击"是"按钮，系统就会对该图像进行保存；若单击"否"按钮，则关闭的图像不会被存储，并维持上一次存储的状态；若单击"取消"按钮，则取消关闭图像操作，并维持当前的状态。

1.3.3 图像的显示

在 Photoshop CS4 中，对图像进行编辑或处理时，若能够选择合适的图像显示模式，快速地在工作区移动显示图形窗口，或者缩放所需操作的工作区域，将会对操作有很大的帮助。

1. 屏幕模式的应用

在处理较大尺寸的图像时，屏幕不能显示全部图像，这时可以更改屏幕空间的大小。Photoshop CS4 提供 3 种屏幕模式，即标准屏幕模式、带有菜单栏的全屏模式及全屏模式。单击应用程序栏上的"屏幕模式"按钮，在弹出的下拉菜单中选择所需的屏幕模式。

- 标准屏幕模式：可以显示默认的窗口，菜单栏位于窗口的顶部，滚动条位于侧面。
- 带有菜单栏的全屏模式：可以显示带有菜单栏和50%灰色背景，但没有标题栏或滚动条的全屏窗口。
- 全屏模式：可以显示只有背景色，没有标题栏、菜单栏和滚动条的全屏窗口。

提示：按〈F〉键可以在不同的屏幕模式效果之间进行切换；按〈Tab〉键，可在保留标题栏、菜单栏和图像的情况下，显示或隐藏工具箱与所有浮动面板。

2. 缩放工具

在工具箱中单击缩放工具，或者单击应用程序栏中的缩放按钮，将出现如图 1-14 所示的缩放工具选项栏。将鼠标指针移到图像窗口中，此时鼠标指针呈放大镜的形状 🔍，单击要放大的区域，每单击一次，图像就放大至下一个预置百分比，并以单击的点为中心显示。双击缩放工具，可以使图像按 100% 的比例显示出来。

图 1-14 缩放工具选项栏

按下〈Alt〉键，则鼠标指针变为 🔍，单击要缩小图像区域的中心，每单击一次，视图便缩小至上一个预置百分比。当文件到达最大可缩小级别时，放大镜中心将显示为空。

要放大图形中的某一块区域，只需将放大镜鼠标指针移到图像窗口，然后按下鼠标左键拖曳出一个虚线矩形，指明要放大的部分即可。

提示：也可以使用以下 3 种方法来使用缩放工具：①执行"视图"→"缩小"/"放大"命令，图像将缩小/放大显示一级；②按〈Ctrl +−〉/〈Ctrl ++〉组合键，每按一次该组合键，图像将缩小/放大显示一级；③在图形窗口中使用任何工具编辑图形时，按住〈Alt + Space〉/〈Ctrl + Space〉组合键，可以得到缩放工具的缩小/放大状态，只需在窗口中单击鼠标左键，即可缩小/放大图像。

3. 抓手工具

放大后图像可能无法在图像窗口中完全显示，此时可以通过移动图像窗口中的滚动条以显示其他部分的图像，也可以使用抓手工具直接在图像中进行拖动即可浏览到不同区域中的图像内容。

提示：在使用其他工具时，按住空格键即可暂时切换为抓手工具，按住空格键拖动鼠标也可以移动画面。

4. 旋转视图工具

Photoshop CS4 新增的旋转视图工具可以旋转以任意角度整个图像，使其方向发生变化，以【案例：美丽童画】为例，选择旋转视图工具后，按住鼠标左键单击图像的任何一个部位，会出现一个指针的图形，如图 1-15 所示，此时拖曳鼠标就可以以任意角度旋转图像。

图 1-15　旋转视图

5. 导航器面板

当图像在窗口中不能完全显示时，可以使用导航器面板对图像进行快速定位和缩放，以【案例：美丽童画】为例，具体的操作步骤如下。

1）选择"窗口"→"导航器"命令，打开导航器面板，如图 1-16a 所示，面板左下角的百分比显示的是当前图像的显示比例，用户也可以在其中直接输入显示比例。

2）用鼠标直接拖动底部的小三角滑块，可连续修改图像的显示比例，从而缩放图像。

3）单击小三角滑块左右两端的双三角形按钮，可以用预设的比例来缩放图像，效果等同于缩放工具。

4）导航器面板中红色线框内的区域代表当前窗口中显示的图像区域，框外部分则表示没有显示在窗口中的图像区域。

5）默认情况下，要改变导航器中红框的颜色，可单位面板右边的 ▣ 按钮，在弹出的菜单中选择"面板选项"命令，弹出如图1-16b所示的"面板选项"对话框进行设置。

a) b)

图1-16 导航器面板及其"面板选项"对话框

a）导航器面板 b）"面板选项"对话框

1.3.4 辅助工具的应用

Photoshop CS4 提供了许多辅助工具供用户在处理、绘制图像时，对图像进行精确定位，它们分别是标尺、测量工具、网络和参考线，下面将对这些辅助工具进行简单的介绍。

1. 标尺的应用

标尺可以显示当前鼠标指针所在位置的坐标值和图像尺寸，使用标尺可以更准确地对齐对象和选取范围。执行"视图"→"标尺"命令，或按〈Ctrl + R〉组合键，在图像窗口中将显示标尺，如图1-17所示。【参见本书配套素材文件】

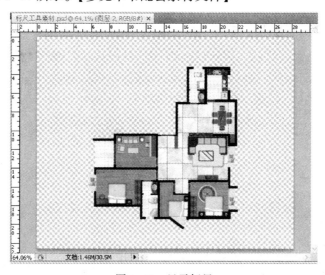

图1-17 显示标尺

标尺可分为水平标尺和垂直标尺两部分，系统默认图像的左上角为标尺的原点（0，0）位置。当然，也可以根据自己的需要随意调整原点的位置。移动鼠标指针至标尺左上角的方格内，单击鼠标左键并拖曳至所需要的位置，然后释放鼠标，即可移动标尺的坐标原点。若需要还原坐标原点的位置，只需要在默认坐标原点处双击鼠标左键即可。

在显示标尺的图像窗口中移动鼠标时，水平标尺和垂直标尺上方就会出现一条虚线，表示当前鼠标指针所在的位置，随着鼠标指针的移动，虚线也会跟着移动。

使用"像素"作为标尺单位比较方便。设置标尺单位的方法也比较简单，移动鼠标指针至标尺上，单击鼠标右键，在弹出快捷菜单中选择所需要的单位即可更改标尺的单位。

2. 标尺工具的应用

标尺工具 也称度量工具，不仅可以用于测量图像中两点之间的距离，还可以用于测量两条线段之间的角度。使用标尺工具测量图像两点之间距离的操作步骤为：移动鼠标指针至测量线段的起始点或终点处，此时鼠标指针呈 形状，在需要测量的起始点单击鼠标左键并拖曳至另一测量点处，释放鼠标后，信息面板和工具属性栏中将会显示测量的长度，如图1-18所示。【参见本书配套素材文件】

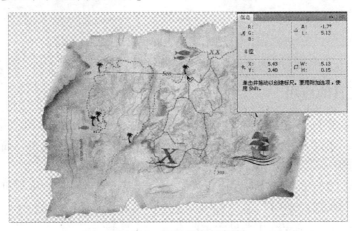

图1-18　测量距离与角度

移动鼠标指针到测量线段的起始点或终点处，此时鼠标呈 形状，单击鼠标左键并拖曳，即可调整测量起始点或终点的位置，若移动鼠标指针至测量线段上并拖曳，则可移动测量线段至新的位置。

使用度量工具测量图像的角度的操作步骤为：在窗口中单击鼠标左键并拖曳，确定第一条测量线段，按住〈Alt〉键，此时鼠标指针将呈 形状。单击鼠标左键并拖曳到需要测量角的位置处，释放鼠标后，即可完成图像角度的测量操作，此时信息面板中将显示对象的角度信息。

提示： 在使用度量工具测量图像的角度时，按住〈Shift〉键并拖曳鼠标，可使鼠标在水平、垂直或45°方向上移动。

3. 网格的应用

网格用于对齐图形和精确地定位鼠标指针。执行"视图"→"显示"→"网格"命令，在图像窗口中显示网格，如图1-19所示。【参见本书配套素材文件】

在图像窗口中显示网格后，就可以运用网格的功能，沿着网格线对齐或移动物体。如果想在移动物体时能够自动贴齐网格，或在创建选区时，自动对齐网络线的位置进行定位选取，执行"视图"→"对齐到"→"网格"命令即可。

Photoshop CS4 默认网格线的间隔为 25mm，子网格的数量为 4 个，网格的颜色为灰色，也可根据需要对其进行设置。执行"编辑"→"首选项"→"参考线、网格和切片"命令，弹出"首选项"对话框，在该对话框中，设置好相应的参数，执行"确定"按钮，即可更完成网格设置操作。

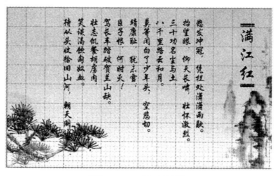

图 1-19   显示网格

4. 参考线的应用

参考线的功能与网格一样，也是用于对齐图像和定位光标，但由于参考线可以任意设置其位置，所以使用起来比较方便。使用菜单命令，可以精确地创建参考线，执行"视图"→"新建参考线"命令，在弹出的"新建参考线"对话框中，设置好参考线的水平或垂直取向以及参考线在图像窗口中的位置后，执行"确定"按钮，即可在指定位置添加一条新的参考线，如图 1-20 所示。【参见本书配套素材文件】

图 1-20   新建参考线

提示：将鼠标置于窗口顶部或左侧的标尺上，按住鼠标左键并拖动鼠标到图像中适当的位置，释放鼠标后，即可在该位置上添加参考线。在创建参考线时，按住〈Alt〉键，可使参考线在水平方向和垂直方向之间切换。

在进行图像的精确编辑和操作时，可以对参考线进行锁定，避免因移动参考线而产生位置上的偏差；当操作完成后，还可以对辅助线进行解锁。执行"视图"→"锁定参考线"

命令，或者按下〈Alt + Ctrl + ;〉组合键，可以进行参考线的锁定和解锁的切换。

在对图像进行编辑和操作的过程中，显示的参考线有时会影响图像的编辑效果，这时可隐藏图像中的参考线。其操作方法是：执行"视图"→"显示"→"参考线"命令，或者按下〈Ctrl + ;〉组合键，可以进行参考线的显示和隐藏的切换。

参考线是浮动在图像文件上的线条，只是给用户提供一个图像位置的参考，因此在打印图像时不会将参考线打印出来。在编辑完成图像文件或不需要参考线时，可以对图像中的参考线进行删除，其操作方法有两种：

- 如果要删除单条参考线，可使用移动参考线的方法，将需要删除的参考线拖回到标尺上即可。
- 如果要删除所有参考线，执行"视图"→"清除参考线"命令，即可删除图像文件上所有的参考线。

1.3.5　图像与画布尺寸的调整

使用 Photoshop CS4 进行图像处理的过程中，经常需要调整图像的尺寸，以适应显示或打印输出需要。调整图像尺寸的具体操作步骤如下：执行"图像"→"图像大小"命令，或按下〈Ctrl + Alt + I〉组合键，弹出如图 1-21 所示的"图像大小"对话框，在此对话框中，将图像的高度、宽度和分辨率等参数设置为所需的数值后，单击"确定"按钮即可。

在"图像大小"对话框中，若按住〈Alt〉键，则"取消"按钮会变成"复位"按钮，单击"复位"按钮，可以将对话框中各选项的参数恢复为最初始的状态。该对话框中主要选项的含义如下。

- 像素大小：用于设置图像的宽度和高度的像素值，可在其下方的"宽度"和"高度"数值框中直接输入数据，以进行设置。
- 文档大小：用于设置图像的宽度和高度以及分辨率。
- 缩放样式：选中该复选框，调整图像大小时，将按比例显示缩放效果。
- 约束比例：选中该复选框，可以约束图像高度和宽度的比例，即在改变宽度数值的同时，高度数值也随之改变。
- 重定图像像素：取消选中该复选框，图像的像素数目固定不变，可以改变尺寸和分辨率；选中该复选框，改变图像尺寸和分辨率，图像的像素数目会随之改变。

画布是指绘制和编辑图像的工作区域，也就是图像的显示区域。调整画布尺寸的大小，可以在图像四周增加空白区域，或者裁切掉不需要的图像边缘。调整图像画布大小的具体操作步骤如下：执行"图像"→"画布大小"命令，或按下〈Ctrl + Alt + C〉组合键，弹出如图 1-22 所示的"画布大小"对话框，在"定位"选项区域中，单击其中任意一个方块，在"新建大小"选项区域中的"宽度"和"高度"文本框中输入新画布的大小值，最后单击"确定"按钮，即可调整画布效果。

同样在"画布大小"对话框中，若按住〈Alt〉键，则"取消"按钮也会变成"复位"按钮，单击"复位"按钮，可以将对话框中各选项的参数恢复为最初始的状态。该对话框中"定位"选项的含义如下：

- 如果白色方块居中，则调整画布大小后，画布将由图像窗口的中心向四周或向内作辐射性的改变。

- 如果白色居于右边居中的位置，则调整画布大小后，画布将由右向左作调整，也就是在增大画布时，画布的左边将加大；在减小画布时，将从图像左边将多余部分进行裁剪。
- 如果白色方块居于上面居中的位置，则将画布增大时，图像的下方将加大；缩小画布时，图像的下方将被裁剪。

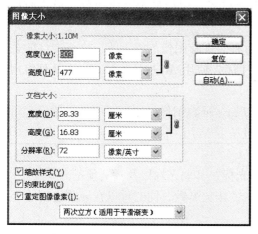

图 1-21　"图像大小"对话框

图 1-22　"画布大小"对话框

1.3.6　系统参数设置

许多 Photoshop CS4 程序设置都存储在 Adobe Photoshop CS4 Prefs 文件夹中，包括常规显示选项、文件存储选项、光标选项、透明度选项以及用于增效工具和暂存盘的选项，每次退出 Photoshop CS4 程序时都会存储首选项设置。

如果出现异常现象，可能会是因为首选项已被损坏。如果怀疑首选项已损坏，可以将首选项恢复为它们的默认设置。Photoshop CS4 程序中的大部分首选项可以通过"首选项"对话框来进行设置。执行"编辑"→"首选项"→"常规"命令，可以调出"首选项（常规）"对话框，如图 1-23 所示。

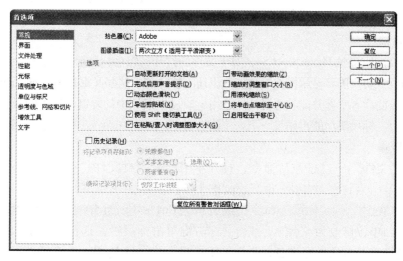

图 1-23　"首选项（常规）"对话框

利用该对话框可以进行 Photoshop CS4 首选项设置，在其左边的列表框中有 10 个不同的选项，单击其中一个选项，即可切换到相应的 Photoshop CS4 首选项的设置状态，通过设置给用户带来不同风格的工作环境。

- 常规：在此对话框里设置 Photoshop CS4 的基本工作环境。
- 界面：在此对话框里进行 Photoshop CS4 的界面设置，包括显示菜单颜色、记住面板位置、显示工具提示等。
- 文件处理：在此对话框里可以选择存储图像时是否保存图像的缩览图、检查文件的兼容性对 JPEG 文件或者对支持的原始数据文件优先使用 Adobe Camera Raw 以及启用 Version Cue 工作组文件管理等。
- 性能：Photoshop CS4 使用了图像缓存技术，以加速屏幕图像的刷新速度，设置内存可以改变 Photoshop 使用的物理内存数量，并且支持启用 OpenGL 绘图，可以显示 3D 轴、地面和光源 Widget。
- 光标：在此对话框可以设置 Photoshop 的绘画光标、其他光标以及画笔预览。
- 透明度与色域：在此对话框可以设置透明区域的相关参数，同时可以在屏幕上对不能精确打印的色彩给予显示。
- 单位与标尺：在此对话框里可以设置标尺的长度单位、文字字体的单位、列尺寸、新文档预设分辨率以及点/派卡大小等。
- 参考线、网格和切片：在此对话框里可以设置参考线颜色、智能参考线颜色、网络的颜色和样式、切片所使用的线条颜色等。
- 增效工具：在此对话框里可以设置外挂插件存放的路径。
- 文字：对于文本工具生成的文字进行相关的设置，以方便 Photoshop 中文字的处理。

1.4 案例拓展——过年啦

1. 案例背景

新的一年就要到来了，要制作一些新年贺卡以及电脑桌面壁纸，利用已有的一些素材可以快速方便地制作出心仪的作品。

2. 案例目标

由于初学者刚刚接触 Photoshop CS4，对于文件的打开、保存、显示标尺、改变标尺的计量单位、新建辅助线、切换屏幕显示模式等功能认识还不够深刻，这些又都是在 Photoshop CS4 中经常使用的工具，需要读者掌握并能熟悉灵活地运用。通过本案例中的复制灯笼等的操作，可以将文件的打开、保存、标尺等功能再熟悉一下，使读者对 Photoshop CS4 有一个更深刻的认识。

3. 操作步骤

1）执行"文件"→"打开"命令，打开本书配套素材文件"第 1 章 Photoshop CS4 基础知识\素材\［素材］过年啦.psd"，如图 1-24a 所示。

2）执行"视图"→"标尺"命令，或者按〈Ctrl + R〉组合键，打开标尺，根据画面的需要把标尺的单位修改为"像素"，用鼠标右键单击标尺栏，选择"像素"，如图 1-24b 所示，为复制灯笼等对象做好准备，要想关闭标尺，按〈Ctrl + R〉组合键即可。

3）将鼠标放在标尺位置，往下移动鼠标，拉出参考线，在图中水平方向新建 12 条参考

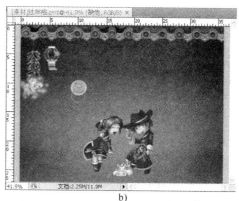

图 1-24　打开图片与显示标尺

a) 打开图片　b) 显示标尺

线，在垂直方向新建 4 条参考线，如图 1-25a 所示，或者执行"视图"→"新建参考线"命令，打开"新建参考线"对话框，可以分别创建水平和垂直方向的参考线。

4）执行"视图"→"显示"→"智能参考线"命令，打开智能参考线，这样复制的灯笼会沿着参考线自动对齐和居中。

5）在图层面板上选中图层"灯笼"，执行"图层"→"复制图层"命令 5 次，然后拖移复制后的 5 个灯笼到相应的位置，如图 1-25b 所示。

6）Photoshop CS4 默认的屏幕模式为"标准屏幕模式"，为了最大程度上显示编辑区域，可以按〈F〉键，切换屏幕模式；按一次〈F〉键，将切换到"带有菜单栏的全屏模式"。

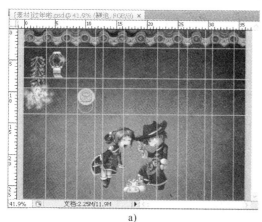
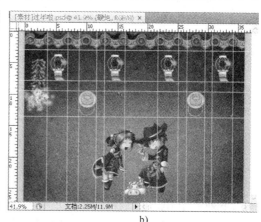

图 1-25　拉出参考线与最终效果

a) 拉出参考线　b) 最终效果

7）再按〈F〉键屏幕转换为"全屏模式"，这时将隐藏标题栏、菜单栏和屏幕下方的任务栏，只剩下选项栏。按〈Tab〉键，整个屏幕只剩下图像编辑区域，这样特别容易观看效果，要想恢复标准屏幕模式再按下〈F〉键和〈Tab〉键。

8）制作完毕，执行"文件"→"保存"命令或者按〈Ctrl + S〉组合键，将其保存在指定的文件夹下，在"文件名"区域输入要保存文件的名字"大红灯笼高高挂"，单击"保存"按钮即可完成保存工作。

1.5 综合习题

一、单项选择题

1. 在 Photoshop 中，最小的单位是（ ）。

    A. 1 毫米　　　　　　　B. 1 像素　　　　　　　C. 1 微米　　　　　　　D. 1 派卡

2. 图像窗口下面的状态栏显示"文档大小"的信息时，"/"左面的数字表示（ ）。

    A. 暂存磁盘的大小　　　　　　　　　　B. 包含图层信息的文件大小

    C. 包含通道信息的文件大小　　　　　　D. 所有信息被合并后的文件大小

3. 当双击放大镜的时候图像会以 100% 来显示，请问这个 100% 表示的是（ ）。

    A. 显示器中的图像大小与图像输出尺寸一致　　B. 表示一个屏幕像素对应一个图像像素

    C. 表示全屏显示　　　　　　　　　　　　　　D. 表示全页显示

4. 位图的图像分辨率是指（ ）。

    A. 单位长度上的锚点数量　　　　　　　B. 单位长度上的网点数量

    C. 单位长度上的路径数量　　　　　　　D. 单位长度上的像素数量

5. 默认的暂存磁盘（Scratch Disk）的排列方式为（ ）。

    A. 没有暂存磁盘

    B. 暂存磁盘创建在启动磁盘上

    C. 暂存磁盘创建在任何第 2 个磁盘上

    D. 如果计算机有多块硬盘，哪个剩余空间大，哪个就优先作为暂存磁盘

二、多项选择题

1. 关于位图与矢量图的说法中错误的是（ ）。

    A. 像素是组成图像的最基本单元，所以像素多的图像质量要比像素少的图像质量要好

    B. 路径、锚点、方向点和方向线是组成矢量图的最基本的单元，每个矢量图里都有这些元素

    C. 当利用"图像大小"命令把一个文件的尺寸由 10 cm × 10 cm 放大到 20 cm × 20 cm 的时候，如果分辨率不变，那么图像像素的点的面积就会跟着变大

    D. 当利用"图像大小"命令把一个文件的尺寸由 10 cm × 10 cm 放大到 20 cm × 20 cm 的时候，如果分辨率不变，那么图像像素的点的数量就会跟着变多

2. 下列关于 RGB 颜色模式描述正确的是（ ）。

    A. 相同尺寸的文件，RGB 模式的要比 CMYK 模式的文件小

    B. RGB 是一种常用的颜色模式，无论是印刷还是制作网页，都可以用 RGB 模式

    C. 在 Photoshop 中，RGB 模式包含的颜色信息最多，多达 1670 万个

    D. RGB 是标准颜色模型，但是所表示的实际颜色范围仍因应用程序或显示设备而异

3. 选择"文件"→"新建"命令，在弹出的"新建"对话框中可设定下列选项中的（ ）。

    A. 图像的高度和宽度　　　　　　　B. 图像的分辨率

    C. 图像的色彩模式　　　　　　　　D. 图像的标尺单位

4. 关于参考线的使用，以下说法正确的是（ ）。

    A. 将鼠标放在标尺的位置向图形中拖放，就会拉出参考线

B. 要恢复标尺原点的位置，用鼠标双击左上角的横纵坐标相交处即可

C. 将一条参考线拖动到标尺上，参考线就会被删除掉

D. 需要用路径选择工具来移动参考线

5. 下列描述正确的是（　　　）。

A. 内存的多少直接影响软件处理图像的速度

B. 虚拟内存是将硬盘空间作为内存使用，会大大降低软件处理图像的速度

C. Photoshop 可设定 4 个暂存盘，虚拟内存通常是优先使用空间最大的暂存盘上的空间

D. 暂存盘和虚拟内存一样，完全受操作系统的控制

三、问答题

1. 简述 Photoshop CS4 的主要功能。

2. 位图与矢量图的主要区别是什么？

3. 试述分辨率、像素的大小与文件的关系。

4. 在通常的工作中，经常会用哪几种文件存储格式？

四、设计制作题

利用本章所学的知识，使用如图 1-26 所示的"第 1 章 Photoshop CS4 基础知识 \ 综合习题 \ 左边 . jpg、右边 . jpg 和端午 . ai"素材文件，设计制作一幅画册封面，如图 1-27 所示（可以参考"第 1 章 Photoshop CS4 基础知识 \ 设计习题 \［效果］画册封面 . psd"源文件）。

图 1-26　素材文件

图 1-27　画册封面设计效果

第2章 图像编辑工具

 职业情境：

　　柳晓莉文秘专业毕业后在三峡美辰广告有限公司客户部担任客户专员，负责广告客户资料图片的收集与整理。经过一段时间的学习之后，柳晓莉逐渐适应公司的工作。公司设计部和制作部需要的客户资料图片经常要求进行一定的修饰和处理，有些图片甚至需要进行再创作，她应该怎么做才能更好地完成工作任务呢？

章节描述：

　　图像编辑工具的使用可以说是 Photoshop 在编辑和处理图像时最基本的操作，Photoshop CS4 为用户提供了非常强大的绘图功能，这种划时代的图像编辑工具可帮助创作者实现品质卓越的效果。本章中所介绍的图像编辑工具都具有与传统手工绘图极为相似的特性，使用它们就像在白纸上画画一样。对于某些习惯在纸上创作的设计者而言，通过对这些绘图工具的使用，可以把绘图创意很完整地表达出来，从而编辑出更加完美的图像。

技能目标：

- 了解绘画工具的特性，掌握使用绘画工具的技巧
- 掌握颜色填充工具的使用方法
- 掌握图像修饰工具的使用方法
- 掌握图像编辑工具的使用方法

2.1 绘图工具

　　Photoshop CS4 同以前版本一样提供了强大的绘图工具，包括画笔工具、铅笔工具、擦除工具、渐变工具、油漆桶工具和修复工具等。这些绘图工具作为 Photoshop CS4 编辑操作时比较常用的工具，存放于工具箱的下拉列表框中。

　　在操作时只有被选择的工具才为显示状态，其他工具为隐藏状态，可以通过用鼠标右键单击来显示出所有工具。这些绘图工具拥有许多共同的特点，如任意一个绘图工具被选中时，在选项栏中将会显示相应工具参数，如混合模式、不透明度、绘画渐隐速率和压力等选项。此外，使用每个绘图工具绘制图形时，都需要选取绘图颜色、指定画笔大小等。

2.1.1 【案例：五彩泡泡】画笔工具

　　【案例导入】本案例是通过使用画笔工具、创建新画笔和设置画笔样式来给图片添加半

透明的彩色泡泡，使用画笔面板对画笔样式进行设置后，可以将原有画笔做出丰富的效果。如图2-1a和图2-1b所示，分别为使用画笔添加彩色泡泡前后的效果。

【技能目标】根据设计要求，掌握画笔工具的使用方法，重点是掌握画笔面板中各项参数的设置。

【案例路径】第2章图像编辑工具\ 效果\ ［案例］五彩泡泡 . psd

a)   b)

图2-1   【案例：五彩泡泡】

a) 源图   b) 效果图

画笔工具能够创建边缘较柔和的线条。在 Photoshop CS4 中，也可以使用画笔面板来创建自定义画笔。在 Photoshop CS4 中无论使用哪种绘图工具绘制图形，其选项栏中均有一个画笔参数，用于设置画笔大小，即画笔的功能选项。

选择画笔工具，选项栏将显示为与该工具相关的参数设置，其中在"画笔"列表框中单击其右下角的小三角按钮就会弹出一个下拉列表框，从中可以选择不同大小的画笔。

1. 设置画笔

选择绘图工具，单击如图2-2a 所示的选项栏右侧"切换画笔调板"按钮▣，打开如图2-2b 所示的画笔面板，或者执行"窗口"→"画笔"命令，然后在画笔面板上单击右上角的小三角按钮，在打开的下拉菜单中选择"新建画笔预设"命令，打开"画笔名称"对话框，如图2-2c 所示。

在对话框的"名称"文本框中输入新建画笔的名称，单击"确定"按钮即可建立一个与所选画笔相同的新画笔。单击画笔面板底部的"创建新画笔"按钮▣，也可以新建画笔。对于新建的画笔还可以进行参数设置，具体如下。

- 设置画笔的大小：在画笔预设面板的"主直径"文本框中输入1~2500 像素的数值或者直接拖曳滑块更改，也可以通过快捷键更改画笔的大小（按〈［〉键缩小，按〈］〉键可放大）。
- 设置画笔的硬度：在画笔预设面板中"硬度"文本框中输入0% ~100% 之间的数值或者拖曳滑块以更改画笔硬度。
- 设置画笔的混合模式：在画笔工具的选项栏中通过"模式"选项可以选择绘画时的混合模式（在后面的章节中会详细讲解），在选项栏中的"模式"下拉列表中选择即可。
- 设置画笔的不透明度：在画笔工具的选项栏中的"不透明度"文本框中可以输入1% ~100% 之间的数值来设定画笔的不透明度（在后面的章节中会详细讲解）。
- 设置画笔的流量：流量控制画笔在画面中涂抹颜色的速度，在画笔工具的选项栏中的

"流量"文本框中可以输入1%～100%之间的数值来设定绘画时的流量。

- 启用喷枪功能：喷枪功能是用来制作喷枪效果的。

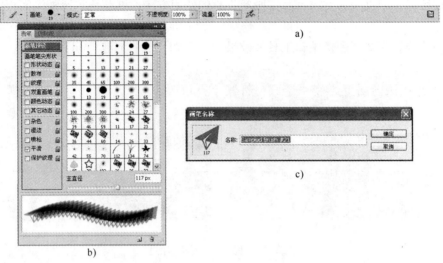

图 2-2　画笔面板和"画笔名称"对话框

a）"绘图"工具选项栏　b）画笔面板　c）"画笔名称"对话框

2. 载入画笔

在 Photoshop CS4 中，除了默认状态下的几种画笔外，系统还提供了更多的画笔，可以将其载入至画笔面板中，以便设计中运用。载入画笔的操作方法有 3 种，分别如下。

- 单击画笔面板右侧的三角形按钮，在弹出的面板菜单中选择需要载入的画笔类型即可。
- 移动光标至图像窗口，在窗口中的任意位置处单击鼠标右键，弹出画笔面板，单击其右侧的三角形按钮，在弹出的"面板"菜单中选择所需载入的画笔类型即可。
- 按〈F5〉键，弹出画笔面板，单击其右侧的三角形按钮，在弹出的面板菜单中选择所需载入的画笔类型即可。

执行以上操作，均会弹出一个提示框，如图 2-3 所示，该提示框中主要按钮的含义如下。

- 确定：单击该按钮，表示在画笔面板中用载入的画笔替换原有的画笔。
- 取消：单击该按钮，取消载入画笔操作。
- 追加：单击该按钮，表示在画笔面板中添加载入的画笔。

图 2-3　提示框

注意：在画笔面板菜单中，若选择"复位画笔"选项，将恢复系统默认的画笔设置；若选择"替换画笔"选项，可用加载的画笔替换当前面板中的画笔。本书"第 2 章图像编辑工具 \ 素材 \ PS 笔刷文件（ABR）\ "有近千种笔刷文件，方便了我们的设计工作。

3. 自定义画笔

在 Photoshop CS4 中通过画笔面板新建的画笔一般都是圆形或椭圆形的画笔，这些画笔都是较为常用的画笔，而对于一些较为特殊的画笔，例如要将一个文字或者图像中的某一区域等定义成画笔时，可以创建自定义画笔。

以【案例：五彩泡泡】来介绍画笔工具的使用方法，具体的操作步骤如下。

1）执行"文件"→"新建"命令，创建一个透明背景的文档，选取画笔工具，打开"画笔预设"设定画笔主直径为370px，硬度为100%。

2）执行"窗口"→"图层"命令，打开图层面板，单击"创建新图层"按钮新建图层"图层2"，并在该图层上绘制一个圆，将其"不透明度"设置为40%，效果如图2-4a所示。

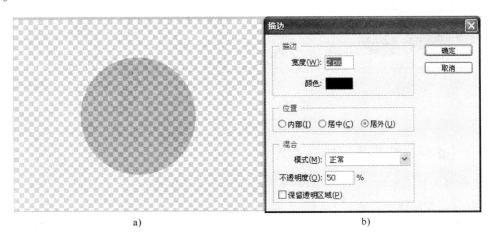

图2-4 绘制圆与"描边"对话框设置

a）绘制圆 b）"描边"对话框

3）在图层面板上选择图层"图层2"，建立与圆等大的选区，单击"创建新图层"按钮新建图层"图层3"，执行"编辑"→"描边"命令，在弹出的"描边"对话框中进行如图2-4b所示的设置。

4）单击"确定"按钮完成绘制，执行"编辑"→"定义画笔预设"命令，弹出"画笔名称"对话框，输入名称"彩色泡泡"，把绘制的图像定义为自定义画笔。

5）确认画笔工具为选取状态，设置画笔的模式为"颜色减淡"，执行"窗口"→"画笔"命令，打开画笔面板，将画笔"形状动态"的"大小抖动"设置为60%，如图2-5a所示；"散布"设置为460%，如图2-5b所示；将"其他动态"中的"不透明抖动"和"流量抖动"设置为75%和25%，如图2-5c所示。

6）执行"文件"→"打开"命令，打开本书配套素材文件"第2章图像编辑工具\素材\紫色的花.jpg"，如图2-1a所示，单击"创建新图层"按钮新建图层，多次改变自定义画笔"彩色泡泡"的主直径和颜色，在新建图层中绘制多个不规则的透明彩色圆形，效果如图2-1b所示。

注意：只有使用矩形选框工具选取的范围才能定义画笔。在定义特殊画笔时，只能定义画笔形状，而不能定义画笔颜色。因此，不论是用多么漂亮的彩色图形建立的画笔，绘制出来的图像也不具有彩色效果，这是因为用画笔绘制时的颜色都是由前景色颜色决定的。

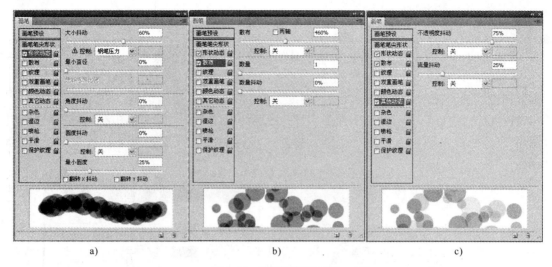

图 2-5　设置画笔的参数

a)"形状动态"选项卡　b)"散布"选项卡　c)"其他动态"选项卡

2.1.2　【案例：糖葫芦】铅笔工具

【案例导入】本案例是通过使用铅笔工具和设置工具选项来绘制糖葫芦串的，使用铅笔工具不仅可以绘制线条，通过对铅笔工具选项的设置可以实现很多有趣的效果，效果如图 2-6 所示。

【技能目标】根据设计要求，掌握铅笔工具的使用方法，重点是掌握铅笔工具的使用方法及工具选项的设置。

【案例路径】第 2 章图像编辑工具 \ 效果 \ ［案例］糖葫芦.psd

使用铅笔工具绘制的线条效果比较生硬，主要用于直线和曲线的绘制。铅笔工具和画笔工具最大的区别就是即使使用一样类型的画笔，铅笔工具也不会产生柔软的边缘效果，它不需要边缘平滑效果。在铅笔工具被选中的情况下，选项栏上显示该工具相应的各项设置参数，如图 2-7 所示。铅笔工具属性栏中的选项与画笔工具很相似，只是多了一个"自动抹除"复选框。

图 2-6　【案例：糖葫芦】

图 2-7　铅笔工具属性栏

铅笔工具选项栏中的"画笔"用于选择要创建线条的铅笔样式，"模式"用于控制使用铅笔工具绘图时对图像色彩的混合功能。"不透明度"用于指定铅笔工具绘制线条时的最大油彩覆盖量。"自动抹除"复选框被选中时，可以将铅笔工具作为橡皮擦来使用。即在与前景色颜色相同的图像区域中绘图时，会自动擦除前景色而填入背景色。单击"切换画笔调板"按钮，可以激活画笔面板。和画笔工具不同的是，在"画笔"下拉列表框中所有笔刷均为硬边。

提示：在图像窗口中，按住〈Shift〉键的同时按下鼠标并拖动，释放〈Shift〉键和鼠标后可绘出单条水平或垂直的直线；在绘制过程中，按住〈Shift〉键不放，可绘制出折线的效果。通常在做一些画面背景时需要加一些修饰条文，这时用铅笔工具最合适。

以【案例：糖葫芦】来介绍铅笔工具的使用方法，具体的操作步骤如下：

1）执行"文件"→"新建"命令，创建一个透明背景的文档，文档宽度为800像素，高度为600像素。

2）选取铅笔工具，打开"画笔预设"设定画笔主直径为55px，并选中"自动抹除"选项。

3）将前景色设置为红色、背景色设置为黄色，在窗口中单击一次铅笔工具，出现一个红色的圆形，移动鼠标再次单击，此时出现一个黄色圆形。（注意：铅笔工具的十字形中心不可移动到红色圆形外。）

4）按照相同的办法利用铅笔工具绘制一串红色和黄色相间的圆形，并且使之位于一条直线位置上。

5）再次选取铅笔工具，打开"画笔预设"设定画笔主直径为3px，同时设置前景色设为棕色，绘制一条直线作为糖葫芦的棍，使用相同的办法制作另一串糖葫芦，最终效果如图2-6所示。

2.1.3 【案例：鸟巢留影】橡皮擦工具

【案例导入】本案例是运用背景橡皮擦将背景部分擦除，留下人物部分，来实现抠图。如图2-8a、2-8b和2-8c所示，分别为原来的两张素材图和操作后的效果图。

【技能目标】根据设计要求，掌握背景橡皮擦的使用方法，重点是了解背景橡皮擦相关参数的设置。

【案例路径】第2章图像编辑工具＼效果＼［案例］鸟巢留影.psd

a)   b)   c)

图2-8   【案例：鸟巢留影】

a) 背景素材图   b) 人物素材图   c) 效果图

橡皮擦工具和现实中的橡皮擦的作用是相同的，用于擦除图像颜色，并在擦除的位置上填入背景色。选中该工具后，在图像中拖动即可擦除拖动操作所经过的区域。橡皮擦工具组中有3种擦除工具：橡皮擦工具、背景色橡皮擦工具和魔术橡皮擦工具。

1. 橡皮擦工具

选取工具箱中的橡皮擦工具 ，其工具属性栏如图2-9a所示，主要选项含义如下。

- 模式：用于选择橡皮擦的笔触类型，可选择"画笔"、"铅笔"、"块"3种模式来擦除图像。
- 抹到历史记录：选中该复选框，橡皮擦工具就具有了历史记录画笔工具的功能，能够有选择性地恢复图像到某一历史记录状态，其操作方法与历史记录画笔工具相同。

橡皮擦工具的功能就是擦除颜色，但擦除后的效果可能会因所在的图层不同而有所不同。在普通层上擦除后，擦除的部分为变为透明，如图 2-9b 所示。如在背景层上擦除后，擦除的部分会显示出当前的背景色，如图 2-9c 所示。【参见本书配套素材文件】

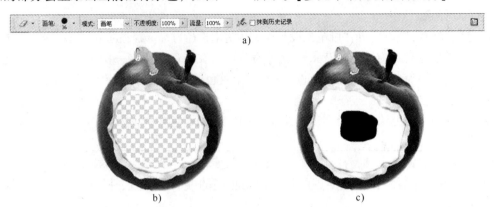

图 2-9　擦除普通图层与背景图层

a）橡皮擦工具属性栏　b）擦除普通图层　c）擦除背景图层

2. 背景橡皮擦工具

选取工具箱中的背景橡皮擦工具 ，其工具属性栏如图 2-10 所示，主要选项含义如下。

图 2-10　背景橡皮擦工具属性栏

- 取样：用于指定背景橡皮擦工具的背景色样的取样方式，分别为：一次 ，即当鼠标按下处的颜色为要擦除的颜色，可反复设置取样点；连续 ，连续取样，鼠标所到之处都会被擦除；背景色板 ，以背景色板中的颜色为要擦除的颜色，当在背景层上使用背景色橡皮擦工具擦除时，会将背景层转换为普通层。
- 限制：用于设置背景橡皮擦工具的擦除方式。若选择"不连续"选项，可以擦除当前图像中与背景色相似的像素；若选择"连续"选项，则可以擦除与当前图像中背景色相邻的像素；若选择"查找边缘"选项，则可以擦除背景色区域。
- 容差：用于设置背景橡皮擦工具的擦除范围。
- 保护前景色：选中该复选框，在擦除图像时，与前景色颜色相近的像素将不会被擦除。

背景色橡皮擦工具比橡皮擦工具更精确，可以指定擦除某种颜色，通过设置颜色容差值来控制所擦除颜色的范围，值越大擦除的颜色范围就越大，反之则小。背景色橡皮擦工具与橡皮擦工具的区别在于，使用背景橡皮擦工具擦除颜色后，不会填充上背景色，而是将擦除的内容变成透明的。

以【案例：鸟巢留影】来介绍背景橡皮擦的使用方法，具体的操作步骤如下：

1）执行"文件"→"打开"命令，打开本书配套素材文件"第 2 章图像编辑工具 \ 素材 \ 模特 . jpg"，如图 2-11a 所示。

2）使用吸管工具将前景色设为头发的颜色，背景色设为与头发相邻的背景区域的颜色，然后选择背景橡皮擦工具，在其工具属性栏中设置画笔直径为 90px，"限制"为"不连续"，选中"保护背景色"复选框。

a)　　　　　　　　　　　　　　b)

图 2-11　擦除背景

a）源图　b）效果图

3）使用背景橡皮擦工具单击擦除头发边缘的区域，然后拖动背景橡皮擦擦除其他剩余背景部分，效果如图 2-11b 所示。

4）按住〈Ctrl〉键单击图层，选择人物部分，复制抠取的图像。

5）执行"文件"→"打开"命令，打开本书配套素材文件"第 2 章图像编辑工具 \ 素材 \ 鸟巢 . jpg"，如图 2-8a 所示。

6）执行"窗口"→"图层"命令，打开图层面板，单击"创建新图层"按钮新建图层"图层 1"，将抠取的人物复制到"图层 1"并调整到合适大小，最终效果如图 2-8c 所示。

3. 魔术橡皮擦工具

魔术橡皮擦工具 ◢ 和背景色橡皮擦工具有些类似，也可以设定容差来控制所要擦除的颜色范围，在背景层上使用该工具进行擦除时也会将背景层转换为普通图层，但比背景橡皮擦多了一个透明度的设置，可擦出透明的效果，如图 2-12 所示。【参见本书配套素材文件】

a)　　　　　　　　　　　　　　b)

图 2-12　使用魔术橡皮擦工具擦除图像的前后效果对比

a）源图　b）效果图

2.2　【案例：企业 VI 指示牌】颜色填充工具

【案例导入】本案例是使用油漆桶工具和渐变工具，通过创建选区来并填充需要的颜色，得到设计的图形，设计效果如图2-13所示。

【技能目标】根据设计要求，掌握油漆桶和渐变工具的使用方法，重点是掌握"渐变编辑器"各个参数的设置及得到的相关效果。

【案例路径】第2章图像编辑工具＼效果＼［案例］企业VI指示牌．psd

Photoshop CS4同以前版本一样提供了强大的颜色填充工具，基本的颜色填充工具是油漆桶工具、渐变工具等。这些颜色填充工具拥有许多共同的特点，如任意一个颜色填充工具被选取时，在选项栏将会显示相应工具参数，如颜色设置、混合模式、不透明度等选项。

图2-13 【案例：企业VI指示牌】

2.2.1 油漆桶工具

油漆桶工具可以对指定区域或选区填充颜色，但只对图像中颜色相近的区域进行填充。选取工具箱中的油漆桶工具，其工具属性栏如图2-14所示，该工具属性栏中主要选项的含义如下。

图2-14 油漆桶工具属性栏

- 设置填充区域的源：在该下拉列表中可以选择用"前景"或"图案"进行填充。
- 模式：用于设置油漆桶工具在颜色填充时的混合模式。
- 不透明度：用于设置填充时色彩的不透明度。
- 容差：用于设置色彩的容差范围，容差范围越小，可填充的区域越小。
- 消除锯齿：选中该复选框，在填充颜色时会在边缘处进行柔化处理。
- 连续的：选中该复选框，会在相邻的像素上填充颜色，如果取消选中该复选框，图像在容差范围内的像素都可以填充颜色。
- 所有图层：选中该复选框，填充会作用于所有图层，反之，则只作用于当前图层。

单击"设置填充区域的源"类型右侧的下拉按钮，在弹出的选项中选择"图案"选项，然后在其右侧的"图案"下拉列表框中选择一种填充图案，在需要进行填充的位置处单击鼠标左键，即可对图像进行图案填充。

2.2.2 渐变工具

所谓渐变，是指多种颜色之间的一种混合过渡。在Photoshop CS4中，可以创建5种不同的渐变类型，即线性渐变、径向渐变、角度渐变、对称渐变和菱形渐变，如图2-15所示。

- 线性渐变：从起点到终点作直线形状的渐变。
- 径向渐变：从中心开始作圆形放射状渐变。
- 角度渐变：从中心开始作逆时针方向的角度渐变。
- 对称渐变：从中心开始作对称直线形状的渐变。
- 菱形渐变：从中心开始作菱形渐变。

| 线性渐变 | 径向渐变 | 角度渐变 | 对称渐变 | 菱形渐变 |

图 2-15　各种渐变类型效果

选取工具箱中的渐变工具，其工具属性栏如图 2-16 所示，工具属性栏中主要选项的含义如下。

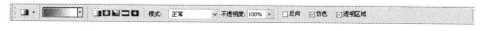

图 2-16　渐变工具属性栏

- 模式：用于选择渐变时的混合模式。
- 不透明度：用于设置渐变时的不透明度。
- 反向：选中该复选框，可以将渐变色反转方向。
- 仿色：选中该复选框，可以添加颜色，使渐变过渡更加平顺。
- 透明区域：选中该复选框，可以得到透明效果。

单击工具属性栏中的"点按可编辑渐变"图标，弹出"渐变编辑器"对话框，如图 2-17a 所示。可以在"预设"选项区中选择渐变色，也可以通过单击渐变色控制条中的色标（在渐变色控制条的下方单击鼠标左键，可增加色标，并通过其下方的"颜色"选择按钮设置好渐变颜色，如图 2-17b 所示，然后单击"确定"按钮即可。

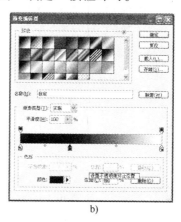

a) 　　　　　　　　　　　　　　b)

图 2-17　"渐变编辑器"对话框
a)"渐变编辑器"对话框　b) 设置渐变颜色

以【案例：企业 VI 指示牌】来介绍油漆桶和渐变工具的使用方法，具体的操作步骤为：

1）执行"文件"→"新建"命令，新建一幅名为"企业 VI 指示牌"的图像文件，单击图层面板底部的"创建新图层"按钮，新建图层"图层 1"。选取工具箱中的多边形套索工具，移动光标至图像窗口，创建一个多边形选区，如图 2-18a 所示。

2）选取工具箱中的渐变工具，单击工具属性栏中的"点按可编辑渐变"图标，弹出"渐变编辑器"对话框，设置矩形渐变条下方的 3 个色标，从左到右分别为"洋红色"（CMYK 的

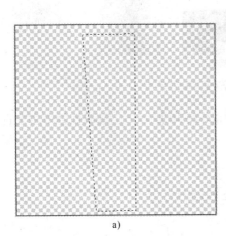
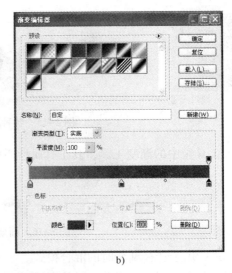

a)   b)

图 2-18   创建选区与"渐变编辑器"对话框

a) 创建多边选区   b)"渐变编辑器"对话框

参考值分别为 37、71、0、1)、"红色"(CMYK 的参考值分别为 21、98、0、9) 和"深红色"(CMYK 的参考值分别为 47、100、44、5),如图 2-18b 所示,单击"确定"按钮。

3) 移动光标至创建的选区内,按住〈Shift〉键的同时单击鼠标左键并向下拖曳,绘制一条直线,如图 2-19a 所示,释放鼠标即可填充渐变颜色,按〈Ctrl + D〉组合键,取消选区,效果如图 2-19b 所示。

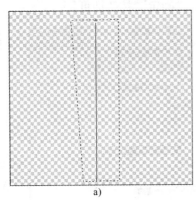
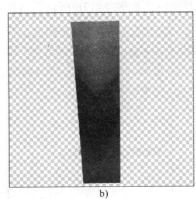

a)   b)

图 2-19   垂直拖曳鼠标与渐变填充效果

a) 绘制直线   b) 渐变填充效果

4) 按〈Ctrl + Shift + N〉组合键,新建图层"图层 2",选取工具箱中的矩形选框工具,移动光标至图像窗口,单击鼠标左键并拖曳,创建一个矩形选区,如图 2-20a 所示。

5) 选取工具箱中的渐变工具,单击工具属性栏中的"点按可编辑渐变"图标,弹出"渐变编辑器"对话框,设置矩形渐变条下方的两个色标,从左到右分别为"黄色"和"橙色",CMYK 的参考值分别为 (1、6、10、0),(10、88、100、0),单击"确定"按钮。

6) 移动光标至图像窗口,在创建的选区内,按住〈Shift〉键的同时,单击鼠标左键并拖曳,绘制一条直线,填充渐变颜色。执行"选择"→"取消选择"命令,取消选区后,图像效果如图 2-20b 所示。

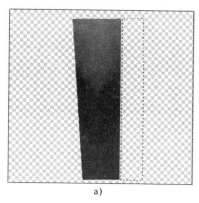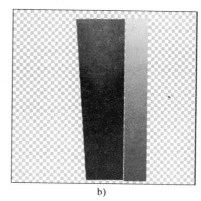

a)   b)

图 2-20　创建的矩形选区与渐变填充效果

a）创建的矩形选区　b）渐变填充效果

7）单击工具箱中的"设置前景色"图标，弹出"拾色器"对话框，设置 CMYK 的参考值分别为 62、100、65、51，单击"确定"按钮。

8）按〈Ctrl + Shift + N〉组合键，新建"图层 3"图层，选取工具箱中的多边形套索工具，单击属性栏中的"添加到选区"按钮，然后在图像窗口中创建一个如图 2-21a 所示的选区。

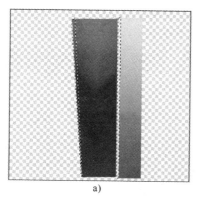

a)   b)

图 2-21　创建的选区与素材

a）创建的选区　b）素材

9）选取工具箱中的油漆桶工具，移动光标至图像窗口中创建的选区内，单击鼠标左键，填充前景色，然后按〈Ctrl + D〉组合键，取消选区。

10）在前面绘制图像的基础上，添加素材文件"第 2 章图像编辑工具 \ 素材 \ VI 设计 . psd"，如图 2-21b 所示，再添加文字，最终效果如图 2-13 所示。

2.3　修饰工具

至今修复图片已经几乎已经成为所有图像处理人员每天在做的工作，可以说每张图片都是有缺陷的，我们可以利用修饰工具把这种缺陷降低，甚至减少为零，在完成图像修饰方面没有哪一个软件的功能比 Photoshop 做得更好。

在 Photoshop CS4 的工具箱中，包含了许多用于修饰图像的工具，如污点修复画笔工具、修补工具、去红眼工具、仿制图章工具、图案工具、减淡和加深工具、模糊和锐化工具等，灵活掌握这些工具的使用方法，可以帮助大家简单快捷地编辑图像。

2.3.1 【案例：水彩画】图章工具

【案例导入】本案例是使用现有图像自定义图案，通过使用图案图章工具及其工具选项的设置实现印象派水彩画的效果。如图 2-22a 和 2-22b 所示，分别为源图以及绘制出的水彩画效果。

【技能目标】根据设计要求，掌握图案图章工具的使用方法，重点是图案图章工具的工具选项的设置。

【案例路径】第 2 章图像编辑工具 \ 效果 \ ［案例］水彩画 . psd

a) b)

图 2-22 【案例：水彩画】源图与效果图

a）源图 b）效果图

图章工具组包括仿制图章工具 🗿 和图案图章工具 🗿，主要用于复制原图像的部分细节，以弥补图像在局部显示的不足之处。

1. 仿制图章工具

选取工具箱中的仿制图章工具，在工具属性栏中，设置各项参数如图 2-23 所示，该工具属性栏中主要选项的含义如下

图 2-23 仿制图章工具属性栏

- 对齐：选中该复选框，在复制图像时，不论执行多少次操作，每次复制时都会以上次取样点的最终移动位置为起始，进行图像复制，以保持图像的连续性，否则在每次复制图像时，都会以第一次按〈Alt〉键取样时的位置为起点，进行图像复制，因而会造成图像的多重叠加效果。
- 对所有图层取样：选中该复选框，在取样时，会作用于所有显示的图层，否则只对当前工作图层生效。

仿制图章工具主要用于修复图像、复制图像或进行图像合成。选择仿制图章工具之后，按住〈Alt〉键在图像中单击鼠标，可以设置取样点，然后在图像的另外位置上拖动鼠标，就可以复制图像。如果是在另外一幅图像中拖动鼠标，则可以创建合成效果。如图 2-24 所示，就是使用仿制图章工具修复前后的效果。【参见本书配套素材文件】

注意：所有的修饰工具都使用画笔预设调板，修复画笔工具所使用的画笔并不这么重要，因为它最终把修饰混合到周围图像内，但是使用仿制图章工具时，画笔的选择就至关重要，因为它没有这些混合功能，因此，必须决定是要让应用的修饰淡入到图像内，还是要让它有一个清晰的边缘。

44

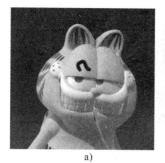

a)　　　　　　　　b)

图 2-24　修复前后效果对比

a）修复前　b）修复后

2. 图案图章工具

图案图章工具可以作为艺术克隆工具，将图像作为绘画画笔处理，在工具的属性栏上可以设置印象派效果。

以【案例：水彩画】来介绍图案图章工具的使用方法，具体的操作步骤如下：

1）执行"文件"→"打开"命令，打开本书配套素材文件"第 2 章图像编辑工具 \ 素材 \ 向日葵 . jpg"，如图 2-22a 所示。

2）双击背景图层将其转化为普通图层"图层 0"，载入整个图片选区，执行"编辑"→"描边"命令，弹出"描边"对话框，如图 2-25 所示，进行设置给图片加上一个黄色边框。

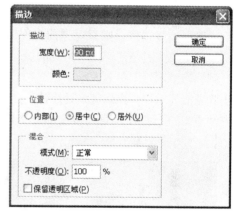

3）执行"图像"→"调整"→"色相/饱和度"命令，适当增加图像的饱和度，然后执行"编辑"→"定义图案"命令，在弹出的"图案名称"对话框中输入图案名称"向日葵 . jpg"。

4）执行"图层"→"新建"→"背景图层"命令，新建一个白色背景图层，同时将图层"图层 0"的不透明度调到 15%，单击"创建新

图 2-25　"描边"对话框设置

图层"按钮新建图层"图层 1"，设置图案图章工具的属性如图 2-26 所示。

图 2-26　图案图章工具属性设置

5）执行"窗口"→"画笔"命令，打开画笔面板，在画笔预设里添加"纹理"，设置双重画笔，选择"17 像素粉笔"，勾选"湿边"和"喷枪"。

6）用图案图章工具开始在图层"图层 1"上沿着花瓣形状进行绘画，为增加色彩饱和度，可以复制一个图层"图层 1 副本"，根据需要调整它们的不透明度。

7）按照同样的方法绘制向日葵圆盘部分和茎叶部分，最后效果如图 2-22b 所示。

2.3.2　修复工具

修复工具组中包含 4 种用于修复图像上的划痕、污迹、褶皱或其他瑕疵的工具，分别为修复画笔工具、修补工具、红眼工具和污点修复工具。其中修复画笔工具是使用橡皮图章工

具的原理对图像进行修复，修补工具则是利用图像的某一区域替换另一区域的方法修复图像，红眼工具则是设置修正红眼的尺寸以及黑度，污点修复画笔工具使用的时候非常方便，只需在工具箱中选择该工具，然后在需要修复处拖动擦除即可。

1. 修复画笔工具

修复画笔工具 ✐ 的工作原理是通过匹配样本图像和原图像的形状、光照和纹理，使样本像素和周围像素相融合，从而达到无缝、自然的修复效果。选取工具箱中的修复画笔工具，其工具属性栏如图 2-27 所示，该工具属性栏中主要选项的含义如下。

图 2-27　修复画笔工具属性栏

- 画笔：用于设置选择的画笔。
- 模式：用于设置色彩模式。
- 源：用于设置修复画笔工具复制图像的来源。选中"取样"单选按钮，表示在图像窗口中创建取样点；若选中"图案"单选按钮时，表示使用 Photoshop CS4 提供的图案来取样。
- 对所有图层取样：选中该复选框，修复画笔工具将对当前所有可见图层生效；若取消选中该复选框，则只对当前工作图层生效。

修复画笔工具与仿制图章工具的操作方法相似，都是通过从图像中取样来修复有缺陷的图像。例如若要消除下图老人脸上的皱纹，就需要选择修复画笔工具，按住〈Alt〉键在老人脸上皮肤光滑处取样，再到皱纹处涂抹。注意：取样处要求是皱纹处临近的光滑皮肤。按照同样的方法重复进行操作，直到皱纹部分全部消除。源图和使用修复画笔后的效果如图 2-28 所示。【参见本书配套素材文件】

a)　　　　　　　　　　　　　　　　　　b)

图 2-28　源图和修饰之后的效果

a) 源图　b) 效果图

2. 修补工具

通过运用修补工具 ◔ ，可以用其他区域或图案中的像素来修复选区内的图像。与修复画笔工具一样，修补工具会将样本像素的纹理、光照和阴影与源像素进行匹配。选取工具箱中的修补工具，其工具属性栏如图 2-29 所示，该工具属性栏中主要选项的含义如下。

- 源：选中该单选按钮，如果将源图像区域拖至目标区，则源区域的图像被目标区域图像覆盖。
- 目标：选中该单选按钮，表示将选定的区域作为目标区，用其覆盖其他区域。
- 使用图案：单击该按钮，将用选定图案覆盖选定的区域。

图 2-29　修改工具属性栏

例如要去除某些图上不必要的文字时，如图 2-30a 所示，就需要使用修补工具，在工具属性栏中选中"源"单选按钮并取消选中"透明"复选框，然后移动光标至图像窗口，在窗口中的文字部分鼠标单击左键并拖曳，创建一个要删除文字的选区，再使用鼠标拖曳选区到无字的图画部分，释放鼠标后，即可完成修补操作，按〈Ctrl + D〉组合键，取消选区，最终图像效果如图 2-30b 所示。【参见本书配套素材文件】

a)　　　　　　　　　　　　　　　　　　b)

图 2-30　源图和修饰之后的效果

a）源图　b）效果图

3. 红眼工具

无论是使用胶卷的相机还是数码相机，对人物进行拍摄时，经常会出现红眼现象，这是因为在光线较暗的环境中拍摄时，闪光灯会使人眼的瞳孔瞬间放大，视网膜上的血管被反射到底片上，从而产生红眼现象。此时可以通过红眼工具，轻松地将该红眼移除。

红眼工具 使用起来非常简单，只需要在眼睛上单击鼠标，即可修正红眼。选取红眼工具后，其工具属性选项栏如图 2-31 所示，使用该工具可以调整瞳孔大小和暗部数量，该工具属性栏中主要选项的含义如下。

图 2-31　红眼工具属性栏

- 瞳孔大小：用于设置红眼中瞳孔的大小。
- 变暗量：用于设置红眼中红色像素变暗的程度。

使用红眼工具前后的效果分别如图 2-32a 和图 2-32b 所示。【参见本书配套素材文件】

a)　　　　　　　　　　　　　　　　　b)

图 2-32　源图和修饰之后的效果

a）源图　b）修饰之后的效果

4. 污点修复画笔工具

污点修复画笔工具 🖊 是 Photoshop 的一个重要的修饰工具，使用它可以快速地除去图像中的瑕疵和其他刮痕。但污点修复画笔工具不同于修复画笔工具，在使用该工具之前，不需要对图像进行取样，直接在需要修复的图像上单击鼠标左键并拖曳，即可完成修复。

选取工具箱中的污点修复画笔工具，其工具属性栏如图 2-33 所示，该工具属性栏中主要选项的含义如下。

| 🖊 · | 画笔: ● 19 · | 模式: 正常 | 类型: ⊙近似匹配 ○创建纹理 | □对所有图层取样 |

图 2-33　污点修复画笔工具属性栏

- 近似匹配：选中此单选按钮，将自动从所修饰区域的周围进行像素取样后，将样本像素与所修复的像素相匹配，以达到自然修复的效果。
- 创建纹理：在修复的图像区域中将产生纹理的效果。

污点修复画笔相当于橡皮擦工具和修复画笔工具的综合作用，它不需要定义采样点，选择污点修复画笔工具后，在需要处理的图像区域内单击或拖动鼠标涂抹，即可自动地对图像进行修复。如图 2-34a 所示，对于人物脸部右边的痣，可以使用污点修复画笔工具快速简便地去除，最终效果如图 2-34b 所示。【参见本书配套素材文件】

a)　　　　　　　　　　　　　　　　　b)

图 2-34　源图和修饰之后的效果

a）源图　b）修饰之后的效果

2.3.3 【案例：章鱼保罗】图像修饰工具

【案例导入】本案例是使用图像修饰工具，包括模糊工具、锐化工具和涂抹工具实现不同的效果。图 2-35a 所示为源图，图 2-35b 和图 2-36a、图 2-36b 所示分别为使用模糊工具、锐化工具和涂抹工具得到的效果图。

【技能目标】根据设计要求，掌握模糊工具、锐化工具和涂抹工具的使用方法，重点是这些图像修饰工具的工具选项的设置。

【案例路径】第 2 章图像编辑工具\效果\［案例］章鱼保罗.psd

图像修饰工具包括模糊工具 ○、锐化工具 △、涂抹工具 ○，这 3 个工具可以对图像的细节进行局部的修饰，它们的使用方法都和笔刷工具类似，我们分别来看一下它们的使用效果。

1. 模糊工具

模糊工具是一种通过笔刷的绘制使图像局部变得模糊的工具。它的工作原理是通过降低像素之间的反差，使图像产生柔化朦胧的效果。在图像上涂抹，使图像模糊，可以起到柔和边界或区域，平缓过渡颜色的作用，以减少细节。

使用模糊工具，在工具栏选项中设置画笔直径和模式就可以了，设置好之后，在图像中拖动鼠标，经过需要模糊的部分，这样就可以达到模糊的效果，还可以在工具选项栏中设置绘画模式、描边强度。

2. 锐化工具

锐化工具与模糊工具相反，它是一种可以让图像色彩变得锐利的工具，可聚焦软边缘，以提高清晰度或聚焦程度，也就是增强像素间的反差，提高图像的对比度。

使用锐化工具，在工具栏选项中设置画笔直径和模式就可以了，设置好之后，在图像中拖动鼠标，经过需要锐化的部分，这样就可以达到锐化的效果，还可以在工具选项栏中设置绘画模式、描边强度。

3. 涂抹工具

涂抹工具可以模仿我们用手指在湿漉的图像中涂抹，得到很有趣的变形效果。涂抹工具的工具属性栏与模糊工具和锐化工具的属性栏基本相同，只是涂抹工具的工具属性栏中多了一个"手指绘画"复选框，表示将使用前景色进行涂抹。该工具使用时先选取笔触开始位置的颜色，然后沿移动的方向扩张。

以【案例：章鱼保罗】来介绍图像修饰工具的使用方法，具体的操作步骤如下：

1）执行"文件"→"打开"命令，打开本书配套素材文件"第 2 章图像编辑工具\素材\章鱼.jpg"，如图 2-35a 所示。

2）选取工具箱中的磁性套索工具，单击工具属性栏中的"添加到选区"按钮，然后在图像窗口中，沿章鱼的两个眼睛的边缘创建一个选区。

3）选取工具箱中的模糊工具，设置工具属性栏中的各项参数，将画笔直径设为 30，其余均为默认值。

4）移动光标至图像窗口，在窗口中创建的选区内单击鼠标左键并拖曳，即可对图像进行模糊处理，如图 2-35b 所示。

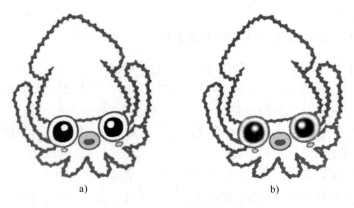

图 2-35　源图和模糊图像

a）源图　b）模糊图像

5）若使用锐化工具对图像进行锐化处理，则图像效果如图 2-36a 所示。

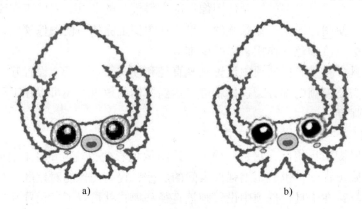

图 2-36　锐化图像与涂抹图像

a）锐化图像　b）涂抹图像

6）选择工具箱中的涂抹工具，在工具选项栏中设置"绘画模式"、"描边强度"、"从复合数据中取样仿制数据"、"用前景色手指绘画"等，然后在图像中拖动鼠标，选择鼠标开始的地方，经过需要涂抹的部分，这样沿鼠标移动的方向扩张，就可以达到被水涂抹的效果，最终效果如图 2-36b 所示。

2.3.4　【案例：立体数字】色彩修饰工具

【案例导入】本案例是使用减淡和加深工具实现物体的光照和阴影部分的效果。通过本案例向读者介绍减淡和加深工具的使用方法和相关选项的设置对效果的影响。如图 2-41 所示，为立体数字的主要操作过程和效果图。

【技能目标】根据设计要求，掌握减淡和加深工具的使用方法，重点是掌握减淡和加深工具的相关参数的设置。

【案例路径】第 2 章图像编辑工具\效果\［案例］立体数字 . psd

色调修饰工具包括减淡工具、加深工具、海绵工具。减淡工具和加深工具用于改变图像的亮调与暗调，原理来源于胶片曝光显影后，经过部分暗分和亮化以改善曝光效果。海绵工具可以精细地改变某一区域的色彩饱和度。在灰度模式中，海绵工具通过将灰色阶远离或移到中灰来增加或降低对比度。使用减淡工具可以使图像局部变得越来越亮，加深则相反，海绵工具可以对图像进行加色或去色。这 3 个工具都可以对图像的细节进行局部的修饰，使图像得到细腻的光影效果。

1. 减淡工具

减淡工具主要用于改变图像的暗调，其原理是模拟胶片曝光显影后，通过部分暗化来改善曝光效果。选取工具箱中的减淡工具，其工具属性栏如图 2-37 所示，该工具属性栏主要选项含义如下。

图 2-37　减淡工具属性栏

- 范围：用于设置减淡工具所用的色调，其中"暗调"是指只作用于图像的暗调区域；"中间调"是指只作用于图像的中间调区域；"曝光度"用来调整处理时图像的曝光强度。
- 曝光度：用于设置曝光的强度。

有些图片由于在拍摄的过程中曝光不足，显得暗淡，需要将其变亮，如图 2-38a 所示。选择减淡工具，在工具栏选项中设置"画笔直径"、"范围"、"曝光度"，然后在图像中需要减淡的地方单击鼠标，这样就可以达到减淡的效果，效果如图 2-38b 所示。

a)　　　　　　　　　　　　　　　　　　b)

图 2-38　减淡的图像

a) 源图　b) 效果图

2. 加深工具

加深工具主要用于改变图像的亮调，其原理是模拟胶片曝光显影后，通过部分亮化来改善曝光效果。下面运用加深工具将图 2-39a 中的水果颜色加深，由于图片中的水果出现了在拍摄的过程中曝光过度，需要将其颜色变暗，选择加深工具，在工具栏选项中设置"画笔直径"、"范围"、"曝光度"，然后在图像中需要加深的地方单击鼠标，这样就可以达到加深的效果，如图 2-39b 所示。

a)   b)

图 2-39   加深的图像

a) 源图   b) 效果图

3. 海绵工具

海绵工具来调整图像色彩的饱和度。它通过提高（加色）或降低（减色）色彩的饱和度，达到修正图像色彩偏差的效果。在灰度模式中，海绵工具通过将灰色阶远离或移到中灰来增加或降低对比度。

下面使用海绵工具给图 4-40a 中的船体提高或降低饱和度，选择海绵工具，在工具栏选项中设置"画笔直径"、"范围"、"曝光度"，在图像中需要提高或降低饱和度的地方多次单击鼠标，效果分别如图 4-40b 和图 4-40c 所示。

a)   b)   c)

图 2-40   使用海绵工具的效果

a) 源图   b) 提高饱和度效果图   c) 降低饱和度效果图

注意： 一定不要任意单击鼠标，要根据光线的阴暗进行单击，那样才能产生真实的效果。可以在选项栏中设置特殊色调的范围、颜色模式、提高色彩饱和度、降低色彩饱和度、设置饱和度更改速率。

以【案例：立体数字】来介绍减淡、加深工具的使用方法，具体的操作步骤如下：

1）执行"文件"→"新建"命令，新建一个白色背景的图像文件，单击图层面板底部的"创建新图层"按钮，新建图层"图层 1"。

2）选择文字工具，输入数字 6，设置文字的字体为黄色，字号为 72，如图 2-41a 所示。

3）选择文字图层，执行"图层"→"栅格化"→"文字"命令，得到普通图层"6"。复制此图层得到图层"6 副本"，移动此图层到图层"6"的下方，为实现有厚度的立体效果，把图层"6 副本"数字颜色填充为深黄色，如图 2-41b 所示。

52

4）按住〈Ctrl〉键单击图层面板中的缩略图，载入图层"6"的选区，单击"选择"→"修改"→"收缩"命令，在弹出的对话框中设置收缩量为3像素。

5）单击"图层"面板底部的"创建新图层"按钮，新建图层"图层1"，在选区内填充浅黄色，如图2-41c所示。

6）使用减淡工具在图层"6副本"上部涂抹，使用加深工具在图层"6副本"相应的阴影部分进行涂抹，制作出光线照射的感觉（注意：工具选项中"画笔硬度"设为0%）。最终的如图2-41d所示。

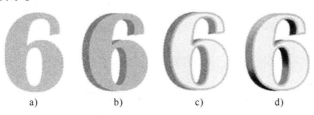

a)　　　　　　　b)　　　　　　　c)　　　　　　　d)

图2-41　【案例：立体数字】

2.4　案例拓展——蓝天·草原·白云

1. 案例背景

利用Photoshop CS4图像编辑工具，特别是修饰工具，对现有图片素材进行修饰，制作出许多神奇的效果。

2. 案例目标

Photoshop CS4为使用者提供了强大的绘图工具，包括画笔工具、铅笔工具、擦除工具、渐变工具、油漆桶工具和修复工具等，这些图像编辑工具可帮助创作者实现品质卓越的效果。而图像编辑工具的使用是Photoshop在编辑和处理图像时最基本的操作，需要读者掌握并能熟悉灵活地运用这些工具。通过本案例中的修补画笔和仿制图章工具的操作，对相关工具的功能再熟悉一下，使读者对Photoshop CS4图像编辑工具有一个更深的认识。

3. 操作步骤

1）执行"文件"→"打开"命令，打开本书配套素材文件"第2章图像编辑工具\素材\草原.jpg"，如图2-42a所示。

2）选择工具箱中的修补工具，在工具属性栏中选中"源"单选按钮并取消选中"透明"复选框，然后移动光标至图像窗口，在窗口中的马的周围用鼠标左键单击并拖曳，创建一个围绕马的选区，再使用鼠标拖曳选区到旁边的草原，释放鼠标后，即可完成修补操作，如图4-42b所示。

3）执行"文件"→"打开"命令，打开本书配套素材文件"第2章图像编辑工具\素材\蓝天.jpg"，如图2-43a所示。

4）选择图案图章工具，在工具选项栏中设置"画笔"为200、"模式"为"滤色"，其他值均为默认值，按住〈Alt〉键在图像的右上角白云处单击鼠标，设置取样点。

5）将光标指向草原画面右上角的天空部分，尽量与取样点的位置相吻合，然后拖动鼠标，则将取样点的云彩图像复制出来，如图2-43b所示。

图 2-42　草原素材及修补后效果

a）源图　b）效果图

图 2-43　蓝天素材与复制云彩图像

a）源图　b）效果图

6）继续在画面中拖动鼠标，直到满意为止，最终效果如图 2-44 所示。

图 2-44　最终效果

2.5　综合习题

一、单项选择题

1. 在使用画笔工具进行绘图时，可以通过（　　　）组合键快速控制画笔笔尖的大小。

A. 〈+〉 　　　　　　　　　　　　B. 〈-++〉

C. 〈[+]〉 　　　　　　　　　　　D. 〈Page Up + Page Down〉

2. 在使用（　　）之前，首先要定义一个图案，然后才能使用该工具在图像窗口中拖动进行复制图案。

A. 仿制图案图章工具 　　　　　　B. 图案图章工具

C. 修复画笔工具 　　　　　　　　D. 修补工具

3. （　　）是一种可以让图像色彩变得锐利的工具，也就是增强像素间的反差，提高图像的对比度。

A. 海绵工具 　　　　B. 减淡工具 　　　　C. 锐化工具 　　　　D. 加深工具

二、多项选择题

1. 在图像中创建好选区之后，可使用工具箱中的（　　）填充颜色。

A. 减淡工具 　　　　B. 锐化工具 　　　　C. 渐变工具 　　　　D. 油漆桶工具

2. 下列工具中，属于修复工具的是（　　）。

A. 修复画笔工具 　　　B. 修补工具 　　　C. 去红眼工具 　　　D. 橡皮擦工具

3. 下面工具中，不可以减少图像饱和度的是（　　）。

A. 海绵工具 　　　　B. 减淡工具 　　　　C. 锐化工具 　　　　D. 加深工具

三、问答题

1. 如何创建和使用画笔？

2. 颜色填充工具分为哪几种？各自的优点是什么？

3. 工具箱中的绘图工具有哪些共同特点？

4. 试述修饰工具对图像处理的优点。

四、设计制作题

利用本章所学的知识，使用如图 2-45a 所示的"第 2 章图像编辑工具＼综合习题＼佳人.jpg"素材图片文件，参照图 2-45b（可以参考"第 2 章图像编辑工具＼综合习题＼［效果］佳人.psd"源文件）给源图添加不规则的云朵效果。

a) 　　　　　　　　　　　　　　　　b)

图 2-45　绘制云朵前后效果对比

a）源图　b）效果图

第3章　选区的创建与编辑

职业情境：

柳晓莉文秘专业毕业后在三峡美辰广告有限公司客户部担任客户专员，负责广告客户资料图片的收集与整理。在工作中她发现，在编辑和处理图像时，大多数时候只需要处理图像的局部区域，另一些部分的区域则需要受保护不被编辑，她应该怎么做才能更好地完成工作任务呢？

章节描述：

在使用 Photoshop CS4 编辑和处理图像时，大多数时候只需要处理图像的局部区域，此时就需要创建选区，以保护选区以外的图像不受编辑工具和命令的影响。就好比装修工作在喷涂墙壁之前，必须将门、窗和室内的家具用胶带纸或者报纸保护起来，这样，他们就可以放开手脚喷涂整个墙壁了，Photoshop CS4 选区的工作方式基本上与此类似，但要比装修工人使用胶带纸和报纸方便得多。本章全面地介绍了 Photoshop CS4 提供的选区工具和命令、各种选区工具的操作方法和实例，如何对选区进行填充和描边等高级操作的方法。通过本章的学习，使用户能够快速、准确地选取精确的选区，从而提高编辑和处理图像的质量。

技能目标：

- 熟练掌握各种选区工具的创建、移动及取消等基本操作
- 掌握编辑选区的方法及技巧
- 了解修改选区命令对选区的作用

3.1　选区工具

使用 Photoshop CS4 提供的选区工具创建选区，是学习 Photoshop 最基本的技能。为了满足各种编辑和处理图像时的需要，Photoshop CS4 提供了 4 种基本选区工具（即选框工具、套索工具、魔棒工具和文字蒙版工具）以及创建选区的方法，用户可以在选区和被保护区域之间灵活地转换，以适应工作的需要。本章仅介绍前 3 种基本选区工具，文字蒙版工具在后面章节中我们将要学习到。

选框工具组包括矩形选框工具 ⬚ 、椭圆选框工具 ◯ 、单行选框工具 ▭ 和单列选框工具 ▯ ，它们主要用于创建规则的选区；套索工具组包括套索工具 ◌ 、多边形套索工具 ⬦ 和磁性套索工具 ◌ ，它们主要用于创建不规则的选区；魔棒工具 ⬈ 则用于选取色差较大的区域。下面将分别介绍这些工具的特点和使用方法。

3.1.1 【案例：太极图】选框工具

【案例导入】本案例是运用矩形选框工具和椭圆选框工具来创建矩形和椭圆选区，对选区进行简单的修改和加减运算，实现一定形状的选区。通过创建好的选区来填充颜色，实现太极图的绘制，效果如图3-1所示 。

【技能目标】根据设计要求，掌握矩形选框工具和椭圆选框工具的使用方法。

【案例路径】第3章选区的创建与编辑\效果\〔案例〕太极图.psd

在Photoshop CS4中，选框工具是非常重要的。在对图像进行编辑前，需要先对所要处理的图像区域创建选区，在被选取的图像区域的边界上会出现一条虚线，称为"选框"。只有选框以内的区域才能进行各种操作，而选框以外的区域则不受影响。创建图像选区的工具和方法有多种，用户根据实际情况选择不同的方式。

图3-1 【案例：太极图】

1. 矩形选框工具

选择矩形选框工具，在工作区的左上角按住鼠标左键不放，顺着箭头的方向拖曳至右下角释放左键，即可创建一个选区。如果需要从中心位置开始绘制选区，则必须首先在中心点按住鼠标的左键，然后按住〈Alt〉键不放，向矩形选区的任意顶角拖动即可。另外，在创建选区时按住〈Shift〉键，可以创建正方形选区，配合〈Alt〉键，可以从中心开始绘制正方形选区。选区绘制完成后，如果需要移动，将鼠标停放在选区轮廓内，按住鼠标左键并拖动即可。矩形选框工具属性栏如图3-2所示，该工具属性栏分为3个部分：选区运算方式、羽化和消除锯齿以及样式，这3个部分分别用于创建选区时不同参数的控制。

图3-2 矩形选框工具属性栏

（1）选区运算方式

Photoshop CS4 提供了4种不同的创建选区的方式，分别是"新选区"按钮、"添加到选区"按钮，"从选区减去"按钮和"与选区交叉"按钮，选择不同的按钮，所获得的选择区域也不相同。

- "新选区"按钮：单击该按钮，然后在图像窗口中单击鼠标并拖曳，每次只能创建一个新选区。若当前图像窗口中已经存在选区，创建新选区时将自动替换原选区。
- "添加到选区"按钮：单击该按钮，在图像窗口中创建选区时，将在原有选区基础上增加新的选区，如图3-3a和图3-3b所示，相当于按住〈Shift〉键的同时创建选区的效果。
- "从选区减去"按钮：单击该按钮，在图像窗口中创建选区时，将在原选区中减去与新选区相关部分，如图 3-4a 和图 3-4b 所示，相当于按住〈Alt〉键的同时创建选区的效果。

- "与选区交叉"按钮：单击该按钮，在图像窗口中创建选区时，将在原有选区和新建选区相交的部分生成最终选区，如图 3-5a 和图 3-5b 所示。

a) b)

图 3-3　添加到选区
a) 源图　b) 效果图

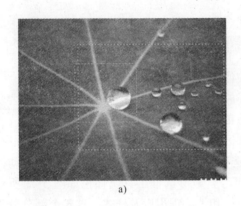 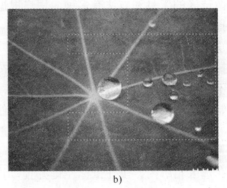
a) b)

图 3-4　从选区减去
a) 源图　b) 效果图

 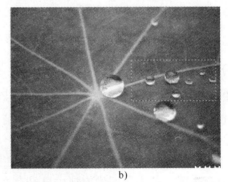
a) b)

图 3-5　与选区交叉
a) 源图　b) 效果图

（2）羽化和消除锯齿

设置羽化参数可以使选区边缘得到柔和的效果，羽化选区参数的取值范围为 0.2 ~

58

250 像素，其数值越大，选区的边缘会相应变得越朦胧。Photoshop CS4 中的选区有两种类型：普通选区和羽化选区。普通选区的边缘比较生硬，当在图片上绘图或者拼合图像时，可以很容易地看到编辑的痕迹，而通过羽化选区功能，可以设置选区边缘的柔化程度，使编辑或者拼合后的图像与原图像浑然一体，天衣无缝。消除锯齿选项用于消除不规则轮廓边缘的锯齿，从而使选区边缘变得平滑，不过该选项仅对椭圆选项工具生效。

（3）样式

运用选框工具创建选区时，除了在图像窗口中单击鼠标左键并拖曳之外，还可以运用工具箱中"样式"选项来定义选区。选择"矩形选框"工具后，在"样式"下拉列表中有"正常"、"固定长宽比"和"固定大小"3 个选项。

- 正常：默认选项，可以在文档中创建任意大小的选区。
- 固定长宽比：选择该选项，将会激活"宽度"和"高度"选项，该选项不固定选区的大小，只固定选区长度和宽度的比例，例如在"宽度"文本框中输入 10，在"高度"文本框中输入 1，这样无论绘制多大的选区，宽度永远是高度的 10 倍。
- 固定大小：选择该选项，设置好选区宽度和高度以后，只需在文档中单击，即可出现一个按宽度和高度设置的参数大小的选区。Photoshop CS4 默认以"像素"为单位，通过用鼠标右键单击"宽度"和"高度"文本框，还可以选择其他的单位。

2. 椭圆选框工具

利用椭圆选框工具可以绘制椭圆和正圆选区，或者通过运算绘制弧形选区。在椭圆选框工具属性栏中，除了可以设置与矩形选框工具属性栏相同的运算模式、羽化值和样式外，还可以选择"消除锯齿"复选框，用于消除椭圆选区曲线边缘的马赛克效果。

小技巧：在使用矩形和椭圆选项工具时，按住〈Shift〉键，可以创建正方形或正圆形的选区；按住〈Shift + Alt〉组合键可以创建出以起点为中心的正方形或正圆形的选区。

3. 单行和单列工具

单行和单列工具是以 1 像素为单位，创建水平或者垂直方向贯穿整个图像大小的选区，在工作中不经常用到这两个工具。不过如果遇到精确单位以 1 像素添加或删除时，它就会大大提高工作效率了。如果做一个墙面，而墙面上的砖缝就可以用单行和单列工具来实现了，如图 3-6 所示。【参见本书配套素材文件】

图 3-6　单行和单列工具的应用

以【案例：太极图】来介绍选框工具的使用方法，具体的操作步骤如下：

1）执行"文件"→"新建"命令，创建一个白色背景的文档，文档宽度为12厘米，高度为12厘米，背景颜色为灰色。

2）执行"视图"→"标尺"命令，使画布窗口左边和上边显示标尺，同时执行"视图"→"新建参考线"命令，分别新建5条水平参考线和垂直参考线，位置为（2厘米、4厘米、6厘米、8厘米、10厘米），如图3-7a所示。

3）单击图层面板底部的"创建新图层"按钮，新建图层"图层1"，选择椭圆选框工具，在其选项栏内的"羽化"文本框中输入"0"，按住〈Alt + Shift〉组合键，将鼠标指针定位在第3条水平参考线和第3条垂直参考线的交叉点处，同时拖曳鼠标，创建一个以交叉点为圆心的圆形选区，将前景色设置为黑色，按住〈Alt + Del〉组合键将圆形选区内填充上黑色，如图3-7b所示。

4）选择矩形选框工具，按住〈Alt + Shift〉组合键，将鼠标定位在画布的左上角，按住〈Alt〉键，同时在画布窗口拖曳鼠标到第3条水平参考线右边终点的位置，将会减去圆上部的选区，创建一个半圆形的选区，如图3-7c所示。

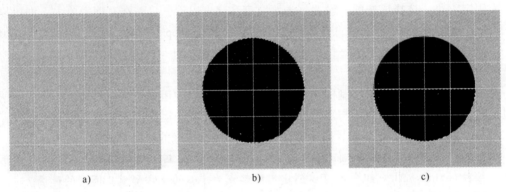

图3-7　绘制太极图

a）新建参考线　b）创建圆形选区　c）创建半圆形选区

5）将背景色设置为白色，按住〈Ctrl + Del〉组合键将半圆形选区内填充上白色，如图3-8a所示。按〈Ctrl + D〉组合键，取消选区，一个上半边填充黑色，下半边填充白色的圆形制作完毕。

6）选择椭圆选框工具，按住〈Alt + Shift〉组合键，将鼠标指针定位在第3条水平参考线和第2条垂直参考线的交叉点处，同时拖曳鼠标，创建一个以交叉点为圆心的圆形选区，再按〈Alt + Del〉组合键，为选区填充黑色，如图3-8b所示。

7）使用椭圆选框工具，将刚创建的选区移动到图案的右侧，按住〈Ctrl + Del〉组合键，为选区填充白色，如图3-8c所示。

8）选择椭圆选框工具，按住〈Alt + Shift〉组合键，将鼠标指针定位在第3条水平参考线和第2条垂直参考线的交叉点处，同时拖曳鼠标，创建一个以交叉点为圆心的圆形选区，再按〈Alt + Del〉组合键，为选区填充白色。

9）使用椭圆选框工具，将刚创建的选区移动到图案的右侧，按住〈Ctrl + Del〉组合键；为选区填充黑色，最终的效果如图3-1所示。

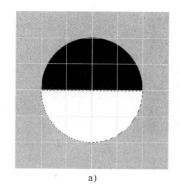 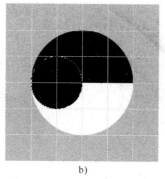 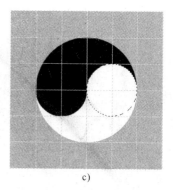

a)　　　　　　　　　　b)　　　　　　　　　　c)

图 3-8　绘制太极图

a）设置背景色　b）添加新选区　c）从源选区中减去

3.1.2　【案例：美丽的樱花】套索工具

【案例导入】本案例是运用磁性套索工具来创建不规则选区，对选区内的对象白色樱花进行修改，添加图层样式（洋红色照片滤镜），实现樱花颜色的转变，将白色樱花变成红色樱花，如图 3-9a 和图 3-9b 所示。

【技能目标】根据设计要求，掌握使用磁性套索工具来创建不规则选区的方法。

【案例路径】第 3 章选区的创建与编辑\效果\［案例］美丽的樱花.psd

a)　　　　　　　　　　　　　　　　b)

图 3-9　【案例：美丽的樱花】

a）白色樱花　b）红色樱花

在 Photoshop CS4 提供的基本选区工具中，套索工具是最灵活的一种，也是最常用的范围选区工具，包含了 3 种类型的套索工具：曲线套索工具　、多边形套索工具　和磁性套索工具　。主要用于选取一些不规则形状的范围，本节将分别介绍这 3 种工具的使用方法。

1.　曲线套索工具

按住鼠标左键可用曲线套索工具沿着不规则的形状物体的大致边缘进行绘制，当鼠标松开时，所绘区域就被选取。如图 3-10a 所示，我们选中了一幅画，这样就可以对其进行编辑了。如果按〈Delete〉键将选中的区域删除，只剩下另外一幅画，如图 3-10b 所示。【参见本书配套素材文件】

a) b)

图3-10 利用曲线套索工具编辑图像

a) 选取区域 b) 删除所选区域

注意： ①一定要在开始的地方精确地结束选区，以创建出封闭的形状，否则，Photoshop CS4 就会在选区的起点和终点之间添加一条直线来完成这个选区。②在使用曲线套索工具绘制选区时，有时需要在任意形状中画一些直线段，此时可以按住〈Alt〉键，然后释放鼠标，此后，每单击一下鼠标，Photoshop CS4 将会用一条直线来连接单击点，要重新绘制曲线，只需拖动鼠标后释放〈Alt〉键即可。

2. 多边形套索工具

当需要创建主要由直线连成的选区时，可以使用多边形套索工具，如图3-11a 所示。使用该工具时，只要在图像窗口内单击，Photoshop CS4 就会自动按照单击的先后顺序将点之间用直线连接形成选区。在创建选区过程中，如果需要绘制任意曲线选区，可以按住〈Alt〉键拖曳鼠标。结束时，可以在选区开始点位置单击，也可以在任意地方双击，生成由双击点与开始点直线相连的选区。如果在使用多边形套索工具创建选区时，单击鼠标后按住〈Shift〉键，则可在水平、垂直或者45°角方向绘制直线。

a) b)

图3-11 利用多边形套索工具、磁性套索工具编辑图像

a) 使用多边形套索工具 b) 使用磁性套索工具

3. 磁性套索工具

曲线和多边形套索工具使用相对比较简单，而磁性套索工具则功能强大。磁性套索工具

主要用于在图形颜色反差较大的区域创建选区，它可以在没有精确描绘的情况下自动根据图像主题的边缘创建选区，从而提高工作效率，如图 3-11b 所示。在使用磁性套索工具创建选区时，如果有部分边缘比较模糊，可以按住〈Alt〉键暂时将工具转换为曲线套索工具或者多边形套索工具继续绘制。

在工具箱中选择磁性套索工具后，对应的磁性套索工具属性栏如图 3-12 所示，其中"连续"和"消除锯齿"是套索工具组共有的选项。

图 3-12 磁性套索工具属性栏

- 宽度：用于设置系统能够检测到的与背景反差最大的边缘宽度，其数值可以在 1 ~ 256 之间进行设置，数据越小，所检测的范围就越小，选取的范围也就越准确。
- 边对比度：用于设置磁性套索工具在进行选取时检测边缘的敏感度，范围为 1% ~ 100%，百分比越大，灵敏度也就越高。
- 频率：用于设置选取时所生成的锚点的频率。在选取的过程中，每单击一次，鼠标就产生一个锚点，频率的数值可以设置为 0 ~ 100。
- 光笔压力：用来设置绘图板的画笔压力，只有安装绘图板后该项才可选。

以【案例：美丽的樱花】来介绍套索工具的使用方法，具体的操作步骤如下：

1）执行"文件"→"打开"命令，打开本书配套素材文件"第 3 章选区的创建与编辑\素材\樱花 . jpg"。

2）选择"磁性套索工具"，然后利用此工具选中樱花区域，如图 3-9a 所示。

3）单击图层面板下方的"创建照片滤镜调整图层"按钮，选择"洋红"滤镜，设置浓度为 25%，粉红色的美丽樱花就制作出来了，效果如图 3-9b 所示。

3.1.3 【案例：甜蜜的心】魔棒工具

【案例导入】本案例是运用魔棒工具根据一定的颜色范围来创建不规则选区，在需要编辑的图层根据心形的选区进行修改，实现图片的合成。如图 3-13a、图 3-13b 是源图，图 3-13c 所示为最后合成的效果图。

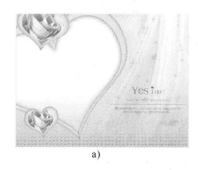
a)

b)

c)

图 3-13 【案例：甜蜜的心】
a) 源图 1 b) 源图 2 c) 合成效果图

【技能目标】根据设计要求，掌握魔棒工具的使用方法，重点是掌握其属性的设置。

【案例路径】第3章选区的创建与编辑\效果\[案例]甜蜜的心.psd

魔棒工具名称的由来是因为它具有魔术般的奇妙作用，Photoshop CS4 中运用魔棒工具，可以创建颜色相同或相近的选区。

魔棒工具可以根据一定的颜色范围来创建选区，比较适合于选择纯色或者颜色比较近似的区域。选取工具箱中的魔棒工具，移动光标至图像窗口，在需要创建选区的图像处单击鼠标左键，Photoshop CS4 将会自动把图像中包含了单击点处颜色的部分作为一个新的选区，如图3-14 所示。【参见本书配套素材文件】

图3-14　运用魔棒工具创建选区

选取魔棒工具 后，其属性选项栏设置如图3-15 所示，其主要选项含义如下。

图3-15　魔棒工具属性栏

- 容差：在其右侧的文本框中可以设置 0 ~ 255 之间的数值，它主要用于确定选择范围的容差，默认值为32。设置的数值越小，选取的颜色范围越近似，选取范围也就越小。
- 连续：选中该复选框，表示只能选中鼠标单击处邻近区域中相同的像素；取消选中该复选框，则能够选择符合像素要求的所有区域。
- 对所有图层取样：选中该复选框，将在所有可见图层中应用魔棒工具；取消选中该复选框，则魔棒工具只能选取当前图层中颜色相近的区域。

以【案例：甜蜜的心】来介绍套索工具的使用方法，具体的操作步骤如下：

1）执行"文件"→"打开"命令，打开本书配套素材文件"第3章选区的创建与编辑\素材\心.jpg"，如图3-13a 所示。

2）执行"文件"→"打开"命令，打开本书配套素材文件"第3章选区的创建与编辑\素材\婚纱.jpg"，如图3-13b 所示，选择"背景"图层，并复制该图层。

3）执行"窗口"→"心.jpg"命令，将当前窗口切换至"心.jpg"窗口，单击图层面板下方的"新建图层"按钮新建图层"图层1"，将"婚纱.jpg"复制至新图层，并按〈Ctrl + T〉组合键，改变图像大小至填满整个心形区域。

4）隐藏"图层1"，在"背景"图层选择"魔棒工具"，将其"容差"设置为15，然后单击心形区域，如果不能将心形区域一次性选中，则多次单击"添加到选区"按钮，进行多次选取工作，将需要的心形区域选中。

5）显示"图层1"，选中此图层，执行"选择"→"反向"命令，则实现了选择心形以外的全部选区，单击〈Del〉键删除婚纱照多余的部分，撤销选区，案例制作完成，效果如图3-13c 所示。

3.2 【案例：圆锥体】编辑选区

【案例导入】本案例是运用选框工具根据选区运算来创建不规则选区，对选区进行填充和编辑，实现一定的图像效果。如图3-16所示为制作的圆锥体效果。

【技能目标】根据设计要求，掌握选区的编辑方法。

【案例路径】第3章选区的创建与编辑\效果\[案例]圆锥体.psd

在创建选区后，为了达到满意的效果，仅仅使用选区工具是很难处理更复杂的图像的，这时就需要对创建的选区进行相应的编辑，如移动选区的位置、对选区进行变换操作等，以满足工作的需要。

图3-16 圆锥体效果

3.2.1 移动和取消选区

要移动选区，只需要将鼠标指针移至创建的选区内，此时鼠标指针呈▶↕形状，单击鼠标左键并拖曳，即可移动选区的位置，如图3-17所示。

注意： 在移动创建的选区时，若按住〈Shift〉键，单击鼠标左键并拖曳，可以沿水平、垂直或45°角的方向移动选区。使用键盘上的〈↑〉、〈↓〉、〈←〉、〈→〉4个方向键，可以精确地移动选区位置。

在图像窗口中创建选区时，对图像所做的一切操作都被限定在选区中，所以在不需要选区的情况下，应取消所创建的选区。取消选区的操作方法有4种，分别如下：

a)   b)

图3-17 移动选区的位置

a）选区　b）移动选区

- 执行"选择"→"取消选择"命令。
- 按〈Ctrl + D〉组合键。
- 选取工具箱中的选框工具或套索工具，在图像窗口中单击鼠标左键。
- 在图像窗口中的任意位置单击鼠标右键，在弹出快捷菜单中选择"取消选区"命令。

3.2.2 修改选区

在图像窗口创建选区后，可以利用菜单命令对选区进行进一步的细致调整，以得到更加精确和特殊的选区。修改选区的菜单命令为执行"选择"→"修改"命令，在弹出的子菜单中提供了5个修改命令，分别为"边界"、"平滑"、"扩展"、"收缩"和"羽化"，以及执行"选择"→"扩大选取"和"选择相似"命令，下面将对这些命令进行详细的介绍。

1. 扩展

运用"扩展"命令，可以将当前选区均匀向外扩展 1～100 像素。如图 3-18a 所示，在图像窗口中创建选区后，执行"选择"→"修改"→"扩展"命令，弹出"扩展选区"对话框，如图 3-18b 所示。在"扩展量"选项右侧的文本框中输入数值，单击"确定"按钮，即可按设置的参数对选区进行扩展，如图 3-18c 所示。

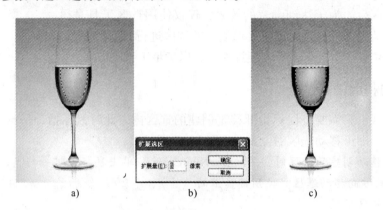

图 3-18　原选区与扩展后选区
a) 原选区　b)"扩展选区"对话框　c) 扩展后选区

2. 边界

"边界"命令相当于对选区进行相减操作，扩展后的选区减去收缩后的选区，得到环状的选区。如图 3-19a 所示，在图像窗口中创建选区后，执行"选择"→"修改"→"边界"命令，弹出"边界选区"对话框，如图 3-19b 所示。在"宽度"选项右侧的文本框中输入边界的数值，单击"确定"按钮，即可按设置参数对选区进行相减，如图 3-19c 所示。

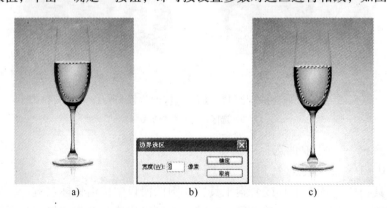

图 3-19　原选区与相减后的选区
a) 原选区　b)"边界选区"对话框　c) 相减后的选区

注意：①"边界"命令只是扩展原选区的边缘，而不是扩展原选区的范围。②当把一个较暗背景中的图像主题复制并粘贴到明亮背景中时，容易出现生硬的色晕边缘，利用"边界"命令可以轻松消褪色晕。

3. 收缩

"收缩"命令与"扩展"功能相反，运用该命令，可以按设置的像素值向内均匀地对选区进行收缩。如图 3-20a 所示，在图像中创建选区后，执行"选择"→"修改"→"收缩"命令，弹出"收缩选区"对话框，如图 3-20b 所示。在"收缩量"选项右侧的数值框中设置收缩量，单击"确定"按钮，即可按设置的参数对选区进行收缩，如图 3-20c 所示。

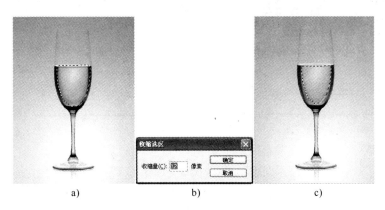

图 3-20　原选区与收缩后的选区

a）原选区　b）"收缩选区"对话框　c）收缩后的选区

4. 平滑

在使用魔棒工具和磁性套索工具创建选区时，所得到的选区往往是呈现很明显的锯齿状，运用"平滑"命令，可使选区边缘变得更平滑一些。如图 3-21a 所示，在图像中创建选区后，执行"选择"→"修改"→"平滑"命令，弹出"平滑选区"对话框，如图 3-21b 所示。在"取样半径"选项右侧的文本框中输入数值，单击"确定"按钮，即可按设置的像素对选区进行平滑，如图 3-21c 所示。

5. 羽化

对选区进行羽化处理，可以柔化选区边缘，产生渐变过渡的效果。执行"选择"→"羽化"命令，或按〈Ctrl + Alt + D〉组合键，在弹出的"羽化选区"对话框中设置"羽化半径"值，单击"确定"按钮，即可对选区进行羽化处理。图 3-22a 和图 3-22b 为源图，图 3-22c 所示即为进行羽化处理后的效果。

图 3-21　原选区与平滑后的选区

a）源图　b）"平滑选区"对话框　c）效果图

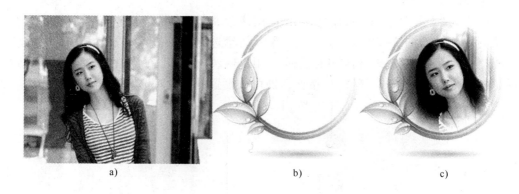

a)   b)   c)

图 3-22　羽化后效果

a) 源图 1 　b) 源图 2 　c) 效果图

6. 扩大选取

在 Photoshop CS4 中，如果初步绘制的选区太小，没有全部覆盖需要选取的区域，可以利用"扩大选取"和"选取相似"命令来扩大选取范围。执行"选择"→"扩大选取"命令可以将图像窗口中原有选取范围扩大，该命令是将图像中与原选区颜色接近，并且相连的区域扩大为新的选区，类似于在魔棒工具选项栏中选择了"连续的"复选框。颜色近似的程度是由魔棒工具选项栏中的"容差值"决定的，如图 3-23a 所示为图像原选区，图 3-23b 所示为扩大选取选区的效果。

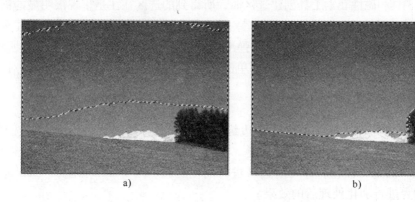

a)   b)

图 3-23　扩大选取选区效果

a) 原选区　 b) 扩大选取选区

7. 选择相似

执行"选择"→"选取相似"命令也可以将图像窗口中原有选取范围扩大，与"扩大选取"命令不同的是，该命令是将图像中所有与原选区颜色接近的区域扩大为新的选区。类似于在魔棒工具选项栏中取消了选择"连续"复选框。颜色近似的程度是由魔棒工具选项栏中的"容差值"决定的，如图 3-24a 所示为图像原选区效果，图 3-24b 所示为选择相似选区的效果。

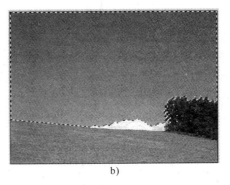

a)   b)

图 3-24　选择相似选区效果
a）原选区　b）选择相似选区的效果

3.2.3　变换选区

在对选区进行变换时，仅仅是对创建的选区进行变换，不会影响选区中的图像。在 Photoshop CS4 中，可对创建的选区进行放大、缩小、旋转、倾斜等变换操作。在图像窗口中创建选区后，若需要进行变换操作，执行"选择"→"变换选区"命令，此时选区四周将出现一个自由变形调整框，该调整框带有 8 个控制节点和 1 个旋转中心点，拖动调整框中相应的节点，可以自由变换和旋转选区，以生成图像编辑需要的精确选区，如图 3-25 所示。

图 3-25　变换选区

执行"变换选区"命令后，无论当前选择何种工具，工具选项栏都将一样，如图 3-26 所示，在其中对应的选项文本框中可以直接输入数值以精确控制变形后的效果，其主要选项含义如下。

图 3-26　变换选区属性栏

- ①（设置基准点）：此选项图标中的 9 个点对应调整框中的 8 个节点和中心点，单击选中相应的点，可以确定为变换选区的基准点。
- ②（位移选项）：设置用于精确定位选区在水平方向和垂直方向位移的距离，选中该按钮，在 X、Y 文本框中输入的数值为相对于基准点的距离；取消选择，在 X、Y 文

69

本框中输入的数值为相对于坐标原点的距离。

- ③（缩放选项）：设置用于控制相对于原选区宽度和高度缩放的百分比，选中该链接按钮，可以保证变换后的选区保持原有的宽高比。
- ④：设置选区旋转的角度。
- ⑤（斜切选项）：设置变换后的选区相对于原选区水平和垂直方向斜切变形的角度。
- ⑥：单击该按钮，可以显示变形变换调整框，使选区进行设置好的波形变换。
- ⑦：单击该按钮，取消对选区的变形操作。
- ⑧：单击该按钮，确认执行对于选区的变形操作。

通常情况下，执行"变换选区"命令后，将鼠标移到调整框内，当指针变为 ▶ 形状时，单击并移动鼠标，可以在任意方向移动选区；当指针变为 ▶ 时，单击并移动鼠标，可以移动选区相对变换的中心点。

还有一种使选区的变换更加灵活方便的变形变换方式，其主要功能是对选区进行波形变换。创建选区并执行"变换命令"后显示调整框，在调整框内打开右键菜单并选择"变形变换"命令，单击工具选项栏中的"变形变换"按钮 ♛，此时，调整框将出现顶点的 8 条控制柄，并且调整框内出现水平和垂直两条调整辅助线，如图 3-27 所示。

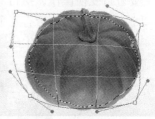

图 3-27　变形变换选区

注意：执行"变换选区"命令并显示调整框后，按住〈Ctrl〉键，使用鼠标拖动节点可以使选区斜切变形。按住〈Ctrl + Shift + Alt〉组合键，拖动 4 个顶角节点，可以使选区透视变形；拖动左右两边中间的节点，当鼠标指针呈 ▶ 形状显示时，可以使选区在垂直方向产生倾斜变形；拖动上下两边中间的节点，当鼠标指针呈 ▶ 形状显示时，可以使选区在水平方向产生倾斜变形。按〈Shift + Alt〉组合键，拖动 4 个角节点，可以使选区以中心点为基准向四周长宽等比例缩放。

3.2.4　存储和载入选区

在 Photoshop 中，一旦建立新的选区，原来的选区便会自动取消，然而在图像编辑的过程中，有些选区可能要重复使用多次，如果每次都要进行重新选择，那样会很麻烦，特别是一些复杂的选区。为此，Photoshop CS4 提供了 Alpha 通道供用户保存选区，以便下次需要时，轻松地在 Alpha 通道中载入即可。

1. 存储选区

执行"选择"→"存储选区"命令，打开"存储选区"对话框，如图 3-28 所示，该对话框中主要选项的含义如下。

- 文档：用于设置存储选区的文档。单击其右侧下拉按钮，在弹出的下拉列表中选择文档、新建文档或当前打开的与当前文档的尺寸大小相同的其他图像。

- 通道：用于选择存储选区的目标通道，Photoshop CS4 默认新建一个 Alpha 通道存储选区，也可以在其右侧的下拉列表中选择其他现有的通道。

图 3-28　"存储选区"对话框

- 名称：用于设置新建 Alpha 通道的名称，最好不要为空。
- 操作：用于设置保存的选区与原通道中的选区的运算操作，包括"新建通道"、"添加到通道"、"从通道中减去"和"与通道交叉"4 个选项。

　　存储选区的操作比较简单实用，创建一个如图 3-29a 所示的选区后，存储选区。这时在通道面板中，单击刚才新建的 Alpha 通道，即可在图像窗口中看到存储的选区，如图 3-29b 和图 3-29c 所示。

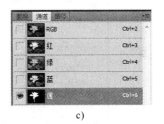

a)　　　　　　　　　　b)　　　　　　　　　　c)

图 3-29　创建选区与存储的选区

a）创建选区　b）存储的选区　c）通道面板

注意： ①在图像窗口中创建选区后，单击通道面板底部的"将选区存储为通道"按钮，可快速地将选区存储到通道；②这里介绍的存储选区，只是保存了选区的边界，而不能保存选区内的图像。

2. 载入选区

　　创建的选区进行存储后，在需要时，就可将其重新载入。载入选区的方法有两种，分别如下：

　　① 执行"选择"→"载入选区"命令；

　　② 选取工具箱中的"选区"工具，在图像窗口中单击鼠标右键，弹出快捷菜单，选择"载入选区"命令。

　　执行以上操作，均可弹出"载入选区"对话框，如图 3-30 所示，该对话框中主要选项的含义如下。

- 文档：用于选择存储选区的文档。
- 通道：用于选择存储选区的通道。
- 反相：选中该复选框，可将通道中存储的选区反选，相当于执行"选择"→"反向"命令。

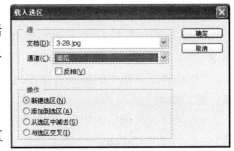

图 3-30　"载入选区"对话框

● 操作：用于选择载入的选区与图像中当前选区的运算方式。如果在载入选区之前，当前图像中没有任何选区，则仅有"新建选区"选项有效。

在"载入选区"对话框中选中需要载入的选区，单击"确定"按钮，载入存储的选区。

注意： 在通道面板中，按住〈Ctrl〉键的同时，单击面板中存储的 Alpha 通道，即可载入选区。

以【案例：圆锥体】来介绍编辑选区的方法，具体的操作步骤如下：

1）执行"文件"→"新建"命令，创建一个白色背景的文档，选择工具箱中的矩形选框工具，在图像窗口中创建一个矩形选区。

2）选择工具箱中的渐变工具，并在其选项栏中打开"渐变编辑器"对话框，在其中编辑渐变方式，如图 3-31a 所示。

a)　　　　　　　　　　　　　　b)

图 3-31　编辑渐变并填充渐变色

a)"渐变编辑"对话框　b) 应用渐变效果

3）单击"确定"按钮关闭对话框，再在渐变工具选项栏中单击"线性渐变"按钮，选择"反向"复选框，然后在选区中从左向右拖动鼠标，应用渐变效果，如图 3-31b 所示。

4）执行"编辑"→"自由变换"命令，在图像的四周显示控制框，如图 3-32a 所示，在控制框中单击鼠标右键，从弹出的快捷菜单中选择"透视"命令，然后将右上角的控制点向正中间的位置拖动，如图 3-32b 所示，松开鼠标，得到如图 3-32c 所示的图像。

5）选择工具箱中的椭圆选框工具，在图形的底部从左向右拖动来创建椭圆选区，并调整位置，如图 3-33a 所示。

6）选择工具箱中的矩形选框工具，并在其选基本内容栏中单击"添加到选区"按钮，从左上方向右下方拖出一个矩形选框，与椭圆选框的水平轴两端点相重合，如图 3-33b 所示，松开鼠标即得到如图 3-33c 所示的选区。

72

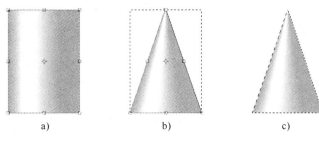

图 3-32　自由变换选区

a）显示控制框　b）执行"透视"命令　c）效果图

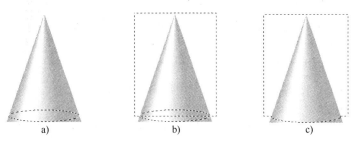

图 3-33　创建特殊的选区

a）创建椭圆选区　b）添加矩形选区　c）效果图

7）执行"选择"→"反选"命令反选选区，执行"编辑"→"清除"命令删除选区中的内容，然后执行"选择"→"取消选择"命令取消选区，完成本案例的制作，效果如图 3-16 所示。

3.3　【案例：月夜乌镇】填充和描边选区

【案例导入】本案例是运用各种工具根据需要来创建选区，对选区进行填充和描边，实现一定的图像效果。如图 3-34a 和图 3-34b 所示，为前后效果对比。

【技能目标】根据设计要求，掌握对选区填充和描边的操作方法，重点是掌握参数的设置。

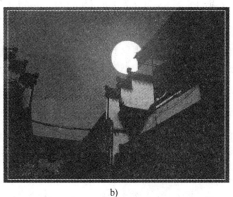

a）　　　　　　　　　　　　　　　b）

图 3-34　【案例：月夜乌镇】

a）源图　b）效果图

【案例路径】 第 3 章选区的创建与编辑\效果\［案例］月夜乌镇 . psd

选取一个选区，我们就可以对其进行填充和描边以及自定义图案，通过执行这些简单的操作可以使所得到的选区产生一些特殊的图像效果。

3.3.1 填充选区

当应用选区工具绘制或者编辑好一个选区后，可以对其进行填充，以生成平面设计作品所需要的图像，可以使用单色填充，也可以使用图案填充选区，对选区执行填充命令是制作图像时的一种常用手法。填充命令类似于工具箱上的油漆桶工具，可以在指定区域内填入指定的颜色，但该命令除了填充颜色之外，还可以填充图案和快照内容。

对选区进行填充时，首先执行"编辑"→"填充"命令或者按下〈Shift + F5〉组合键，弹出"填充"对话框，如图 3-35a 所示，可以对要填充的内容、不透明度和模式进行设置，其主要选项的含义如下。

- 前景色/背景色：使用工具箱中的前景色或背景色进行填充。
- 颜色：在弹出的"拾色器"中自行选取颜色进行填充。
- 图案：选择"图案"时，其下边的"自定图案"按钮成为可用状态。
- 黑色/50% 灰色/白色：使用黑色，50% 灰色，白色对选区或图层进行填充。

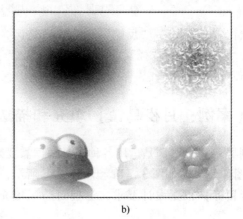

a) b)

图 3-35 "填充"对话框与填充效果

a)"填空"对话框 b) 填充效果

如果选区内有透明区域，可以启用"保留透明区域"复选框，这样在对图层进行填充时，可以保留透明的部分不填入颜色。该复选框只对具有透明区域图层内的选区进行填充时有效。图 3-35b 所示是填充不同内容后的效果。

在 Photoshop CS4 中经常使用填充图案制作图像的背景，虽然 Photoshop CS4 自带了大量的填充图案，但是仍然不能满足编辑图像的需要（如填充网页背景时）。用户可以自定义填充图案，制作一个很小的图案文件，执行"填充"命令后即可得到一个四方连续的图像。

注意：在自定义图案时，选取的范围必须是一个矩形，并且不能带有羽化值，否则"编辑"→"定义图案"命令将呈灰色显示。如果要快速填充前景色，可按下〈Alt + Delete〉组合键或者〈Alt + Backspace〉组合键；如果要快速填充背景色，可按下〈Ctrl

+ Delete〉组合键或者〈Ctrl + Backspace〉组合键。如果按下〈Shift + Backspace〉组合键，则可以打开"填充"对话框。如果在填充之前未选取范围，则填充操作将针对整个图层。

3.3.2 描边选区

描边命令的操作方法与填充命令的操作方法基本相同，描边命令用于在选区的周围绘制出边框。执行"描边"命令时，首先使用选区工具创建一个适当的选区，如图 3-36a 所示，然后执行"编辑"→"描边"命令，打开如图 3-36b 所示的"描边"对话框，单击"确定"按钮，即为图片制作了一个画框，如图 3-36c 所示。

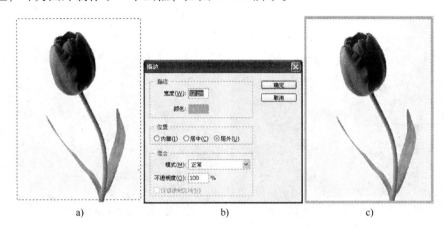

a)　　　　　　　　　　　　　　b)　　　　　　　　　c)

图 3-36　"描边"对话框及描边效果
a) 选区　b)"描边"对话框　c) 描边效果

"描边"对话框中各选项的含义如下。

- 描边：在此选项组中，"宽度"文本框用于填入一个数值以确定描边的宽度，范围是 1~16，"颜色"选项用于选择描边的颜色。
- 位置：用于设置描边的位置，该选项组有 3 个选项，其中"居内"选项表示在选择范围内部描边；"居中"选项表示在所选择范围中间描边；"居外"选项表示在所选择范围外描边。
- 混合：用于设置描边的色彩"模式"、"不透明度"以及是否"保留透明区域"等。

以【案例：月夜乌镇】来介绍填充和描边选区的使用方法，具体的操作步骤为：

1）执行"文件"→"打开"命令，打开一幅图像，文件存放在本书配套素材"第 3 章 选区的创建与编辑 \ 素材 \ 乌镇.jpg"，如图 3-34a 所示。

2）执行"图像"→"调整"→"色价"命令，弹出"色价"对话框，如图 3-37a 所示，在"输入色阶"数值中依次填入"160、0.6、255"，然后单击"确定"按钮，此时图片的黑夜的基本效果就出来了，如图 3-37b 所示。

3）单击图层面板下面的"新建图层"按钮，新建一个空白图层"月亮"，使用椭圆选区工具在此图层上绘制一个正圆选区，执行"编辑"→"填充"命令，填充颜色 RGB（255、255、204），并调整"月亮"图层的透明度为 30%，如图 3-38a 所示。

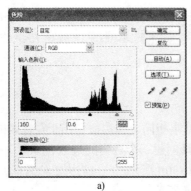
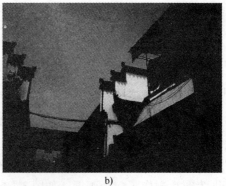

a) b)

图 3-37 调整色阶

a)"色阶"对话框 c) 效果图

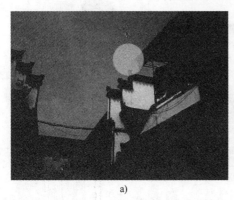
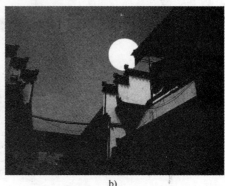

a) b)

图 3-38 绘制月亮

a) 新建"月亮"图层 b) 调整月亮透明度

4)选择多边形套索工具,创建出与月亮交叠的房檐部分的选区,单击〈Delete〉键删除这一部分内容,然后取消选区,并调整"月亮"图层的透明度为 100%,如图 3-38b 所示。

5)双击"月亮"图层,弹出"图层样式"对话框,选择"外发光",设置大小为 120 像素,然后分别选择"月亮"和"背景"图层,分别执行"图像"→"调整"→"色相饱和度"命令,调整其饱和度为 - 20,效果如图 3-39a 所示。

a) b)

图 3-39 调整效果及描边

a) 调整效果 b) 描边

6）选择矩形选区工具，创建如图3-39b所示的选区，执行"编辑"→"描边"命令，弹出"描边"对话框，设置描边宽度为1像素，颜色为白色，单击"确定"按钮，然后取消选区，即可得到如图3-33b所示的案例效果。

3.4　案例拓展——时装拼接

1. 案例背景

我们经常可以在时装杂志上看到由照片拼接而成的海报，利用提供的海报素材，通过一定的编辑实现拼接效果。

2. 案例目标

在使用 Photoshop CS4 编辑和处理图像时，大多数时候只需要处理图像的局部区域，此时就需要创建选区，以保护选区以外的图像不受编辑工具和命令的影响。在本案例中为了添加照片的白色边框，需要创建选区、变换选区、对选区进行描边等操作，使读者对 Photoshop CS4 选区的创建和编辑有一个更深刻的认识。

3. 操作步骤

1）执行"文件"→"打开"命令，打开本书配套素材文件"第3章选区的创建与编辑\素材\时装.jpg"。

2）选择矩形选框工具，绘制一个矩形选区，执行"选择"→"变换选区"命令，将矩形选区倾斜一定的角度，如图3-40a所示。

a)　　　　　　　　　　b)

图3-40　倾斜矩形选区并描边

a）倾斜矩形选区　b）描边

3）复制背景层选区内的图像，单击图层面板的"新建图层"按钮，新建"图层1"，将背景层内容复制到新建的"图层1"中，然后再次单击图层面板的"新建图层"按钮，新建"图层2"，执行"编辑"→"描边"命令，设置描边宽度为10像素，颜色为白色。

4）同时选中"图层1"和"图层2"，单击鼠标右键，在快捷菜单中选择"合并图层"

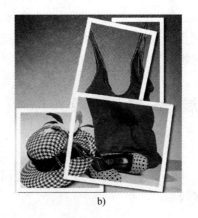

a)   b)

图 3-41　图层面板与最终效果

a）图层面板　b）最终效果

命令，将两图层合并，双击合并后的图层，添加"阴影"图层样式，将角度设为 140°，得
到图像效果如图 3-40b 所示，图层面板如图 3-41a 所示。

5）选择矩形选框工具，继续创建矩形选区，按照同样的方法重复第 2～4 步的操作，
最后完成时装的拼接效果，如图 3-41b 所示。

3.5　综合习题

一、单项选择题

1. 下列选区创建工具中，（　　　）可以用于所有图层。

    A. 魔棒工具   B. 矩形选框工具   C. 椭圆选框工具   D. 套索工具

2. 不可长期存储选区的方式是（　　　）。

    A. 通道   B. 路径   C. 图层   D. 选择/重新选择

3. 以下选项中，（　　　）不可根据颜色自动选择区域。

    A. "选择" → "色彩范围" 命令   B. 魔棒工具

    C. 魔术橡皮擦工具   D. 套索工具

4. 使用（　　　），配合〈Shift〉键，可以限定套索移动方向只能是垂直、水平或者 45°。

    A. 多边形套索工具

    B. 套索工具

    C. 磁性套索工具

5. 下列工具中，（　　　）可以方便地选择连续的、颜色相似的区域。

    A. 矩形选框工具   B. 椭圆选框工具

    C. 魔棒工具   D. 磁性套索工具

二、多项选择题

1. Adobe Photoshop 中，下列途径可以创建选区的是（　　　）。

    A. 利用工具箱上的基本选区工具，如矩形选区、圆形选区、行选区、列选区、套索
工具、多边形套索工具、磁性套索工具，以及魔术棒工具等

B. 利用 Alpha 通道

C. 利用路径面板

D. 利用快速蒙版

E. 利用选择菜单中的"色彩范围"命令

2. 下列方式中，使用（　　）可生成浮动的选区。

A. 使用矩形选框工具

B. 使用"色彩范围"命令

C. 使用"取出"命令

D. 使用魔棒工具

3. 下面选项是有关"扩大选择"和"选择相似"作用的描述，其中正确的是（　　）。

A. "扩大选择"指令是以现在所选择范围的颜色与色阶为基准，由选择范围接临部分找出近似颜色与色阶最终形成选区

B. "选择相似"是由全部图像中寻找出与所选择范围近似的颜色与色阶部分，最终形成选区

C. "扩大选择"和"选择相似"在选择颜色范围时，范围的大小是受"容差"来控制的

D. 对于同一幅图像执行"扩大选择"和"选择相似"命令结果是一致的

4. 下列关于"变换选区"命令的描述正确的是（　　）。

A. "变换选区"命令可对选择范围进行缩放和变形

B. "变换选区"命令可对选择范围及选择范围内的像素进行缩放和变形

C. 选择"变换选区"命令后，按住〈Ctrl〉键可以对选区进行斜切操作

D. "变换选区"命令可对选择范围进行旋转

5. 下列关于选区"羽化"命令说法正确的是（　　）。

A. "羽化"最大值可以设定为 250 像素

B. "羽化"最大值可以设定为 255 像素

C. "羽化"最小值可以设定为 0.1 像素

D. "羽化"最小值可以设定为 0.2 像素

三、问答题

1. 创建浮动选区的方法有哪些？

2. 在保存和载入选取范围图像时，应该注意哪些事项？

3. Photoshop CS4 提供的哪些选项按钮的功能专门用来增减区域选择范围？

4. 在一幅图像中创建了选区，要想将其载入到其他图像中使用，需要执行哪些操作？

5. 哪些工具可以在其对应的工具选项栏中使用选区运算？

6. 哪个选区创建工具可以用于所有图层？

四、设计制作题

根据本章所学的知识，使用选区工具以及相关的辅助工具，利用如图 3-42 所示的素材（可以参考"第 3 章选区的创建和编辑\设计习题\［效果］服装杂志封面.psd"源文件）设计制作如图 3-43 的效果。

素材a.jpg

素材b.jpg

素材c.jpg

素材d.jpg

素材e.jpg

图 3-42　素材

图 3-43　效果

第4章 图层的创建与应用

职业情境:

柳晓莉文秘专业毕业后在三峡美辰广告有限公司客户部担任客户专员,负责广告客户资料图片的收集与整理。在工作中细心的柳晓莉发现,设计师设计的最终作品往往是由很多图层组合而成的,每个不同的图像存在于不同的图层,最后形成丰富的画面效果。她该如何创建并使用图层制作出各种神奇的效果呢?

章节描述:

图层功能是 Photoshop 重要的功能之一,它是整个图像处理的基石,几乎所有的图像效果都是以图层为依托。图层功能的加入大大拓展了设计师的思维,丰富了设计师的手法,创造出了更加绚丽梦幻的效果。在 Photoshop 中,图层相当于一张透明的绘图纸,将图像的各部分绘制在不同的图层上,透过这层纸,可以看到纸后面的东西,而且无论在这层纸上如何涂画,都不会影响到其他图层中的图像。通过本章的学习,可以熟练掌握图层的基本操作与编辑,这是图像处理的基本功,除此之外,还可以利用图层样式功能轻松制作出各种各样的图像效果,利用图层的混合模式和不透明度功能可以将各个图层融合起来,得到更为复杂的效果。

技能目标:

- 熟悉图层面板以及图层的基本操作
- 掌握为图层添加智能对象、调整图层等
- 掌握图层效果和样式以及图层的模式应用

4.1 图层的基本概念

图层的概念是从 Photoshop 3.0 开始引入的,经过几次更新,图层功能得到了充分的发展与完善,提供了多种图层混合模式和透明度的功能,可以将两个图层中的图像通过各种形式很好地融合在一起,从而产生许多令人难以置信的特殊效果。图层具有以下 3 个特性。

- 独立:图像中的每个图层都是独立的,当移动、调整或删除某个图层时,其他的图层不受任何影响。
- 透明:图层可以看做是透明的胶片,未绘制图像的区域可查看下方图层的内容,将众多的图层按一定顺序叠加在一起,便可得到复杂的图像。
- 叠加:图层由上至下叠加在一起,并不是简单的堆积,而是通过控制各图层的混合模式和选项之后叠加在一起的,这样可以得到千变万化的图像合成效果。

4.1.1 图层面板

图层面板是进行图层编辑操作时必不可少的工具，它显示了当前图像的图层信息，从中可以调节图层叠放顺序、图层不透明度以及图层混合模式等参数，几乎所有的图层操作都可通过它来实现。

执行"文件"→"打开"命令，打开本章配套素材文件"中国加油.psd"，然后执行"窗口"→"图层"命令，或按〈F7〉键，打开图层面板，如图4-1所示。

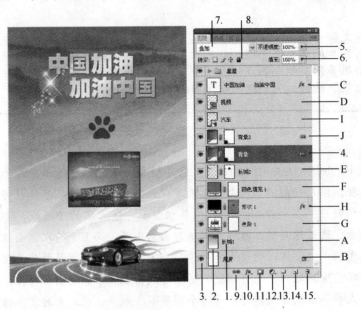

图4-1　图层面板

图层面板中各组成部分的含义如下。

1. 图层名称

每个图层都要定义不同的名称，以便区分。如果在新建图层时没有命名，Photoshop CS4会自动依序命名为"图层1"、"图层2"、"图层3"……依次类推。

2. 图层缩览图

在图层名称的左侧有一个图层缩览图，其中显示当前图层中的图像缩览图，通过它可以迅速辨识每一个图层。当对某图层中的图像进行编辑修改时，其对应的图层缩览图的内容也会随着发生改变。

3. 指示图层可视性图标

用于显示可隐藏图层，当不显示该图层时，表示这一图层中的图像将被隐藏，反之则表示显示这一图层中的图像。用鼠标单击该图标，可以切换显示或隐藏图层。

4. 当前工作图层

在面板中，以蓝颜色显示的图层，表示其正在被修改或编辑，称之为当前工作图层。一幅图像只有一个当前工作图层，并且许多编辑命令只能对当前工作图层有效。若要切换当前工作图层时，只需要用鼠标单击图层的名称或缩览图即可。

5. 不透明度

用于设置图层的总体不透明程度，当选择不同的工作图层时，不透明度也会随之切换为当前工作图层的设置值。

6. 填充

用于设置图层内部的不透明程度。

7. 图层混合模式

在其右侧的下拉列表中，可以选择不同的混合模式，以决定当前工作图层中的图像与其他图层混合在一起的效果。

8. 锁定

在该选项组中可以指定需要锁定的图层内容，其选项有"锁定透明像素"、"锁定图像像素"、"锁定位置"和"锁定全部"。

9. "链接图层"按钮

选中多个图层，单击该按钮，即可创建图层链接，也可以取消当前图层链接。

10. "添加图层样式"按钮

在图层面板中选择一个当前工作图层，单击该按钮，弹出"面板"菜单，从中可选择一种样式应用于当前工作图层。

11. "添加图层蒙版"按钮

单击该按钮，可以为当前工作图层创建一个图层蒙版。

12. "创建新的填充或调整图层"按钮

单击该按钮，弹出"面板"菜单，从中可创建一个填充图层或调整图层。

13. "创建新组"按钮

单击该按钮，可以创建一个新图层组。

14. "创建新图层"按钮

单击该按钮，可以创建一个新图层。

15. "删除图层"按钮

单击该按钮，可删除当前工作图层，或者直接将图层拖曳至该按钮处，也可删除该图层。

4.1.2 图层类型

在 Photoshop CS4 中可以创建各种类型的图层，如背景图层、文字图层和调整图层等。不同类型的图层，其功能及操作方法也各不相同，并且还可进行相互转换，熟练掌握各种类型的图层类型才能使图像的制作更得心应手。

1. 普通图层

普通图层是指用一般方法建立的图层，同时也是使用最多、应用最广泛的图层，几乎所有的 Photoshop CS4 功能都可以在普通图层上得到应用。

执行"图层"→"新建"→"图层"命令，或按〈Ctrl + Shift + N〉组合键，或直接单击图层面板底部的"创建新图层"按钮，即可创建一个普通图层。

新创建的普通图层就像一张透明的胶片，在图层上绘图前，图像整体呈现背景图层的效果，在隐藏背景层的情况下，图层显示为灰白方格，表示为透明区域，如图 4-1 中 A 所示。

工具箱中的工具和菜单中的图像编辑命令大多数都可在普通图层上使用。

在一个没有背景图层的图像中，可将一个普通图层转换为背景图层。在图层面板中选择该图层为当前工作图层，单击"图层"→"新建"→"背景图层"命令，即可将当前工作图层转换背景图层。

2. 背景图层

背景图层是一种不透明度的图层，用于图像的背景，叠放于图层的最下方，不能对其应用任何类型的混合模式。当打开一幅有背景图层的图像时，图层面板中的"背景"层的右侧有一个锁图标，表示该背景图层是属于锁定状态的，如图4-1中B所示。它具有以下4个特点：

- 背景图层是一个不透明的图层，它始终是属于锁定状态。
- 背景图层不能进行图层不透明度、图层混合模式的设置。
- 背景图层的名称始终以"背景"为名，处在图层面板底部的最下方。
- 背景图层和普通图层之间可相互转换。

双击图层面板中的"背景"图层，弹出"新建图层"对话框，如图4-2所示，在"名称"选项中设置好所需要的名称，单击"确定"按钮，即可将背景图层转换为普通图层。

图4-2　"新建图层"对话框

3. 文字图层

文字图层是Photoshop中一个比较特殊的图层，它是使用文字工具建立的图层，只要在图像窗口中输入文字，图层面板中就会自动产生一个文字图层，如图4-1中C所示。它具有以下4个特点：

- 文字图层含有文字内容和格式，可以单独保存在文件中，并且可以反复修改和编辑。文字图层中的图层缩览图中有一个 T 符号。
- 文字图层的名称默认以当前输入的文本作为图层名称，以便区别于其他的文字图层。
- 在文字图层上不能使用众多的工具来着色和绘图，如不可使用画笔、历史记录画笔、历史记录艺术画笔、铅笔、直线和图章等工具。
- Photoshop CS4中的许多命令不能直接在文字图层中应用，如色调调整、滤镜命令等。文字图层因含有该图层的文字内容和文字格式信息，因而对该图层强制使用色调调整、滤镜等命令时，系统将弹出一个提示框，如图4-3所示，提示文字图层必须栅格化，即转换为普通图层后才能编辑。单击"确定"按钮，即可将文字图层转换为普通图层。

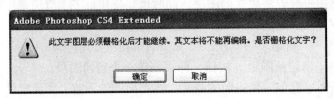

图4-3　提示框

注意： 文字图层转换为普通图层之后，将无法还原为文字图层，此时将失去文字图层反复编辑和修改的功能，所以对文字图层进行栅格化时，要慎重考虑。必要时先复制一份，然后再将文字图层转换为普通图层。

4. 视频图层

在 Photoshop 中打开视频文件或图像序列时，帧将包含在视频图层中，可以编辑视频的各个帧和图像序列文件。在图层面板中，用连环缩览幻灯胶片图标标识视频图层，如图 4-1 中 D 所示。除了使用各种工具在视频上进行编辑和绘制之外，还可以应用滤镜、蒙版、变换、图层样式和混合模式等，进行编辑之后，可以将文档存储为 PSD 文件，可以像使用常规图层一样使用视频图层，也可以在图层面板中对视频图层进行编组。调整图层可以将颜色和色调调整应用于视频图层，而不会造成任何破坏。

5. 蒙版图层

蒙版是图像合成的重要手段，图层蒙版中的颜色控制着图层相应位置图像的透明程度。在图层面板中，蒙版图层的缩览图的右侧会显示一个的蒙版图像，如图 4-1 中 E 所示。

6. 填充图层

填充图层可以在当前图层中填充一种颜色（纯色、渐变）或图案，并结合图层蒙版的功能，产生一种遮盖的特殊效果。填充图层一般可通过单击图层面板底部的"创建新的填充或调整图层"按钮 ，进行创建，默认情况下，图层的名称即为填充的类型，如图 4-1 中 F 所示。

7. 调整图层

调整图层是一种比较特殊的图层，这种类型的图层主要用于色调和色彩的调整。也就是说，Photoshop CS4 会将色调和色彩的设置，如色阶和曲线调整等应用功能变成一个调整图层，单独放置在文件中，使得可以修改其设置，但不会永久性的改变原始图层，从而保留了图像修改的弹性。单击图层面板底部的"创建新的填充或调整图层" 按钮，在弹出的面板菜单中选择任意一个色调调整命令，在弹出的相应对话框中设置好各选项参数，单击"确定"按钮，即可创建一个调整图层，如图 4-1 中 G 所示。

8. 形状图层

形状图层是使用工具箱中的形状工具在图像窗口中创建图形后，图层面板自动建立的图层，如图 4-1 中 H 所示，图层缩览图的右侧为图层的矢量蒙版缩览图。在图层面板中，选择形状图层为当前工作图层，在图像窗口中便会显示该形状的路径，此时可选取工具箱中的各种路径编辑工具对其进行编辑。

9. 智能图层

智能图层是一种容器，用户可以在其中嵌入栅格或矢量图像数据，例如嵌入另一个 Photoshop 或 Illustrator 文件中的图像数据。嵌入的数据将保留其所有的原始特性，并仍然完全可以编辑，可以在 Photoshop 中通过转换一个或多个图层来创建智能图层，如图 4-1 中 I 所示。此外，用户可以在 Photoshop 中粘贴或放置来自 Illustrator 的数据，智能图层使用户能够灵活地在 Photoshop 中以非破坏性方式缩放、旋转图层和将图层变形。

10. 链接图层

所谓链接图层就是具有链接关系的图层，当对其中一个图层中的图像执行变换操作时，将会影响到其他图层。在图层面板中，链接图层的名称后面将显示链接图标，如图 4-1 中 J 所示。

11. 效果图层

单击图层面板底部的"添加图层样式"按钮,在弹出的下拉列表中选择所需的样式效果,即可得到效果图层。在图层面板中,效果图层的名称后面将显示图标 fx,如图 4-1 中 C 和 H 所示。

4.2 【案例:爱莲说】图层的编辑

【案例导入】本案例素材文件为"配套素材与源文件\第 4 章图层的创建与应用\[素材]爱莲说.psd",如图 4-4a 所示,该文件存在以下 4 个问题:①中间的荷叶显示在荷花上面;②金鱼感觉有点太大了,比例不太协调;③文字图层没有对整齐;④感觉图片整体偏暗。通过图层的编辑以及相关素材,得到如图 4-4b 所示的案例效果。

【技能目标】根据设计要求,熟悉图层面板,掌握图层基本工具的使用方法,重点图层的修改、编辑、拼接与组合。

【案例路径】第 4 章图层的创建与应用\效果\[案例]爱莲说.psd

a)

b)

图 4-4 【案例:爱莲说】

a) 源图 b) 效果图

一般而言,一个好的平面设计作品,总需要经过许多操作步骤才能完成,特别是图层的相关操作尤其重要。这是因为一个综合性的设计作品往往是由多个图层组成的,并且需要对这些图层进行多次编辑(如进行显示或隐藏图层、复制和删除图层、排列叠放顺序、对齐或分布图层和移动或合并图层等),才能得到较为优秀的设计作品。

4.2.1　新建、复制和删除图层

Photoshop CS4 具有自动创建图层的功能，每当复制和粘贴图像，或者在两个画布之间拖动图层时，都会添加新图层。但是当在一个新建的空白画布中制作图像时，应该养成新建图层的好习惯，避免在背景层上直接绘制图像造成无法编辑的遗憾。

1．新建图层

新建图层是最基本的操作，在 Photoshop CS4 中可以用多种方法新建图层，通过单击图层面板底部的相应按钮，可以新建编辑图像时最常用的普通图层、调整图层、图层文件夹、蒙版图层和效果图层等。

最常用的是新建普通图层，单击图层面板中的"创建新图层"按钮 ，创建一个普通图层，还可以选择"图层"→"新建"→"图层"命令或者单击图层面板菜单中的"新建图层"命令，打开"新建图层"对话框来建立新图层，如图 4-5 所示。

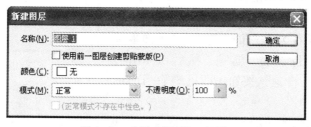

图 4-5　"新建图层"对话框

在"新建图层"对话框的"名称"文本框中可以输入新建图层名称，设置在面板中显示的颜色，同时还可以在该对话框中选择图层的混合模式和不透明度等选项。如果选中"使用前一图层创建剪贴蒙版"复选框，则新建图层将与当前作用图层形成编组图层。

在利用图层编辑图像时，给所有图层起一个形象的名称是查找和管理图层的有效手段，通过图层面板可以为图层重命名，双击图层面板中的图层名称，当图层名称变为蓝底白字的可以编辑状态时，直接输入图层的新名字即可。

小技巧：按住〈Ctrl〉键，单击新建按钮将在作用图层下方创建一个普通图层；按〈Ctrl + Alt + Shift + N〉组合键将直接在作用图层的上方创建一个普通图层；按住〈Alt〉键单击"新建"按钮可以直接打开"新建图层"对话框。

2．复制图层

复制图层的操作方法有以下 4 种：

● 在图层面板中，选择需要复制的图层，执行"图层"→"复制图层"命令，弹出"复制图层"对话框，如图 4-6 所示，单击"确定"按钮，即可复制所选择的图层。

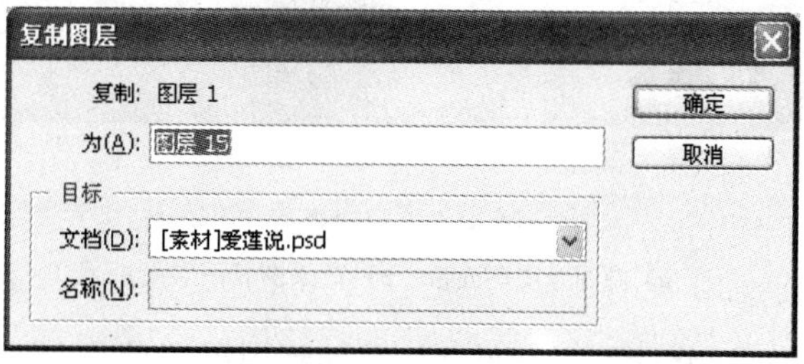

图 4-6　"复制图层"对话框

- 单击图层面板右侧的三角形按钮，弹出"面板"菜单，选择"复制图层"选项，在弹出的"复制图层"对话框中单击"确定"按钮，即可完成图层的复制操作。
- 在图层面板中选择需要复制的图层，直接将其拖曳至面板底部的"创建新图层"按钮处，即可快速地复制所选择的图层。
- 按住〈Alt〉键的同时，直接将选择的图层拖曳至面板底部的"创建新图层"按钮处，释放鼠标后，弹出"复制图层"对话框，单击"确定"按钮，即可完成图层的复制操作。

3. 删除图层

当某个图层不再需要时，可将其删除，以最大限度降低图像文件的大小，删除图层的操作方法有以下 4 种：

图 4-7 删除图层提示框

- 在图层面板中选择需要删除的图层，执行"图层"→"删除"→"图层"命令，弹出一个提示框，如图 4-7 所示，单击"是"按钮，即可删除当前选择的图层。
- 单击图层面板右侧的三角形按钮，弹出面板菜单，选择"删除图层"选项，然后在弹出的提示框中单击"是"按钮，即可删除当前选择的图层。
- 直接将需要删除的图层拖曳至面板底部的"删除图层"按钮处，即可快速地删除所选择的图层。
- 在图层面板中选择需要删除的图层，单击面板底部的"删除图层"按钮，弹出提示框，单击"是"按钮，即可删除当前选择的图层。

4. 移动图层

图像中的各个图层间彼此是有层次关系的，层次最直接体现的效果就是遮挡。位于图层面板下方的图层层次是较低的，越往上层次越高，就好像从桌子上渐渐往上堆叠起来的一样，位于较高层次的图像内容会遮挡较低层次的图像内容。

【案例：爱莲说】素材文件的第 1 个问题是中间的荷叶显示在荷花上面，如图 4-8a 所示，我们仔细观察可以发现图层"荷叶 2"位于图层"荷花 2"的上方。

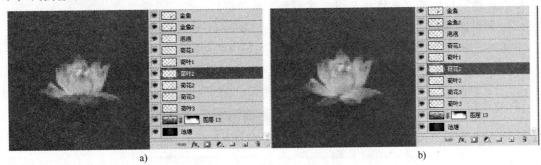

图 4-8 移动图层
a）源图及图层面板 b）效果图及图层面板

要解决这个问题，可以将图层"荷叶 2"移动到图层"荷花 2"的下方，方法是选择图层"荷叶2"之后，按住鼠标左键，将"荷叶2"拖曳至图层"荷花2"的下方，最后的效果及图层面板如图4-8b所示。

4.2.2 显示和隐藏图层

图层面板中的"指示图层可视性"图标，不仅可指示图层的可视性，也可用于显示图层或隐藏图层的切换操作。如果改变图层的显示或隐藏状态，单击图层缩览图左侧的眼睛图标，可以隐藏该图层中的内容，再次单击，则重新显示其内容。

注意：①如果按住〈Alt〉键单击"指示图层可视性"图标，将隐藏其他所有图层，只显示该图层内容；按住〈Alt〉键再次单击该眼睛图标，则显示所有内容；还可以在眼睛列中拖移来改变图层面板中多个项目的可视性；按住〈Alt＋J〉组合键可实现图层的切换。②只有可见图层才可以被打印，所以如果要对当前图像进行打印，必须保证其处于显示状态。

4.2.3 锁定、链接和合并图层

使用Photoshop CS4编辑或处理图像时，锁定和链接图层，可对工作带大很大的方便，下面对这项操作进行介绍。

1. 锁定图层

图层被锁定后，将限制图层编辑的内容和范围，使它在编辑其他图层时不会受到影响。图层面板的锁定组中提供了4个不同功能的锁定按钮，如图4-1所示，其功能与含义如下：

- 锁定透明像素：单击该按钮，则图层或图层组中的透明像素被锁定。当使用绘图工具绘图时，将只对图层非透明的区域（即有图像的像素部分）生效。
- 锁定图像像素：单击该按钮，可以将当前图层保护起来，使之不受任何填充、描边及其他绘图操作的影响，此时若使用绘图工具对该图层绘制图像时，鼠标指针呈不可使用状态图标。
- 锁定位置：单击该按钮，将不能对锁定的图层进行移动、旋转、翻转和自由变换等操作，但可以对其进行填充、描边和其他绘图的操作。
- 锁定全部：单击该按钮，图层部全部被锁定，不能移动位置、不可执行任何图像编辑操作，也不能更改图层的不透明度和图像的混合模式。

小技巧：如果要同时锁定多个图层，可首先将它们选中，然后执行"图层"→"锁定图层"命令，弹出"锁定图层"对话框，如图4-9所示。在对话框中选中相应的复选框，单击"确定"按钮，即可完成锁定操作。

图4-9 "锁定图层"对话框

2. 链接图层

对图层进行链接，可以很方便地移动多个图层的图像，同时对多个图层中的图像进行旋转、翻转、缩放和自由变换操作，以及对不相邻的图层进行合并。在图层面板中选择需要链接的图层，单击面板底部的"链接图层"按钮，即可完成链接操作，若再次单击该按钮，则取消图层的链接。

【案例：爱莲说】素材文件的第 2 个问题是金鱼感觉有点大了，比例不太协调，在对"金鱼"进行调整时，发现"金鱼"由图层"金鱼"和"金鱼 2"组成。若要对金鱼进行调整，应在图层面板中选择图层"金鱼"和"金鱼 2"，然后单击图层面板底部的"链接图层"按钮，完成链接操作，再调整相关图层的大小和位置，最终效果和图层面板如图 4-10 所示。

图 4-10　链接图层

3. 合并图层

在图像中建立的图层越多，则该文件所占用的空间也就越大，编辑和选择图层越困难。为了更快捷地编辑和管理图层，对于编辑好的图层，可以将它们合并起来以减少文件大小，提高操作速度。在"图层"菜单中，可以选择"合并图层"命令，Photoshop CS4 有以下 4 种合并图层的方式。

- 向下合并：可以将当前作用图层与其下方的图层合并。
- 合并可见图层：可以将当前所有可见图层内容合并到背景图层或目标图层中，而图像中隐藏的图层则排列到合并图层的上方。
- 拼合图像：可以将当前所有可见图层合并，而把不可见图层从图层面板中删除。这时，会弹出如图 4-11 所示的对话框，提示用户是否要扔掉隐藏图层。

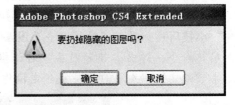

- 合并链接图层：当图像中有链接图层时，该命令将替换"向下合并"命令显示在菜单命令中，执行该命令可以将当前所有链接在一起的图层合并成一个图层。

图 4-11　合并图层警告

　　小技巧：在需要合并图层时，按〈Ctrl + E〉组合键，可以快速执行"向下合并"或者"合并链接图层"命令；按〈Ctrl + Shift + E〉组合键，可以合并所有可见图层。

4.2.4　对齐和分布图层

在编辑图像时，经常需要将多个对象按一定的规则排列，在 Photoshop CS4 中，利用"对齐"和"分布"命令，可以方便将图像中的图层对齐或者均匀分布。

1. 对齐图层

对齐图层是指将各链接图层或选择的多个图层沿直线排列，进行对齐操作时，需要选择或链接两个或两个以上的图层，然后执行"图层"→"对齐"命令，用"对齐"子菜单中的命令就可以将选中的图层按照指定命令进行对齐，"对齐"子菜单各命令的含义如下。

- 顶边：选中图层中的最顶端像素与当前图层中的最顶端像素对齐。
- 垂直居中：选中图层垂直方向的中心像素与当前图层中垂直方向中的中心像素对齐。
- 底边：选中图层中的最底端像素与当前图层中的最底端像素对齐。
- 左边：选中图层中的最左端像素与当前图层中的最左端像素对齐。
- 水平居中：选中图层中水平方向的中心像素与当前图层中水平方向的中心像素对齐。
- 右边：选中图层中的最右端像素与当前图层中的最右端像素对齐。

2. 分布图层

分布图层是指将各链接图层或所选择的多个图层沿直线分布，使用时需要选择 3 个或 3 个以上的图层，然后执行"图层"→"分布"命令，用"分布"子菜单中命令就可以将选中的图层按照指定的命令进行分布，"分布"子菜单各命令的含义如下。

- 顶边：以图层顶端像素开始，平均间隔分布选中的图层。
- 垂直居中：以图层垂直中心像素开始，平均间隔分布选中的图层。
- 底边：以图层底端像素开始，平均间隔分布选中的图层。
- 左边：以图层的最左端像素开始，平均间隔分布选中的图层。
- 水平居中：以图层的水平中心像素开始，平均间隔分布选中的图层。
- 右边：以图层的最右端像素开始，平均间隔分布选中的图层。

【案例：爱莲说】素材文件的第 3 个问题是文字图层没有对整齐，如图 4-12a 所示，选择 6 个文字图层，执行"图层"→"对齐"→"顶边"命令，这样所有选中的图层以最顶端像素对齐；然后执行"图层"→"分布"→"水平居中"命令，这样所有选中的图层以图层的水平中心像素平均间隔分布，适当调整所有文字图层的位置，如图 4-12b 所示，最终效果如图 4-12c 所示。

a)   b)   c)

图 4-12　对齐和分布图层

a）源图　b）调整图层位置　c）效果图

注意： ①图层组中的图层内容只有链接后才能执行对齐或分布操作，同时"对齐"和"分布"命令只影响所含像素的不透明度大于50%的图层；②如要实现同一对象在文件中多次均匀分布效果，可将该对象所在图层复制多个，并将最下面一个图层和最上面一个图层的对象定位好后，链接所有图层，再选择相应的分布方式，中间所有链接图层均按照相应分布方式自动均匀分布。

4.2.5 调整图层

执行"图像"→"调整"→"色彩调整"命令时，该菜单中的命令只会影响当前作用图层，因为 Photoshop CS4 将每个图层作为一个单独的画布来处理。在实际工作中，有时需要同时对多个图层执行调整命令，而为了操作方便，暂时不能够合并图层以执行"图像"→"调整"菜单中的命令，此时就需要利用调整图层。

调整图层是一种比较特殊的图层，主要用来记录对图像颜色所做的调整操作，也可以说 Photoshop CS4 将色调和色彩的调整设置保存为一个图层，在该图层上控制和调整图像的色彩，虽然改变了图像的显示效果，但不会对图像造成不可挽救的永久性破坏。通过调整图层可以将"调整"命令作用于其下方的所有图层，包括隐藏的图层和背景图层。

【案例：爱莲说】素材文件的第4个问题是感觉图片整体偏暗，可以单击图层面板底部的新建调整图层按钮，在弹出的菜单中选择"色阶"命令，打开调整面板，如图4-13所示，拖移调整面板的三角滑块可以使被选通道中最暗和最亮的像素分别转变为黑色和白色，以调整图像的色调范围，因此可以利用它调整图像的对比度，中间的灰色三角滑块，向右拖移可以使图像整体变暗，向左拖移可以使图像整体变亮。

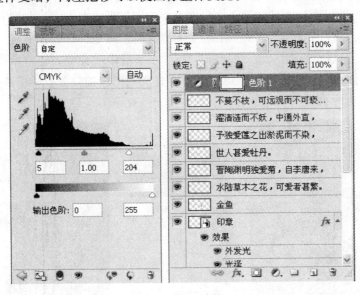

图4-13 调整图层

注意： 在使用调整图层进行颜色调整时，可以显示或者隐藏调整图层来对比调整前后图像的效果。如果不想调整位于调整图层下方的所有图层，则可以将调整图层与位于其下方的图层编组。这样该调整图层将只调整编组图层的颜色，而不会影响其他图层。

4.2.6 智能对象

　　智能对象是包含栅格或矢量图像（如 Photoshop 或 Illustrator 文件）中的图像数据的图层，智能对象将保留图像的原内容及其所有原始特性，从而能够对图层执行非破坏性编辑。智能对象将源数据存储在 Photoshop 画布内部后，用户随后就可以在图像中处理该数据的复合。当用户对图像进行缩放操作时，Photoshop 将基于源数据重新渲染复合数据。智能对象实际上是一个嵌入在另一个文件中的文件。当用户依据一个或多个选定图层创建一个智能对象时，实际上是在创建一个嵌入在原始画布中的新文件。智能对象四大优势如下：

- 执行非破坏性变换，可以对图层进行缩放、旋转、斜切、扭曲、透视变换或使图层变形，而不会丢失原始图像数据或降低品质，因为变换不会影响原始数据。
- 处理矢量数据（如 Illustrator 中的矢量图片），若不使用智能对象，这些数据在 Photoshop 中将进行栅格化。
- 非破坏性应用滤镜，可以随时编辑应用于智能对象的滤镜。
- 使用分辨率较低的占位符图像（以后会将其替换为最终版本）尝试各种设计。

　　【案例：爱莲说】素材文件 4 个问题修改后，如果为图片添加一个印章，则感觉整体效果就更加古色古香。可以利用素材文件"印章.ai"，执行"文件"→"置入"命令，选择要置入的文件"第 4 章图层的创建与应用 \ 印章.ai"，弹出"置入 PDF"对话框，如图 4-14a 所示，单击"确定"按钮，完成素材文件的导入，图层面板中将添加智能对象的图层，缩览图右下角会出现一个智能对象的图标，如图 4-14b 所示。

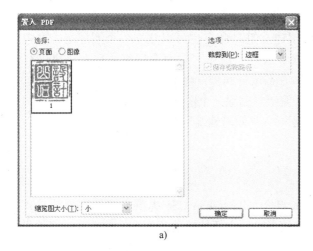

a)　　　　　　　　　　　　　　　　　　　　b)

图 4-14　添加智能对象的图层
a)"置入 PDF"对话框　b) 图层面板

　　注意： ①编辑一个图层即可更新智能对象的多个实例；②可以将变换（透视和扭曲选项不可用）、图层样式、不透明度、混合模式和变形应用于智能对象，进行更改后，即会使用编辑过的内容更新图层。

4.2.7 编组图层

　　可以让多个图层成为一组，对该组对应的图层可以进行整体操作，如移动、缩放等，也可以进行单独操作，图层组与图层的操作相似。在图层多的情况下是非常有必要的，并且编组图层可以展开或收缩显示，这样一来可以让图层面板简洁，查找管理图层就方便多了。

在图层面板中单击"创建新组"按钮 ，可以创建一个空的图层组"组1"，双击"组1"可以修改图层组的命令，如图4-15a所示，创建图层组完成后，就可以将不同的图层拖动到同一个图层组中，如图4-15b所示。

a)　　　　　　　　　　　　　　　b)

图4-15　图层组
a) 创建图层组　b) 拖动图层

执行"图层"→"新建"→"从图层建立组"命令也可以建立一个图层组，选中多个图层之后，执行该命令，这些图层将直接被放置到组里。选中图层组之后对该组进行操作（如改变透明度、旋转），同一个组里的所有图层都同步发生变化。

取消图层编组的方法很简单，若要从编组中删除某个图层，把它移到这些图层组之外即可；若要取消所有图层编组，执行"图层"→"取消编组"命令即可。

4.3　图层样式

图层样式实际上就是多种图层效果的组合，Photoshop CS4提供有多种图像效果，如投影、发光、浮雕、颜色叠加等，利用这些效果可以方便快捷地改变图像的外观。将效果应用于图层的同时，也创建了相应的图层样式，在"图层样式"对话框中可以对创建的图层样式进行修改、保存、删除等编辑操作。

4.3.1　【案例：咖啡杯】图层样式对话框

【案例导入】通过本案例来介绍Photoshop CS4的图层样式对话框，让读者了解Photoshop CS4提供的"混合选项"命令的各项参数，利用如图4-16a和图4-16b所示的素材，使用图层样式对话框来打造出如图4-16c所示效果。

【技能目标】掌握图层样式对话框中的"混合选项"命令，熟悉该命令对话框中各项参数的含义，灵活地使用该命令制作出各种艺术效果。

94

a)　　　　　　　　　b)　　　　　　　　　c)

图 4-16　【案例：咖啡杯】

a) 源图 1　b) 源图 2　c) 效果图

【案例路径】 第 4 章图层的创建与应用\效果\［案例］咖啡杯 . psd

在 Photoshop CS4 中对图层样式进行管理，是通过"图层样式"对话框来完成的。可以通过执行"图层"→"图层样式"→"混合选项"命令来添加各种样式，也可以单击图层面板下方的"添加图层样式"按钮来完成，如图 4-17 所示。在"图层样式"对话框中可以对一系列的参数进行设定，它是由一系列的效果集合而成的，该对话框中主要选项的含义如下。

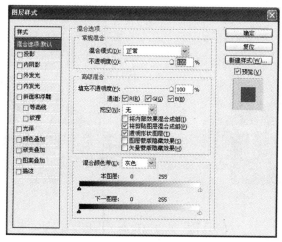

图 4-17　"图层样式"对话框

- 混合模式：该选项区中的选项与图层面板中的设置一样，可以选择不同的混合模式，以决定当前工作图层中的图像与其他图层混合在一起的效果。
- 填充不透明度：该选项与图层面板中的"填充"选项的功能相同。
- 通道：在该选项中可以选择要混合的通道。因为该图层是 CMYK 模式的，所以在此显示了 C、M、Y 和 K 4 个通道。如果选择的是其他模式的图层，则该处将显示不同的通道，例如若选择 RGB 模式的图层，在此将显示 R、G 和 B 3 个通道。
- 挖空：使用该选项可以设置穿透某图层看到其他图层中的内容，其右侧的下拉列表中包括"无"、"深"和"浅" 3 个选项。
- 将内部效果混合成组：选中该复选项可将图层的混合模式应用于修改不透明像素的图层效果，如内发光、光泽、颜色叠加和渐变叠加。
- 将剪贴图层混合成组：选中该复选框，将只对剪贴组图层执行挖空效果。
- 透明形状图层：当图层中有透明区域时，选中该复选框，透明区域相当于蒙版，生成的效果若延伸到透明区域时，将被屏蔽。

- 图层蒙版隐藏效果：当图层中有图层蒙版时，选中该复选框，生成的效果若延伸到蒙版区域，将被屏蔽。
- 矢量蒙版隐藏效果：当图层中有矢量蒙版时，选中该复选框，生成的效果若延伸到矢量蒙版区域，将被屏蔽。
- 混合颜色带：设置本图层及下一图层的过滤颜色，本质上属于基于通道的图层蒙板，是 Photoshop CS4 中未被以"蒙版"冠名的特殊蒙版。混合颜色带有灰色、红、绿、蓝 4 个选项，默认情况下，混合颜色带都选为灰色，即全部颜色通道，下面的灰色渐变条代表了从 0～255 的混合像素亮度范围，两个箭头间的亮度值范围就是图像能够显现出来的区域。

以【案例：咖啡杯】来说明如何使用图层样式对话框。

1）执行"文件"→"打开"命令，打开本书配套素材文件"第4章图层的创建与应用\ 素材\ 咖啡杯.jpg"和"咖啡文字.jpg"，如图 4-16a 和图 4-16b 所示。

2）使用移动工具，将"咖啡文字.jpg"拖曳至"咖啡杯.jpg"，并使用自由变换工具调整图像的大小和位置，如图 4-18a 和图 4-18b 所示。

a)   b)

图 4-18   调像图像的大小和位置

a) 调整图像大小   b) 调整图像位置

3）执行"图层"→"图层样式"→"混合选项"命令，弹出"图层样式"对话框，在"常规混合"区域中，设置"混合模式"为"叠加"。

4）在"图层样式"对话框的"混合颜色带"选项区域中，向右拖动本图层颜色条下方黑色的滑块至"8"处，然后单击"确定"按钮，图像效果如图 4-16c 所示。

注意：本图层和下一个图层的颜色条两边各有两个小三角形，它们是用来调整该图层色彩深浅的。如果直接用鼠标拖动小三角形，则只能将整个三角形拖动，无法缓慢变化图层的颜色深浅。如果按住〈Alt〉键后拖动鼠标，则可拖动右侧的小三角，从而达到缓慢变化图层颜色深浅的目的。

4.3.2   【案例：水滴特效】投影、内阴影、外发光、内发光及斜面和浮雕效果

【案例导入】通过本案例来介绍 Photoshop CS4 图层样式对话框的各个基本命令项目，让读者了解 Photoshop CS4 提供的样式效果：外发光、阴影、光泽、图案叠加、渐变叠加和颜

色叠加等。如图 4-19 所示，灵活使用图层样式打造逼真的水珠效果。

【技能目标】 掌握投影、内阴影、内发光及斜面和浮雕等图层样式效果的应用，轻松制作出具有立体感的浮雕、发光和阴影等特效。

【案例路径】 第 4 章图层的创建与应用\效果\[案例]透明水滴.psd

图 4-19　【案例：水滴特效】

1. 投影

用于制作文字或图像的阴影，从而使平面图形产生立体感。使用"外发光"样式，可以使图像边缘产生光晕效果。若要为图层添加投影样式效果，可在"图层样式"对话框中，选择其左侧的"投影"复选框，此时的"图层样式"对话框如图 4-20 所示。该对话框中主要选项的含义如下。

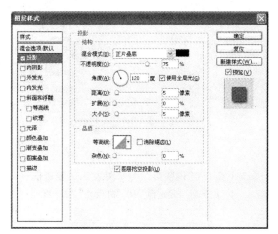

图 4-20　"投影"复选框

- 混合模式：用于设置投影效果的色彩混合模式。
- "设置阴影颜色"图标：单击该图标可设置阴影的颜色。
- 不透明度：用于设置投影的不透明程度。
- 角度：用于设置光线照明角度，以调整投影方向。
- 使用全局光：选中该复选框，表示为同一图像中的所有图层使用相同的光照角度。
- 距离：用于设置投影与图像的距离。
- 扩展：控制投影效果到完全透明边缘的平滑程度。投影扩展量为 0%，边缘柔和过渡到完全透明；扩展量为 100% 时，投影边缘直接过渡为完全透明。

- **大小**：用于设置光线膨胀的柔和尺寸，其数值越大，投影边缘越明显。
- **等高线**：在其右侧的下拉列表中可以选择投影的轮廓。
- **消除锯齿**：选中该复选框，可以设置阴影的反锯齿效果。
- **图层挖空投影**：用于控制半透明图层中投影的可视性。

  注意：①在所有图层效果选项中，"混合模式"和"不透明度"是必备的选项，图层效果以指定的不透明度和混合模式与下层图像混合；②只有在"大小"文本框中设置大于0的数值时，调整"扩展"选项参数，图像才可以产生柔和过渡的投影边缘效果。

2. 内阴影

即在内部的投影，在图像边缘以内区域产生一个图像阴影，使图像更具有凹陷外观的立体感。使用"颜色叠加"样式，可为当前工作图层中的图像添加一种单一的颜色。若要为图像添加内阴影样式效果，可在"图层样式"对话框中选择"内阴影"复选框，此时"图层样式"对话框如图4-21a所示。该对话框中的选项及功能与"投影"样式设置对话框中的基本相同，只是作用于图像后产生的效果不同而已。

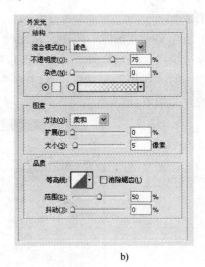

图4-21　"内阴影"与"外发光"复选框

a)"内阴影"复选框　b)"外发光"复选框

3. 外发光

若要为图像添加外发光样式效果，可在"图层样式"对话框中选中"外发光"复选框，此时的"图层样式"对话框如图4-21b所示。该对话框中主要选项的含义如下。

- **"结构"选项区**：该选项区中控制了发光的"混合模式"、"不透明度"、"杂色"和发光颜色；可以设置发光颜色为单色或者渐变色，默认的渐变色是左侧设置的单色到透明之间的渐变；用户可以根据图像需要编辑渐变发光颜色，或是使用预设的渐变。
- **"图素"选项区**：该选项区中的"方法"选项用于设置光线的发散效果，"柔和"的方法创建柔和的发光边缘，但在发光值较大时不能很好地保留对象边缘细节；选择"精确"的方法，比"柔和"更贴合对象边缘；对于一些需要细微边缘的对象，如为文字添加外发光效果时，"精确"的方法比较合适；"扩展"和"大小"选项用于设置外发光的模糊程度和亮度。

- "品质"选项区：该选项区中的"范围"用于设置外发光效果的轮廓范围，"抖动"选项用于在外发光中随机安排渐变效果。

4. 内发光

使用"内发光"图层样式，可以为图像添加内发光效果；在"图层样式"对话框中，选中其左侧的"内发光"复选框，此时"图层样式"对话框如图4-22a所示，除了"阻塞"和外发光"扩展"选项不同外，其选项与外发光大致相同，不同的选项有以下两项。

- 居中：选中该单选按钮，可使图像内部的中心产生发光效果。
- 边缘：选中该单选按钮，可使图像内部的边缘部分产生发光效果。

a)

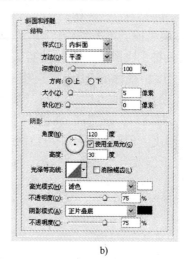
b)

图4-22 "内发光"和"斜面和浮雕"复选框
a)"内发光"复选框 b)"斜面和浮雕"复选框

5. 斜面和浮雕

使用"斜面和浮雕"样式，可为图像添加不同组合方式的斜面和浮雕效果，它是所有的图层效果中使用率最高的一项，也是较难掌握的一种图层效果。使用"图案叠加"样式，可以用图案填充的方式对图像添加图案。在"图层样式"对话框中选中"斜面和浮雕"复选框，此时的"图层样式"对话框如图4-22b所示，该对话框中选项的含义如下。

- 样式：用于设置斜面和浮雕的样式，其右侧的下拉列表中提供了5种斜面和浮雕的样式，内斜面、外斜面、浮雕效果、枕状浮雕和描边浮雕。
- 方法：用于设置浮雕的平滑效果，其右侧的下拉列表中提供了3个选项：平滑、雕刻清晰和雕刻柔和。
- 深度：用于设置浮雕的深度，其数值越大，浮雕效果越明显。
- 方向：用于设置斜面和浮雕的方向。
- 大小：用于设置斜面和浮雕范围的大小。
- 软化：用于设置斜面和浮雕效果的柔和度。
- 角度：用于设置斜面和浮雕的角度，即亮部和暗部的方向。
- 使用全局光：选中该复选框，表示同一图像中的所有图层应用相同的光照角度。

- 高度：用于设置亮部和暗部的高度。
- 光泽等高线：用于设置图像产生类似金属光泽的效果。
- 高光模式：用于设置斜面和浮雕高亮部分的模式。

注意： 斜面和浮雕效果中的阴影不同于图层效果中投影效果，这种添加了高度的阴影在表现图像时更加生动。另外，斜面和浮雕效果中的"光泽等高线"和其他效果中的"等高线"略有不同，它的主要作用是创建类似金属光泽的表面外观，它不但影响图层效果，连图层内容本身也被影响。

下面以【案例：水滴特效】为例来说明如何使用这些图层样式。

1）执行"文件"→"打开"命令，打开本书配套素材文件"第4章图层的创建与应用\素材\荷叶.jpg"，如图4-19a所示。

2）在图层面板上单击"新建图层"按钮新建"图层1"，按〈D〉键设置默认颜色，此时前景色色板将变成黑色，选择画笔工具，设置画笔为：正常模式、19像素的硬边画笔、100%不透明度，然后在"图层1"中绘制一个小圆点。

3）选择图层"图层1"，执行"图层"→"图层样式"→"混合选项"命令，打开"图层样式"对话框，在"高级混合"区域将"填充不透明度"更改为3%，这会减少填充像素的不透明度，但保持图层中所绘制的形状。

4）设置投影效果。选择"投影"复选框，设置"不透明度"为100%，将"距离"更改为1像素，"大小"更改为1像素，在"品质"部分，单击"等高线"曲线缩览图右侧的向下小箭头并选择"高斯"曲线，这是一条看起来像平滑的倾斜的（S）字母的曲线，如图4-23a所示。

a)   b)

图4-23 "投影"与"内阴影"复选框参数
a)"投影"复选框参数 b)"内阴影"复选框参数

5）设置内阴影效果。选择"内阴影"复选框，将"混合模式"设置为"颜色加深"，"不透明度"设置为43%，"大小"设置为10像素，如图4-23b所示。

6）设置内发光效果。选择"内发光"复选框，将"混合模式"设置为"叠加"，"不透明度"设置为30%，设置发光颜色为黑色，若要更改发光颜色，可单击颜色面板打开拾色器，将光标拖动到黑色，然后单击"确定"按钮，如图4-24a所示。

7）设置斜面和浮雕。选择"斜面和浮雕"复选框，将"方法"设置为"雕刻清晰"，"深度"设置为250%，"大小"设置为15像素，"软化"设置为10像素，在"阴影"区域将"角度"设置为90，"高度"设置为30，"不透明度"设置为100%，然后将"暗调模式"设置为"颜色减淡",其颜色设置为白色,"不透明度"设置为37%,如图4-24b所示。

8)单击"确定"按钮,退出"图层样式"对话框,完成后的效果如图4-19b所示,可以在"图层1"上用画笔再绘制一些水滴。

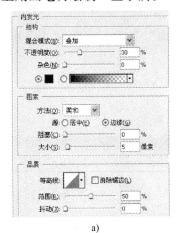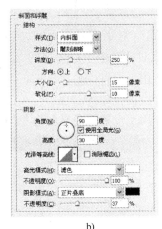

a)   b)

图4-24   "内发光"和"斜面和浮雕"复选框参数

a)"内发光"复选框参数 b)"斜面和浮雕"复选框参数

4.3.3   【案例:佐罗传奇】光泽、颜色叠加、渐变叠加、图案叠加和描边效果

【案例导入】 通过本案例来继续介绍 Photoshop CS4"图层样式"对话框的各个基本命令,让读者了解光泽、图案叠加、渐变叠加和颜色叠加等图层样式。如图4-25所示,为灵活使用图层样式打造具有独特艺术效果的文字海报。

【技能目标】 掌握光泽、颜色叠加、渐变叠加、图案叠加、描边等图层样式效果的应用,掌握制作具有独特艺术效果的文字的方法。

【案例路径】 第4章图层的创建与应用 \效果\［案例］佐罗传奇 . psd

图4-25   【案例:佐罗传奇】

1. 光泽

使用"光泽"样式效果,图像将变得柔和,并且消除图层各部分之间的强烈颜色差。使用"描边"样式,可以在图像的周围描边纯色或渐变线条。在"图层样式"对话框中选

中"光泽"复选框，此时"图层样式"对话框如图4-26所示。在该对话框中，单击"等高线"右侧的下拉按钮，弹出系统自带的不同样式的等高线，选择不同的等高线，可以得到不同的光泽效果。

2. 颜色叠加

在"图层样式"对话框中选中"颜色叠加"复选框，此时"图层样式"对话框如图4-27a所示，该对话框中主要选项的含义如下。

- 混合模式：用于设置颜色叠加时的混合模式。
- 颜色：用于设置叠加的颜色。
- 不透明度：用于设置颜色叠加时的不透明程度。

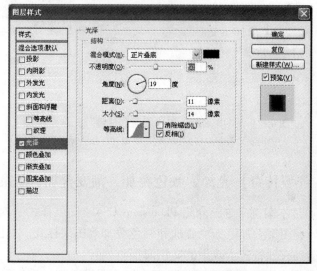

图4-26 选中"光泽"复选框

a)

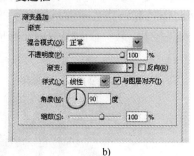

b)

图4-27 "颜色叠加"与"渐变叠加"复选框

a）选中"颜色叠加"复选框 b）选中"渐变叠加"复选框

3. 渐变叠加

使用该样式，将用渐变叠加的方式对图像添加渐变色。在"图层样式"对话框中，选中"渐变叠加"复选框，此时"图层样式"对话框如图4-27b所示，该对话框中主要选项的含义如下。

- 混合模式：用于设置使用渐变叠加时色彩混合模式。
- 不透明度：用于设置对图像进行渐变叠加时色彩的不透明程度。
- 渐变：用于设置使用的渐变色。

- 样式：用于设置渐变的类型。

4. 图案叠加

在"图层样式"对话框中选中"图案叠加"复选框，此时的"图层样式"对话框如图 4-28a 所示。该对话框中的"图案"选项与图案图章工具中的图案性质是相同的，也可以载入其他的图案。

5. 描边

在"图层样式"对话框中选中"描边"复选框，此时"图层样式"对话框如图 4-28b 所示，该对话框中主要选项的含义如下。

- 大小：用于设置描边的大小。
- 位置：单击其右侧的下拉按钮，在弹出的下拉选项中可以选择描边的位置。
- 填充类型：用于设置图像描边的类型，提供了 3 个选项，分别是颜色、渐变和图案。
- 颜色：单击该图标，可设置描边的颜色。

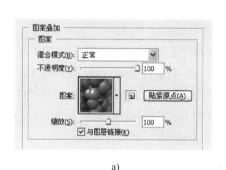
a)

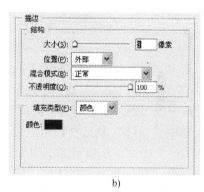
b)

图 4-28　"图案叠加"和"描边"复选框

a）选中"图像叠加"复选框　b）选中"描边"复选框

下面以【案例：佐罗传奇】来说明如何使用这些图层样式。

1）执行"文件"→"新建"命令，或按〈Ctrl + N〉组合键，新建一幅名为"［案例］佐罗传奇 . psd"的图像文件。

2）选取工具箱中的文字工具，单击鼠标左键，确定插入点，输入文字"佐罗传奇"，字体为"方正瘦金书简体"，单击工具属性栏中的"提交所有当前编辑"按钮，确认输入的文字。

3）执行"图层"→"图层样式"→"斜面和浮雕"命令，弹出"图层样式"对话框，设置各选项如下："方法"为雕刻清晰，"深度"为 1000%，"大小"为 74 像素，"软化"为 0 像素，不勾选"使用全局光"复选框，"高度"为 37 度，"高光模式"为颜色减淡，"阴影模式"为颜色加深并且其"不透明度"为 60%，其余均为默认值。

4）选中"光泽"复选框，然后设置各选项参数如下："混合模式"为柔光，"不透明度"为 30%，"距离"为 40 像素，"大小"为 28 像素，其余值为默认值。

5）选中"渐变叠加"复选框，然后单击"点按可打开渐变拾色器"图标，弹出"渐变编辑器"对话框，单击"载入"按钮，加载"第 4 章图层的创建与应用\素材\银色 . grd"文件后选中该渐变，设置各选项参数如图 4-29 所示，然后单击"完成"按钮。

6）选中"渐变叠加"复选框，然后设置各选项参数如下："混合模式"为柔光，"角度"为 45 度，"缩放"为 150%，其余均为默认值。

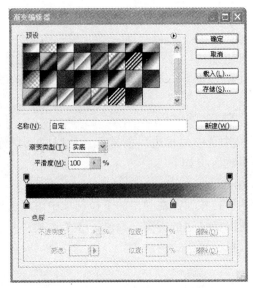

图4-29　"渐变编辑器"对话框

7）选中"图案叠加"复选框，单击"点按可打开图案拾色器"按钮，弹出"预设管理器"对话框，单击"载入"按钮，加载配套素材文件"第4章图层的创建与应用\佐罗传奇.pat"，选中该图案，然后单击"完成"按钮，最后单击"确定"按钮应用载入的新图案。

8）选中"投影"复选框，然后设置各选项参数如下："不透明度"为60%，"距离"为12像素，"大小"为12像素，其余均为默认值，然后单击"确定"按钮。

9）选中"颜色叠加"复选框，单击"设置叠加颜色"图标，弹出"拾色器"对话框，设置RGB的参考值分别为188、154、105，单击"确定"按钮。单击"混合模式"选项右侧的下拉按钮，在弹出的下拉列表中选择"强光"选项，设置"不透明度"值为100%。

10）选择"内阴影"复选框，然后设置各选项参数如下："混合模式"为叠加，"不透明度"为49%，"距离"为10像素，"大小"为20像素，其余均为默认值，单击"确定"按钮，文字效果如图所示4-30所示。

图4-30　文字效果

11）执行"文件"→"打开"命令，打开配套素材文件"第4章图层的创建与应用\素材\佐罗传奇.jpg"，如图4-25a所示。

12）选取工具箱中的移动工具，将做好的文字移至打开的图像中，调整好置入文字的大小及位置，效果如图4-25b所示。

4.3.4　【案例：钢铁战士】图层样式的编辑

【案例导入】　通过本案例来介绍如何使用外部的样式的文件，利用已设计好的样式文件快速创作带有艺术效果的文件。如图 4-31a 所示，对图层快速添加样式，得到如图 4-31b 所示的效果。

a)　　　　　　　　　　　　　　　b)

图 4-31　【案例：钢铁战士】

a）源图　b）效果图

【技能目标】　掌握外部样式文件的载入与使用。

【案例路径】　第 4 章图层的创建与应用\效果\[案例]钢铁战士.psd

通过编辑图层样式来实现许多不同的画面效果，可以随时修改、删除、隐藏以应用这些效果，这些操作都不会对图层中的图像造成任何破坏。

1. 预设样式

Photoshop CS4 中预先设置了一些样式，可以方便设计者随时应用。执行"图层"→"样式"→"混合选项"命令，在弹出的"图层样式"对话框中选择"样式"选项，如图 4-32 所示。

选择好要应用的样式，单击"确定"按钮，效果将出现在图层中。如果用户制作了新的样式效果也可以将其保存，单击"新建样式"按钮，弹出"新建样式"对话框，输入名称后，单击"确定"按钮即可。

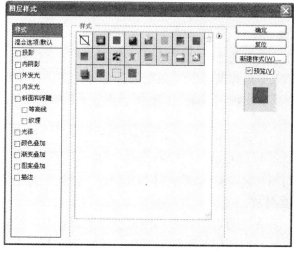

图 4-32　"样式"对话框

单击"样式"对话框右上角的 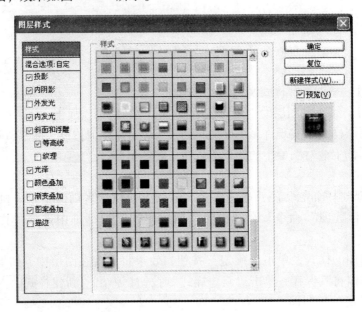 按钮，在弹出的菜单中选择相应的命令，可以加载其他的样式。下面以【案例：钢铁战士】来介绍如何载入外部的样式文件。

1）执行"文件"→"打开"命令，打开本书配套素材文件"第4章图层的创建与应用\素材\战士.psd"，如图4-31a所示。

2）在图层面板上选择图层"图层1"，然后执行"图层"→"样式"→"混合选项"命令，在弹出的"图层样式"对话框中选择"样式"选项。

3）在对话框中单击右上角的 按钮，在弹出的菜单中选择"载入样式"命令，加载的样式文件为本书配套素材文件"第4章图层的创建与应用\图层样式\400styles.asl"，加载成功后，其样式会显示在对话框中，如图4-33所示。

4）在"样式"对话框中选择"410"样式，然后单击"确定"按钮，就将当前样式应用于所选的图层，效果如图4-31b所示。

图4-33　加载后的"样式"对话框

2. 显示与隐藏效果

在图层面板中，在效果的前面会有"眼睛"图标，用来控制其效果的可见性，如果要隐藏效果，可单击该效果名称前面的"眼睛"图标，使图标消失；如果想要恢复，可以在此位置再次单击，就会出现"眼睛"图标，该效果就能显示。

3. 复制和粘贴图层样式

选择已经添加的图层样式的图层，执行"图层"→"图层样式"→"拷贝图层样式"命令，复制图层样式的效果，然后选择其他的图层，执行"图层"→"图层样式"→"粘贴图层样式"命令，可以将效果粘贴到选择的图层中。

4. 缩放和清除图层样式

使用"缩放效果"命令，可以缩放图层样式中的所有效果，但对图像没有影响。在图层面板中选择需要缩放样式的图层，执行"图层"→"图层样式"→"缩放效果"命令，弹出"缩放图层效果"对话框，在"缩放"选项右侧的文本框中输入所需要的数值，或单击其右侧的下拉按钮，拖曳弹出的滑块，然后单击"确定"按钮，即可完成图层样式的缩放操作。

清除图层样式的方法与删除图层一样，只需将图层样式直接拖曳至图层面板底部的"删除图层"按钮处，或单击"图层"→"图层样式"→"清除图层样式"命令，即可清除当前图层中的样式效果。

4.4 【案例：双子楼】图层混合模式

【案例导入】 如图4-34a所示为案例素材文件，通过对素材文件图层添加不同的模式使图层产生不同的效果，生成"双子楼"的效果，如图4-34b所示。

【技能目标】 根据设计要求，熟悉使用图层的混合模式来更改图像的显示效果。

【案例路径】 第4章图层的创建与应用\效果\〔案例〕双子楼.psd

图层混合模式是Photoshop最难理解的功能之一，它可以使上下图层的像素发生混合，从而产生形态各异的效果，用于合成图像、制作出奇特的效果，而且不会对图像造成破坏。当图层设置了混合模式之后，将会与该图层以下相应图层的像素发生混合，居于上方的图层称为混合层或者混合色，居于下方的图层称为基层或者基色，最终显现的效果称为结果色。在Photoshop中，有很多的命令都含有混合模式的设置选项，如绘图工具、图层面板、填充命令等都与混合模式有关，由此可见混合模式的重要性。图层混合模式共有25种，并被分成了6组，下面分别介绍这些分组。

a)   b)

图4-34 【案例：双子楼】

a）源图　b）效果图

4.4.1 正常模式组

正常模式组是默认设置，其中包含两个选项"正常"及"溶解"，它们与其下方的图层混合同样受透明度的控制，当不透明度设置为"100%"时上下图层不会产生混合效果；当不透明度设置小于"100%"时，"正常"的混合层呈现出透明的效果且显示出下层图层的像素；"溶解"的混合层则会随机添加杂点。例如，图4-35a为正常模式，不透明度100%；图4-35b为正常模式，不透明度为59%；图4-35c为溶解模式，不透明度为59%。

a)   b)   c)

图 4-35　正常模式与溶解模式
a）正常模式　b）正常模式　c）溶解模式

4.4.2　变暗模式组与变亮模式组

变暗模式组与变亮模式组的作用是相反的，如"变暗"与"变亮"相对，"正片叠底"与"滤色"相对。使用变暗组混合模式可以将所选择的图像变暗，使用变亮组混合模式可以使所选图像变亮。变暗组模式的混合层像素与黑色混合为黑色，与白色混合为本身色，变亮模式则正好相反。

"变暗"和"变亮"："变暗"是指两个图层对应像素进行比较，取较暗像素作为结果色；"变亮"则是取较亮像素作为结果色，如图 4-36a、b 所示。

"正片叠底"和"滤色"：是最重要的混合模式之一，"正片叠底"就好比模拟印刷油墨叠加混合的效果（同时可以看做是模拟阴影投影的效果），可以想象当油墨一层层叠印上去，看到的颜色会随之变暗，直至变成黑色，因此若对图像进行该模式的混合其结果色比"变暗"模式更暗；"滤色"是模拟光线叠加混合的效果，可以想象当在一个黑暗空间的墙壁上打一束光映在墙上，另一束光打在同一位置，随着一束束光的叠加，这面墙将越来越亮直至成为白色，因此该模式比"变亮"更亮，效果如图 4-36c 和图 4-36d 所示。正是因为这两个模式的这种特点，因此在图层样式中可以看到阴影效果默认的模式为"正片叠底"，发光效果默认模式为"滤色"。

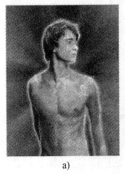   

a)   b)   c)   d)

图 4-36　变暗、变亮、正片叠底和滤色
a）变暗　b）变亮　c）正片叠底　d）滤色

"颜色加深"和"颜色减淡"：模式的结果色与图层的顺序有关，即混合色与基色的上下位置颠倒，结果色会不一样。"颜色加深"是基色根据混合色的明暗程序来变化（即混合色的明暗度控制基色的变化），混合色越暗，改变基色的能力越强，即基色变得越暗；混合色越亮，改变基色的能力越弱，基色变黑越不明显；任何混合色都不能改变白色的基色。效果如图4-37a和图4-37b所示。

  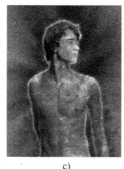 

a)　　　　　　　　　b)　　　　　　　　　c)　　　　　　　　　d)

图4-37　颜色加深、颜色减淡、线性加深和线性减淡

a) 颜色加深　b) 颜色减淡　c) 线性加深　d) 线性减淡

　　"线性加深"和"线性减淡"："线性加深"可以得到较暗的颜色，并且结果明暗过渡平滑，不会出现增大反差的效果，"线性减淡"效果则与之相反，效果如图4-37c和图4-37d所示。

　　"深色"和"浅色"：与"变暗"和"变亮"效果非常相似，不同之处是"深色"和"浅色"不会产生其他颜色，结果色都取自混合的两个图层。

4.4.3　反差模式组

　　反差模式组总共包含7个选项，若应用该组混合模式则可以提高图像的反差，与128灰色混合不产生效果。

　　"叠加"、"柔光"和"强光"："叠加"模式的结果色与图层顺序有关，如果基色比128灰色暗，那么基色与混合色将以"正片叠底"模式混合，如果比128灰色亮则以"滤色"模式混合，因此结果色更多显示基层的图像细节并增其反差效果；"柔光"与"叠加"相似，其结果色反差效果相对较小；"强光"与"叠加"唯一不同之处在于"滤色"或者"正片叠底"以及基色进行混合，由混合色的明暗度来决定，因此混合效果更多显示混合层并增加反差，效果如图4-38所示。

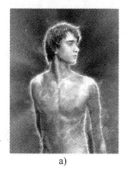 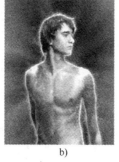 

a)　　　　　　　　　　b)　　　　　　　　　　c)

图4-38　叠加、柔光和强光

a) 叠加　b) 柔光　c) 强光

"线性光"、"点光"、"亮光"以及"实色混合"：这4种模式的结果色与图层的顺序有关系，即混合层与基层的上下位置颠倒，结果色将有所不同，它们都是由混合色控制的模式。"亮光"的混合色比128灰暗，"亮光"与基色以"颜色加深"模式混合，比128灰亮并且以"线性减淡"模式混合；"点光"暗调部分以"变暗"模式与基色相混合，亮调部分以"变亮"模式混合；"实色混合"的混合效果最硬，中间没有过渡色，只能得到R、G、B、C、M、Y、黑、白8种纯色，效果如图4-39a～图4-39d所示。

  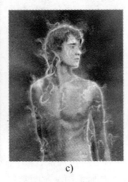 

a)　　　　　　　　　b)　　　　　　　　　c)　　　　　　　　　d)

图4-39　线性光、点光、亮光和实色混合

a) 线性光　b) 点光　c) 亮光　d) 实色混合

注意：进行图像合成时，根据混合模式的特性和所需效果来设置混合模式，合成的时候如果需要保留图像较亮的像素而需要屏蔽较暗的像素，可以选择变亮模式组，如合成水花、白色婚纱、发光的物体等；需要保留较暗像素的时候可以选择变暗模式组，如合成头发等；反差模式组常用来使图像清晰。

4.4.4　比较模式组

在比较模式组中共有2个选项，"差值"是两个参与混合的图层中用较亮的颜色减去较暗的颜色，因此两个图层之间的差别越大，图像越亮；"排除"与"差值"相似，但是混合效果对比度较低；"排除"结果色显示更多的基色细节，是用基色减去混合色，因此在基色呈现高反差并显示更多的基色细节时，混合色越暗改变基色变亮的能力越强，反差越大。效果如图4-40所示。

a)　　　　　　　　　　　b)　　　　　　　　　　　c)

图4-40　差值和排除

a) 正常　b) 差值　c) 排除

4.4.5　着色模式组

着色模式组相对其他模式组比较简单。"色相"用基色的饱和度、明亮度与混合色的色相创建结果色；"饱和度"用基色的明亮度、色相与混合色的饱和度创建结果色；"颜色"用基色的明亮度与混合色的色相、饱和度创建结果色；"明度"用基色的色相、饱和度与混合色的明亮度创建结果色，此模式效果与"颜色"模式相反。效果如图4-41所示。

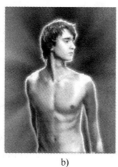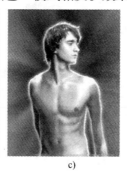

a)　　　　　　b)　　　　　　c)　　　　　　d)

图4-41　色相、饱和度、颜色和明度

a）色相　b）饱和度　c）颜色　d）明度

下面以【案例：双子楼】来介绍如何使用图层的混合模式。

1）执行"文件"→"打开"命令，打开本书配套素材文件"第4章图层的创建与应用\素材\大楼.jpg"，如图4-34a所示，将"背景"图层拖曳到控制面板下方的"创建新图层"按钮上进行复制，生成新的图层"背景副本"。

2）选择菜单"编辑"→"变换"→"水平翻转"命令，将图像水平翻转，效果如图4-42a所示，在图层面板上方，将"背景副本"图层的混合模式选项设置为"强光"，效果如图4-42b所示。

a)　　　　　　　　　　　　　　b)

图4-42　翻转并设置混合模式

a）设置翻转　b）设置混合模式

3）执行"文件"→"打开"命令，打开本书配套素材文件"第4章图层的创建与应用\云彩.jpg"，如图4-43a所示。

4）选择移动工具，将云彩图片拖曳到"大楼"图像窗口的中心位置，在图层面板中生成新图层并将其命名为"云彩"，在图层面板的上方，将"云彩"图层的混合模式选项设置为"叠加"，效果如图4-43b所示。

a)

b)

图 4-43　云彩素材及叠加效果

a）源图　b）叠加效果

5）单击图层面板下方的"添加图层蒙版"按钮，为"云彩"图层添加蒙版，将前景色设为黑色。选择画笔工具，在属性栏中单击"画笔"选项右侧的按钮，弹出画笔选择面板，在面板中选择需要的画笔开头，其主直径为500px，在属性栏中将画笔的"不透明度"选项设为90%，在图像窗口的下方拖曳鼠标擦除部分云彩图像，最终效果如图4-34b所示。

4.5　案例拓展——雨后彩虹

1. 案例背景

彩虹最常在下午，雨后刚转天晴时出现，所以有时在取景时很难用照相机捕捉到彩虹，我们可以通过对图层的编辑实现雨后彩虹的效果。

2. 案例目标

图层是 Photoshop 中的基本概念，创作任何一个作品都离不开图层的使用。在本案例中为了实现雨虹的效果，创建了新的图层，对图层属性进行了设置，并将图层样式应用到图像上，使读者对 Photoshop CS4 的图层的创建和应用有一个更深刻的认识。

3. 操作步骤

1）执行"文件"→"打开"命令，打开本书配套素材文件"第4章图层的创建与应用\山间公路.jpg"，如图4-44a所示。

a)

b)

图 4-44　在素材上创建椭圆选区

a）源图　b）创建椭圆选区

2）选择工具箱中的椭圆选框工具，设置其羽化值为3px，样式为"固定大小"，宽度为700px，高度为700px，在画面中单击鼠标，创建一个圆形选择区域，如图4-44b所示。

3）在图层面板中创建一个新图层"图层1"，按〈Alt+Delete〉组合键填充前景色（任意颜色均可），然后设置"图层1"的填充值为0%，再按〈Ctrl+D〉组合建取消选择区域。

4）执行"图层"→"图层样式"→"描边"命令，在弹出的"图层样式"对话框中设置各项参数，如图4-45a所示，单击"渐变"选项右侧的小三角，在打开的面板中选择"渐变"为"透明彩虹渐变"，如图4-45b所示。

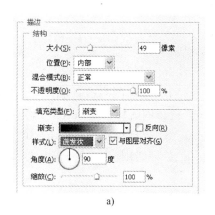
a)

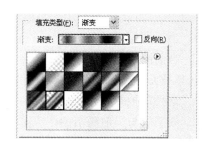
b)

图4-45　设置描边效果

a）设置"描边"各项参数　b）设置渐变方式

5）单击"确定"按钮确认操作，然后在图层面板中设置"图层1"的不透明度值为26%，则图像效果如图4-46a所示。

6）在图层面板中创建一个新图层"图层2"，然后按住〈Ctrl〉键单击"图层1"，同时选择两个图层，再按〈Ctrl+E〉组合键合并图层，这样就将"图层1"中的图层样式以及属性应用到图像上，选择工具箱中的橡皮擦工具，在画面中拖动鼠标，擦除彩虹下半部分多余的图像，适当调整其位置和透明度，则最终的图像效果如图4-46b所示。

a)

b)

图4-46　擦出最终的图像效果

a）圆形彩虹效果　b）最终效果

4.6 综合习题

一、单项选择题

1. 下列关于背景层的描述正确的是（　　）。

   A. 在图层调板上背景层是不能上下移动的，只能是最下面一层

   B. 背景层可以设置图层蒙版

   C. 背景层不能转换为其他类型的图层

   D. 背景层不可以执行滤镜效果

2. 单击图层调板上当前图层左边的眼睛图标，结果是（　　）。

   A. 当前图层被锁定　　　　　　　　　　　B. 当前图层被隐藏

   C. 当前图层会以线条稿显示　　　　　　　D. 当前图层被删除

3. 单击图层调板上眼睛图标右侧的方框，出现一个链条的图标，表示（　　）。

   A. 该图层被锁定　　　　　　　　　　　　B. 该图层被隐藏

   C. 该图层与当前激活的图层链接　　　　　D. 该图层不会被打印

二、多项选择题

1. 下列方法中，可以新建图层的是（　　）。

   A. 双击图层调板的空白处

   B. 单击图层调板下方的新建按钮

   C. 使用鼠标将当前图像拖动到另一张图像上

   D. 使用文字工具在图像中添加文字

2. 欲把背景层转换为普通的图像图层，以下做法可行的是（　　）。

   A. 通过复制粘贴的命令可将背景层直接转换为普通图层

   B. 通过"图层"菜单中的命令将背景层转换为图层

   C. 双击图层调板中的背景层，并在弹出的对话框中输入图层名称

   D. 背景层不能转换为其他类型的图层

3. 下面是调节图层所具有的特性的是（　　）。

   A. 调节图层可用来对图像进行色彩编辑，却不会改变图像原始的色彩信息，并可随时将其删除

   B. 调节图层除了具有调整色彩的功能之外，还可以通过调整不透明度、选择不同的图层混合模式以及修改图层蒙版来达到特殊的效果

   C. 调节图层不能执行"与前一图层编组"命令

   D. 选择任何一个"图像"→"调整"弹出菜单中的"色彩调整"命令都可以生成一个新的调节图层

4. Photoshop 提供了很多种图层的混合模式，其中可以在绘图工具中使用而不能在图层之间使用的是（　　）。

   A. 溶解　　　　　B. 清除　　　　　C. 背后　　　　　D. 色相

三、问答题

1. 在 Photoshop CS4 中都提供了哪些图层合并方式？

2. 文字图层中的文字信息哪些可以进行修改和编辑？

3. 当要对文字图层执行滤镜效果时，首先要进行的操作是什么？

4. 在采用对齐链接图层和分布链接图层时，图层的链接应该分别达到几个以上？

5. Photoshop CS4 提供了很多种图层的混合模式，哪些混合模式可以在绘图工具中使用而不能在图层之间使用？

6. 选择两个或两个以上的图层进行操作，有几种方法？

7. 在哪种情况下可利用图层和图层之间的编组创建特殊效果？

四、设计制作题

根据本章所学的知识，利用图层样式制作真实雕刻效果，调整图层的颜色模式，使素材产生质感变化，将一个使用红铜制作的工艺磨盘，打造成华丽的黄铜磨盘。素材如图 4-47a 和图 4-47b 所示，设计制作如图 4-47c 的效果（可以参考本书素材文件"第 4 章图层的创建与应用\综合习题\［效果］磨盘.psd"）。

a)

b)

c)

图 4-47　素材与效果

a）源图 1　b）源图 2　c）效果图

第5章　路径与文字工具

职 业 情 境:

　　通过在三峡美辰广告有限公司一段时间的工作, 柳晓莉对图片的处理已经具备了一定的能力, 但她发现工作中, 除了要对位图进行操作以外还经常需要处理一些矢量图形, 对位图图像有着强大处理能力的Photoshop能创建并编辑矢量图形吗? 同时广告公司对图片中文字的使用显得非常重要, 经常要对一些文字进行处理以设计出一些特殊的文字效果, Photoshop又能具备这一功能吗?

章节描述:

　　Photoshop 以编辑和处理位图图像著称于世, 但是放大位图图像, 将呈现马赛克效果, 为了弥补这一缺陷, Photoshop 开发了制作矢量图形功能——路径工具, 用于绘制矢量形状和线条, 并可以使用路径工具的编辑功能创建精确的形状或选区, 以此提高 Photoshop 在图像编辑领域的综合实力。本章将详细介绍创建、编辑路径的方法与技巧, 以及 Photoshop 在文本处理方面的功能。通过学习本章内容, 读者可以掌握各种路径工具、文字工具的选项设置及使用方法, 灵活运用路径工具和调整各种矢量图形和路径, 实现编辑图像的最终目的。

技能目标:

- 理解路径特性并掌握路径工具的使用技巧
- 掌握创建和编辑路径
- 熟悉文字的输入、编辑与转换
- 掌握各种文字效果的设置

5.1　【案例: 蝴蝶】创建路径

　　【案例导入】　通过本案例的介绍, 熟悉路径的创建, 特别是使用自定形状工具来创建路径。如图 5-1 所示, 快速绘制出图中的蝴蝶, 并为蝴蝶添加图层样式效果。

　　【技能目标】　根据设计要求, 熟悉路径面板, 掌握外部形状文件的载入与使用, 并熟悉自定形状工具的使用。

　　【案例路径】　第 5 章路径与文字工具\素材\［案例］蝴蝶 . psd

a)   b)

图 5-1   【案例：蝴蝶】

a）源图   b）效果图

5.1.1   路径面板路径在处理图像时的作用

图像有两种基本构成方式：一种是矢量图形，另一种是位图图像。对于矢量图形来说，路径和点是它的两个要素。路径是指矢量对象的线条，点则是确定路径的基准。在矢量图形的绘制中，通过记录图形中各点的坐标值，以及点与点之间的连接关系来描述路径，通过记录封闭路径中填充的颜色参数来表现图形。

路径具有创建选区、绘制图形、编辑选区、剪贴的功能，利用这些功能，我们可以制作任意形状的路径，然后将其转换为选区，实现对图像更加精确地编辑和操作，或者使用路径工具建立路径后，再利用描边或填充命令，制作任意形状的矢量图形，还可以将 Photoshop CS4 其他工具创建的选区转换为路径，使用路径的编辑功能对选区进行编辑和调整，从而达到修改选区的目的，当然还可以利用路径的剪贴功能，将在 Photoshop CS4 制作的图像插入到其他图像软件或排版软件时，去除其路径之外的图像背景，使之透明，而路径之内的图像则可以被贴入。

在 Photoshop CS4 中，使用路径工具绘制的线条、矢量图形轮廓和形状通称为路径，包括直线型路径、曲线型路径和混合型路径，它由定位点、控制手柄和两点之间的连续线段组成，通过移动节点的位置可以调整路径的长度和方向，通过调整图形轮廓的路径，可以改变图形的形状和外观，通过调整控制手柄可以改变连线的形状，如图 5-2 所示。

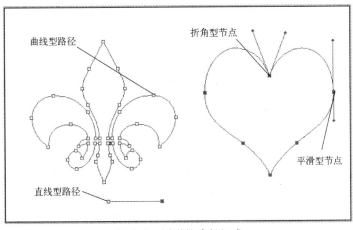

图 5-2   图形的路径组成

直线型路径中的节点无控制手柄，曲线型路径中的节点由两个控制手柄来控制曲线的形状。路径属于矢量图形，因此用户可以对路径进行任意的缩放，不会出现选区变形或出现细节损失的情况。

节点又称为锚点，是路径最基本的组成元素，节点与节点之间会以一条线段连接，在绘制路径的过程中，每次使用钢笔工具在窗口中单击一次即可放置一个节点。设置节点的类型不同，连接节点的曲线也随之不同，节点分为平滑型节点和折角型节点，如图 5-2 所示。

路径没有颜色，因此节点、控制手柄和路径线条均只能在屏幕上显示，而不能被打印出来。但是路径可以填充，所得到的矢量图形，事实上是填充了颜色的路径而非路径本身。在 Photoshop CS4 中，可以利用"描边"和"填充"命令，渲染路径和路径区域内的显示效果。同时，编辑好的路径可以存储在图像中，也可以将它单独输出为文件（输出后的文件的扩展名为 *.ai），然后在其他软件中进行编辑或使用。例如，可以在 Illustrator（Adobe 公司推出的一款矢量图形处理软件）应用软件中打开路径文件进行编辑。

5.1.2　路径面板

在使用路径绘制图形之前，首先来认识路径工具的组件，主要包括路径面板、路径编辑工具以及路径工具选项栏。路径面板是编辑路径的一个重要操作窗口，显示在 Photoshop CS4 工作窗口中创建的路径信息，利用路径面板可以实现对路径的显示、隐藏、复制、删除、描边、填充和剪贴输出等操作。

如果桌面上没有显示路径面板，可以执行"窗口"→"路径"命令，打开路径面板，单击其右侧的三角形按钮，弹出面板菜单，如图 5-3a 所示，路径面板各组成部分选项含义如下。

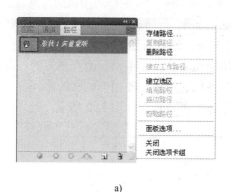
a)

b)

图 5-3　路径面板及"路径调板选项"对话框
a) 路径面板　b)"路径面板选项"对话框

- 路径名称：路径的名称，便于在多个路径之间进行区分。若在新建路径时没定义新路径的名称，Photoshop CS4 会自动默认第 1 个路径名称为"工作路径"，然后依次为"路径 1"、"路径 2"等。如果要更改路径名称，可以双击该名称，当周围显示黑色线框时，直接输入新的路径名称即可。
- 路径缩览图：显示在工作窗口中所绘制的路径的内容。它可以迅速地辨识每一条路径的形状。在编辑某路径时，该缩览图的内容也会随着改变。若单击右侧的三角形按钮，在弹出的"面板"菜单中选择"调板选项"选项，弹出"路径调板选项"对话框，如图 5-3b 所示，在该对话框中可以选择路径的显示方式。

- 工作路径：以蓝色显示的路径为工作路径。在 Photoshop CS4 中，所有编辑命令只对当前工作路径有效，并且只能有一个工作路径。单击路径名称即可将该路径转换为当前工作路径。
- "用前景色填充路径"按钮 ●：单击该按钮，Photoshop CS4 将以前景色填充被路径包围的区域。
- "用画笔描边路径"按钮 ○：单击该按钮，可以按设置的绘图工具和前景色颜色沿着路径描边。
- "将路径作为选区载入"按钮 ⊙：单击该按钮，可以将当前工作路径转换为选区载入。
- "从选区生成工作路径"按钮 ⚙：单击该按钮，可以将当前选取范围转换为工作路径。
- "创建新路径"按钮 ▣：单击该按钮，可以新建路径。
- "删除当前路径"按钮 🗑：单击该按钮，可以删除在面板中选中的路径。

5.1.3 路径编辑工具

路径对于 Photoshop CS4 高手来说是一个非常得力的助手，可以进行复杂图像的选取，还可以存储区域以备再次使用，更可以绘制线条平滑的优美图形。Photoshop CS4 路径编辑工具，主要由工具箱中的钢笔工具组、形状工具组以及选取工具组构成，如图 5-4 所示，各路径编辑工具的名称及功能参见表 5-1。

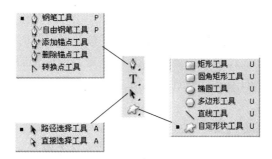

图 5-4　工具箱中的路径编辑工具

表 5-1　路径编辑工具名称及功能表

类别	图标	名　称	功　能
钢笔工具组	✎	钢笔工具	绘制由多个点连接而成的贝塞尔曲线
	✎	自由钢笔工具	可以自由手绘形状路径
	✎⁺	添加节点工具	在原有路径上添加节点以满足调整编辑路径的需要
	✎⁻	删除节点工具	删除路径上多余的节点以适应路径的编辑
	⌐	转换点工具	转换路径角点的属性

类别	图标	名　称	功　能
形状工具组		矩形工具	创建矩形路径
		圆角矩形工具	创建圆角矩形路径
		椭圆工具	创建绘制椭圆形路径
		多边形工具	创建多边形或星形路径
		直线工具	创建直线或箭头路径
		自定形状工具	利用 Photoshop CS4 自带形状绘制路径
工具组选取		路径选择工具	可以选择并移动整个路径
		直接选择工具	用来调整路径和节点的位置

在 Photoshop CS4 中，可以使用钢笔工具组和形状工具组创建路径，根据物体形状的需要，可以使用不同的路径工具进行绘制，要想使绘制的路径近乎完美，就必须有耐心。下面将介绍常用工具的使用方法与技巧。

1. 钢笔工具

在 Photoshop CS4 中，钢笔工具用于绘制直线和曲线路径，并可在绘制路径的过程中对路径进行简单编辑。选择钢笔工具，其属性栏如图 5-5 所示，其中各选项的含义如下。

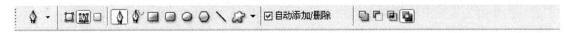

图 5-5　钢笔工具属性栏

- 形状图层▢：单击该按钮，在使用路径编辑工具绘制路径时，不仅可以绘制路径，还可以建立一个形状图层，绘制的图像颜色默认为当前设置的前景色。
- 路径▨：单击该按钮，在使用路径绘制工具绘制路径时，只产生一个工作路径，不会生成形状图层。
- 填充像素▢：单击该按钮，不会产生工作路径和形状图层，但会在当前工作图层中绘制出一个由前景色填充的形状（该按钮对钢笔工具无效）。
- ▨♦▢▢▢▢＼⚙▾：该组按钮用于在钢笔工具、自由钢笔工具以及 6 个形状工具之间进行切换。
- ☑自动添加/删除：选中该复选框，钢笔工具就具有了增加和删除锚点的功能。
- 添加到路径区域▢：单击该按钮，可在原路径的基础上增加新的路径，形成最终的路径。
- 从路径区域减去▢：单击该按钮，可在原路径中减去与新路径相交的部分，形成最终的路径。
- 交叉路径区域▢：单击该按钮，新的路径与原来的路径相交的部分成为最终路径。
- 重叠路径区域除外▢：单击该按钮，在原路径的基础上增加新的路径，然后再减去新旧相交的部分，形成最终的路径。

在工具属性栏中单击"形状图层"按钮后，钢笔工具属性栏如图5-6所示，该属性栏中主要选项的含义如下。

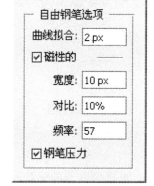

图5-6　选择"形状图层"后的钢笔工具属性栏

- 链接：该按钮为非选中状态时，属性栏中的颜色与工具箱中的前景色保持一致，无论是改变其中哪一个属性栏中的颜色，始终与当前创建的形状图层的颜色一致，当改变颜色时，形状图层的颜色将相应地改变，这时前景色不变。
- 样式：单击其右侧的下拉按钮，在弹出的选项中可选择一种图层样式。

使用钢笔工具绘制路径时，应特别注意以下8点：

1）在某点处单击鼠标左键，将绘制该点与上一点之间的连接直线。

2）在某点单击鼠标左键并拖曳，将绘制该点与上一点之间的曲线。

3）移动光标至锚点时，鼠标指针呈形状，单击鼠标左键可继续绘制其他的路径。

4）在绘制路径时，当起始点与终点重合时，鼠标指针呈形状，此时单击鼠标左键即可绘制封闭路径。

5）移动光标至路径中间各锚点时，鼠标指针呈形状，单击鼠标左键即可删除该锚点。

6）移动光标至路径的非锚点位置时，鼠标指针呈形状，单击鼠标左键即可添加锚点。

7）默认情况下，只有结束了当前绘制路径的操作，才可绘制另一条路径。因此，如果希望在未封闭上一路径前绘制新路径，只需按〈Esc〉键；或单击工具箱中的任意一工具；或按住〈Ctrl〉键的同时，在图像窗口中的空白区域单击鼠标左键，此时鼠标呈形状。

8）移动光标至路径终点时，鼠标指针呈形状，单击鼠标左键，即可移动路径终点的方向控制柄。

2. 自由钢笔工具

自由钢笔工具不是通过设置节点来建立路径，而是通过自由手绘来建立路径的。该工具主要用于绘制比较随意的图形，就像用铅笔在纸上绘图一样，并且在绘图时，不需要确定节点的位置，将根据设置自动添加节点。

在自由钢笔工具属性栏中除了在钢笔工具中介绍的属性外，还可以选择"磁性的"复选框，选择该复选框，可以激活磁性钢笔工具，此时鼠标指针将变成形状，表示自由钢笔工具有了磁性，此工具的使用方法类似于磁性套索工具的使用方法。

在自由钢笔工具选项栏中，单击"几何选形"的下拉按钮，弹出如图5-7所示的选项面板，其中各项的含义如下。

- 曲线拟合：控制最终路径对鼠标或光笔移动的灵敏度，设置范围为0.5～10.0像素，此值越高，创建的路径节点越少，路径越简单。
- 宽度：定义磁性钢笔探测的距离，数值越大，磁性钢笔探测的距离越大。
- 对比：指定像素之间被看做边缘所需的对比度。数值越

图5-7　自由钢笔选项

高，图像对比度越低。

- 频率：定义绘制路径时节点的密度，数值越大，得到的路径上节点数量越多。
- 钢笔压力：使用绘图板压力改变钢笔宽度。

小技巧：使用自由钢笔工具可以对未封闭的路径继续进行绘制，方法是：在未完成的路径起点或终点上按下鼠标左键并拖动，当到达路径的另一端时，释放鼠标即可形成封闭路径。使用磁性钢笔工具与钢笔工具一样，当指针移至路径起点时，可以闭合路径。如果按住〈Alt〉键同时双击鼠标，可以在任何位置使路径闭合。

3. 矩形工具

使用矩形工具，可以绘制出矩形、正方形的形状或路径。当选择矩形工具进行绘制时，可以在选项栏中设置相关的参数，除了可以设置钢笔工具中介绍的属性外，还可以单击"几何选项"的下拉按钮，弹出如图5-8所示的选项面板，其中各项的含义如下。

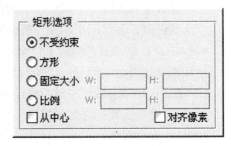

图5-8　矩形选项

- 不受限制：选中该单选按钮，绘制的图形长宽比例和大小将不受限制。
- 方形：选中该单选按钮，能够绘制出正方形。
- 固定大小：选中该单选按钮，可以约束矩形的宽度和高度值。
- 比例：选中该单选按钮，对矩形宽度和高度的比例进行约束。
- 从中心：选择此复选框，将以中心点为起点绘制矩形。
- 对齐像素：选择此复选框，可以将矩形路径边缘对齐像素边界。

小技巧：在使用矩形工具绘制路径时，按住〈Shift〉键将限制绘制正方形；按住〈Alt〉键，将以起点为中心点绘制路径。

4. 自定形状工具

使用自定形状工具可以绘制 Photoshop CS4 预设的各种形状，如箭头、音乐符、闪电、自然和花纹等丰富多彩的路径形状。选取工具箱中的自定形状工具，在其工具属性栏中，单击"形状"右侧的下拉按钮，弹出形状面板，如图5-9所示，其中显示了多个预设的形状，可以根据设计的需要进行选择。

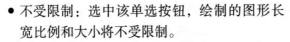

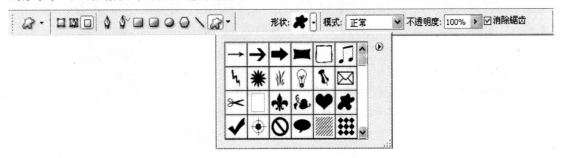

图5-9　自定形状工具属性栏

如果所需要的形状未显示在形状面板中，可单击其右上角的三角形按钮，在弹出的面板菜单中选择"载入形状"选项，在弹出的"载入"对话框中选择所需要载入的形状，单击

"载入"按钮,即可从存储形状的文件中载入所需要的形状。

下面以【案例:蝴蝶】来说明如何载入外部的形状文件。

1)执行"文件"→"打开"命令,打开本书配套素材文件"第5章路径与文字工具\素材\同学录.psd",如图5-1a所示。

2)设置前景色为"红色"(RGB的参考值分别为0、0、0),执行"图层"→"新建图层"命令,新建"图层1"图层。

3)选取工具箱中的自定形状工具,单击工具属性栏中的"填充像素"按钮,单击"形状"选项右侧的下拉按钮,在弹出的形状面板中,单击其右侧的三角形按钮,在弹出的面板菜单中选择"载入形状"选项,在弹出的"载入"对话框中,选择素材文件"第5章路径与文字工具\素材\ASC_Butterfly.csh",载入"蝴蝶形状"。

4)在如图5-10a所示的形状面板中,选择形状"ASC_Butterfly",移动光标至图像窗口,单击鼠标左键并拖曳,绘制一个如图5-10b所示的蝴蝶。

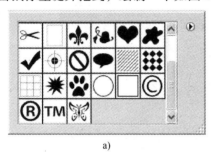
a)

b)

图5-10 利用自定形状工具绘制蝴蝶

a)形状面板 b)绘制蝴蝶

5)选择"窗口"→"样式"命令,弹出样式面板,单击面板右侧的三角形按钮,在弹出的面板菜单中选择"载入样式"选项,在弹出的"载入"对话框中,选择素材文件"第5章路径与文字工具\素材\ButterYR.asl",载入样式。

6)在如图5-11a所示的样式面板中,选择所示的"Purple Gel"样式,此时图像效果如图5-11b所示,调整蝴蝶的大小和位置,最终的效果如图5-11b所示。

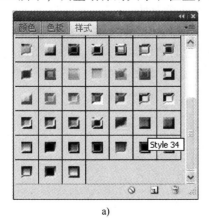
a)

b)

图5-11 样式面板及样式效果

a)样式面板 b)样式效果

5.2 【案例：斑斓色彩】编辑路径

【案例导入】 通过本案例的介绍，熟悉路径的相关编辑操作，特别是使用描边路径命令为蝴蝶制作描边效果，如图 5-12 所示，利用相关素材文件制作出斑斓色彩的蝴蝶。

【技能目标】 根据设计要求，熟悉路径面板，掌握将选区转化为路径，并熟悉描边路径命令的使用。

【案例路径】 第 5 章路径与文字工具\素材\［案例］斑斓色彩 . psd

路径的常用编辑操作包括存储工作路径、复制和删除路径以及选择和移动路径。下面将对这些操作进行详细介绍。

图 5-12 【案例：斑斓色彩】

5.2.1 选择路径和节点

在 Photoshop CS4 中对已绘制完成的路径进行编辑操作时，需要通过选择路径中的节点和整条路径进行操作。Photoshop CS4 提供了两种路径选择工具。

1. 路径选择工具

使用路径选择工具，在已绘制的路径区域内的任意位置单击，即可选中该路径。此时路径上所有节点都以实心方块显示。如果在路径区域中拖移鼠标，则可以移动整个路径，如图 5-13a 和图 5-13b 所示。

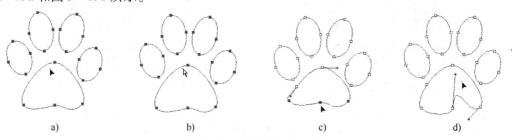

a)   b)   c)   d)

图 5-13 选择路径和节点

a) 选择路径 b) 移动路径 c) 单击路径调整 d) 单击路径节点调整

2. 直接选择工具

使用直接选择工具，可以用来调整路径和节点的位置，其操作方法如下：①在路径上单击并拖移可以直接调整路径，如图5-13c所示；②在路径节点上单击并拖移可以直接移动节点的位置，拖移节点的控制手柄，可以调整路径，如图5-13d所示。

若要将整条路径作为整体进行移动，必须选择路径上的所有节点，选择整条路径后，所有的节点都将显示为黑色的方框，使用直接选择工具或路径选择工具，在路径的任意一段处拖曳鼠标即可移动所选择的路径。选择整条路径的操作方法有分别有如下3种：①选取工具箱中的直接选择工具，按住〈Shift〉键的同时，依次选择路径上所有节点；②选取工具箱中的直接选择工具，按住〈Alt〉键的同时，单击路径的任意一段或任意一节点；③选取工具箱中的路径选择工具，在需要选择的路径处单击鼠标左键。

小技巧：在使用路径选择工具或者直接选择工具编辑路径时，按住〈Ctrl〉键并在窗口中单击鼠标可以在两者之间快速切换。使用直接选择工具选取节点时，单击选中单个节点，拖动鼠标可以框选，按〈Shift〉键可以加选。

5.2.2 存储与输出工作路径

工作路径是一种临时性的路径，其临时性体现在当创建新的工作路径时，现有的工作路径将被删除，而且系统不会做任何提示，所以经常需要存储与输出路径。

1. 存储路径

若需要经常使用到创建的工作路径，可将其存储起来，以方便后续的使用。存储工作路径的方法有两种，分别如下：

- 在路径面板中选择需要存储的工作路径，单击面板右侧的三角形按钮，在弹出的面板菜单中选择"存储路径"选项，此时弹出"存储路径"对话框，如图5-14所示，单击"确定"按钮，即可完成存储操作。

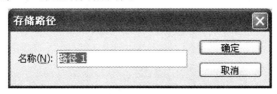

图5-14　"存储路径"对话框

- 在路径面板中选择需要存储的工作路径，运用鼠标直接将其拖曳至面板底部的"创建新路径"按钮处，系统将会自动将其命名为"路径1"、"路径2"之类的默认名称。

2. 存储自定形状

如果需要经常性地创建与某个路径类似的路径，可以将该路径存储为自定形状。存储的自定形状会出现在"形状"下拉列表中，便于在以后的工作中可以直接选择并使用。

下面以存储五角星为自定形状为例进行讲解。

1）新建一个文件，选择多边形工具，并勾选工具属性栏多边形选项中的"星形"复选框，单击工具属性栏中的"路径"按钮，用鼠标在图像上绘制一个五角星。

2）执行"编辑"→"定义自定形状"命令，弹出"形状名称"对话框，如图5-15所示。

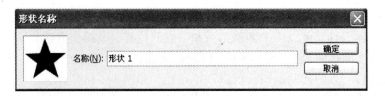

图 5-15　"形状名称"对话框

3）在"形状名称"对话框中"名称"右侧的文本框中设置好形状的名称，单击"确定"按钮，即可完成存储操作，在工具属性栏中，单击"形状"右侧的下拉按钮，在弹出的"形状"下拉列表中可以看到已存储的自定形状。

3. 输出路径

路径可以保存在图像文件中，也可以单独保存为一个文件。首先选择已创建好的路径，然后执行"文件"→"导出"→"路径到 Illustrator"命令，弹出"输出路径"对话框，在该对话框的"文件名"文本框中输入文件名，或在"保存在"列表框中设置新文件保存的驱动器与文件夹位置，在"路径"下拉列表框中指定要保存的路径内容。如果选择指定的某一路径，则在保存图像时只保存所选的路径；如果选择"文档范围"，将不保存图像中的路径，选择其他选项可以分别保存指定的某一路径。设置完毕后，单击"保存"按钮就可以将指定的路径单独保存成一个文件，保存后的文件扩展名默认为 .ai，此后可将该文件插入到 Illustrator 软件中进行编辑和修改。

4. 输出剪贴路径

剪贴路径功能是路径面板中最有用的功能之一，剪贴路径功能主要用于制作去除背景效果的图像。当 Photoshop CS4 使用剪贴路径功能输出的图像插入某排版软件中时，在其路径之内的图像会被输出，而路径之外的图像会成为透明的区域。

输出剪贴路径时，首先在图像中勾画出要输出的路径，先将其保存，即拖动"工作路径"到"建立新路径"按钮上使之变为永久性的路径，才可输出为剪贴路径。然后选中路径面板中要输出为剪贴路径的路径，并单击路径面板菜单中的"剪贴路径"命令，打开"剪贴路径"对话框，如图 5-16 所示。

图 5-16　"剪贴路径"对话框

在"剪贴路径"对话框的"路径"下拉列表框中选择要输出路径的名称。在"展平度"文本框输入范围为 0.2 ~ 100 的数值，用于控制线条的平滑度，其值越大，线段数目越多，也就是节点越多，所以曲线也越精密。一般而言，对于 1200 - 2400dpi 的高分辨率图像，"展平度"的值可设为 8 ~ 10；对于 300 ~ 600dpi 的图像设置为 1 ~ 3，设置完成后，单击"确定"按钮就完成了输出剪贴路径，如图 5-17a 所示。输出剪贴路径后，就可以将该图像保存成 TIF（或 EPS、DCS）的图像格式，然后插入到某一排版软件中使用，如

图 5-17b 所示，就是在 Corel PHOTO – PAINT X3 中调入这个剪贴路径文件的情形。

a)　　　　　　　　　　　　　　　　　　b)

图 5-17　剪贴路径的应用

a）输出剪贴路径　b）应用剪贴路径

注意： 如果要输出的路径是一个形状图层中的路径或者是一个工作路径，则不能将其输出，因为这些路径均是暂时的，而不是永久性的路径。

5.2.3　复制和删除工作路径

路径已被视为图层中的图像，因此可以对它进行复制、粘贴和删除等操作，下面将对这些操作进行详细的介绍。

1. 复制路径

不论是工作路径，还是非工作路径，都可以对其先备份再粘贴，从而达到复制目的。复制路径的操作方法分别有如下 6 种。

- 选取工具箱中的直接选择工具或路径选择工具，在图像窗口中选择需要的路径，执行"编辑"→"复制"命令，即可复制所选择的路径。
- 选择要复制的路径，按〈Ctrl + C〉组合键，即可复制所选择的路径。
- 在路径面板中的当前工作路径处单击鼠标右键，在弹出菜单中选择"复制路径"命令。
- 选择需复制的路径，单击路径面板右侧的三角形按钮，在弹出的菜单中选择"复制路径"命令，将弹出"复制路径"对话框，如图 5-18 所示，单击"确定"按钮，即可完成复制操作。

图 5-18　"复制路径"对话框

- 在路径面板中，直接将该工作路径拖曳至面板底部的"创建新路径"按钮处即可完成复制操作。（注意：没有保存的工作路径，在对其复制时，若拖到"创建新路径"按钮上，等于对其进行了保存，并没有复制，在打开的菜单中，也不能对其执行复制命令。)

- 选择需要复制的路径，在图像窗口中按住〈Alt〉键，单击鼠标左键并拖曳，即可复制所选择的路径。

2. 删除路径

对于图像中没有作用的路径，可将其删除，方法分别有如下 8 种：

- 选择需要删除的路径，执行"编辑"→"清除"命令（若没有选择路径，则将删除当前工作路径中的所有路径）。
- 选择需要删除的路径，在图像窗口中单击鼠标右键，在弹出的快捷菜单中选择"删除路径"命令。
- 选择需要删除的路径，按〈Delete〉键，即可快速地删除所选择的路径。
- 单击路径面板右侧的三角形按钮，在弹出的面板菜单中选择"删除路径"命令，即可删除所选择的路径。
- 在路径面板中，直接将该工作路径拖曳至面板底部的"删除当前路径"按钮处即可。
- 在路径面板中，选择需要删除的路径为当前工作路径，单击面板底部的"删除当前路径"按钮，此时将弹出一个提示框，单击"是"按钮，即可删除选择的工作路径。
- 按住〈Alt〉键的同时，单击路径面板底部的"删除当前路径"按钮，即可快速地删除当前的工作路径。
- 在路径面板中的当前工作路径处单击鼠标右键，在弹出的快捷菜单中选择"删除路径"命令。

5.2.4 填充和描边工作路径

编辑路径，除了可以选择节点，并进行增加或删除锚点的操作外，还可以对路径进行填充和描边操作，使其更加美观和形象。

1. 填充路径

填充就是指在指定区域内填充颜色、图案。它的功能类似于工具箱中的油漆桶工具，不同的是，油漆桶工具只能填充颜色而不能填充图案等内容。操作方法分别有如下 5 种：

- 在图像窗口中选择需要填充的路径，单击路径面板右侧的三角形按钮，在弹出的面板菜单中选择"填充路径"命令，此时将弹出"填充路径"对话框，如图 5-19 所示。在该对话框中设置好选项参数，单击"确定"按钮，即可完成填充操作。
- 在图像窗口中选择需要填充的路径，单击路径面板底部的"用前景色填充路径"按钮，即可用当前设置的前景色填充所选择的路径。
- 选择需要填充的路径，按住〈Alt〉键的同时，单击路径面板底部的"用前景色填充路径"按钮，在弹出的"填充路径"对话

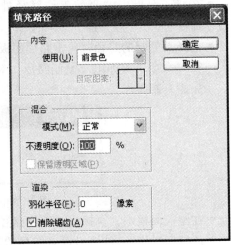

图 5-19 "填充路径"对话框

框中设置好相应的选项，单击"确定"按钮，即可完成填充操作。

- 在路径面板中的当前工作路径处单击鼠标右键，在弹出的快捷菜单中选择"填充路径"命令，在弹出的"填充路径"对话框中，设置好相应的选项，单击"确定"按钮，即可完成填充操作。
- 选择需要填充的路径，在图像窗口中单击鼠标右键，在弹出的快捷菜单中选择"填充路径"命令，然后在弹出的"填充路径"对话框中设置好相应的选项，单击"确定"按钮，即可完成填充操作。

2. 描边路径

描边路径允许选择 Photoshop CS4 中的画笔工具和修饰工具勾勒路径的轮廓线，可以利用描边制作出各种各样的效果。选择对路径进行描边的操作方法分别有如下 4 种：

- 在路径面板中，单击其底部的"用画笔描边路径"按钮，可用画笔描边路径。
- 按住〈Alt〉键的同时，单击路径面板底部的"用画笔描边路径"按钮，弹出"描边路径"对话框，在该对话框中的"工具"选项右侧的列表中选择需要的工具，如图 5-20 所示，单击"确定"按钮，即可使用所选择的工具对路径进行描边。
- 选取工具箱中的路径选择工具或直接选择工具，在图像窗口中单击鼠标右键在弹出的快捷菜单中选择"描边路径"命令。
- 单击路径面板右侧的三角形按钮，在弹出的快捷菜单中选择"描边路径"命令。

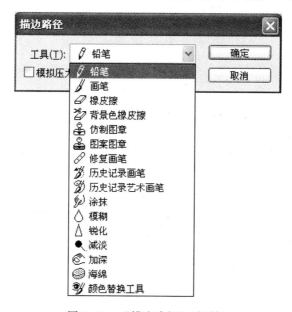

图 5-20 "描边路径"对话框

小技巧：描边的效果与在"描边路径"对话框中选择的工具有直接关系，同时与该工具在其选项面板中的设置也有密切关系。因此，在描边之前需要对用于描边的工具的各选项进行设置，如画笔大小和形状、颜色混合模式以及前景色等。

5.2.5 路径与选区的转换

Photoshop CS4 中路径的主要功能是用来创建选区，或者使用各种路径工具来修改选区。

在实际工作中，经常需要将路径和选区进行相互转换来达到调整和编辑的目的。

1. 将路径转换为选区

无论是使用套索工具、多边形套索工具，还是使用磁性套索工具，都不能建立光滑的选区边缘，而且一旦建立选区后，就很难再进行调整。路径则不同，它由多个节点组成，可随时进行调整，同时使用控制柄可控制各曲线段的平滑度，因而在创建复杂、精密的图像选区方面，路径占有很大的优势。将路径转换为选区的操作方法有如下5种：

- 单击路径面板底部的"将路径作为选区载入"按钮。
- 单击路径面板右侧的三角形按钮，在弹出的面板菜单中选择"建立选区"命令，弹出"建立选区"对话框，如图5-21a所示，单击"确定"按钮，即可完成转换操作。
- 在图像窗口中单击鼠标右键，在弹出的快捷菜单中选择"建立选区"命令，在弹出的"建立选区"对话框中单击"确定"按钮，即可完成转换操作。
- 按住〈Alt〉键的同时，单击路径面板底部的"将路径作为选区载入"按钮，在弹出的"建立选区"对话框中单击"确定"按钮，即可完成转换操作。
- 按〈Ctrl + Enter〉组合键，即可将所选择的路径转换为选区。

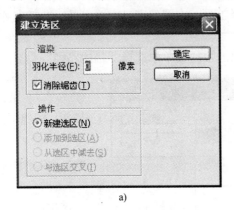

a)   b)

图 5-21 "建立选区"与"建立工作路径"对话框

a) "建立选区"对话框 b) "建立工作路径"对话框

2. 将选区转换为路径

在图像处理过程中，有时将使用Photoshop CS4的其他选择工具建立的选区转换为路径，比直接使用路径工具创建路径更加方便快捷。例如在一些复杂图像中使用魔棒工具创建不规则的选区，然后将选区转换为路径，利用路径的矢量特性与可编辑性来调整和编辑路径。

将选区转换为路径的方法是：创建选区，然后单击路径面板菜单中的"建立工作路径"命令，或者按住〈Alt〉键单击面板下方的"从选区生成工作路径"按钮，都可以打开"建立工作路径"对话框，如图5-21b所示。

在该对话框的"容差"文本框中可以设置转换为路径后路径上产生的节点数，设置范围为0.5～10像素，值越高，产生的节点越少，生成的路径就越不平滑；值越低，产生的节点越多，生成的路径越平滑。

下面以【案例：斑斓色彩】来说明如何编辑路径。

1）执行"文件"→"打开"命令，打开本书配套素材文件"第5章路径与文字工具\素材\斑斓背景 . jpg"，如图5-22a所示。

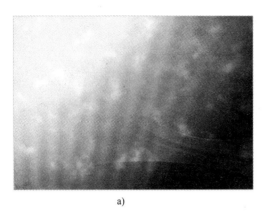
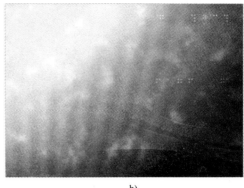

a)   b)

图 5-22　斑斓背景与装饰圆点

a）斑斓背景　b）装饰圆点

2）执行"文件"→"打开"命令，打开本书配套素材文件"第 5 章路径与文字工具\素材\装饰圆点 . psd"，选择移动工具，拖曳图形到图像窗口中的右上方，在图层面板中将新生成的图层命名为"装饰圆点"，并设置其混合模式为"叠加"，效果如图 5-22b 所示。

3）执行"文件"→"打开"命令，打开本书配套素材文件"第 5 章路径与文字工具\素材\蓝色蝴蝶 . psd"，选择移动工具，拖曳图形到图像窗口中的右上方，在图层面板中将新生成的图层命名为"蓝色蝴蝶"，并设置其混合模式为"变亮"，效果如图 5-23a 所示。

4）按住〈Ctrl〉键的同时，单击"蓝色蝴蝶"图层的图层缩览图，蝴蝶图像周围生成选区。单击路径面板下方的"从选区生成工作路径"按钮，将选区转化为路径，如图 5-23b 所示。

a)   b)

图 5-23　蓝色蝴蝶与生成的路径

a）蓝色蝴蝶　b）生成的路径

5）选择画笔工具，在属性栏中单击"画笔"选项右侧的按钮，在画笔选择面板中选择需要的画笔形状，主直径为"13px"，不透明度选项设为"75%"，然后单击图层面板下方的"创建新图层"按钮，生成新的图层并将其命名为"选区描边"，选择路径选择工具，选取路径，单击鼠标右键，在弹出的菜单中选择"描边路径"命令，弹出"描边路径"对话框，单击"确定"按钮，按〈Enter〉键将路径隐藏，如图 5-24a 所示。

a)   b)

图 5-24　描边路径

a）描边路径　b）调整效果

6）在图层面板上方，将"选区描边"图层的混合模式设为"滤色"，不透明度设置为"54%"，效果如图 5-24b 所示。

7）新建图层并将其命名为"羽化效果"，将前景色设为暗蓝色（其 R、G、B 的值分别为 1、45、79），选择"椭圆选框"工具，在图像窗口中拖曳鼠标绘制椭圆选区，如图 5-25a 所示。

8）按〈Shift + F6〉组合键，在弹出的"羽化选区"对话框中进行设置羽化半径为 100 像素，单击"确定"按钮，按〈Ctrl + Shift + I〉组合键，将选区反选，按〈Alt + Delete〉组合键，用前景色填充选区，再按〈Ctrl + D〉组合键，取消选区，在图层面板上方，将"羽化效果"图层的混合模式设为"颜色加深"，不透明度选项设为 60%，效果如图 5-25b 所示。

9）执行"文件"→"打开"命令，打开素材文件"第 5 章路径与文字工具\箭头 . psd"，选择移动工具，拖曳箭头图形到图像窗口适当的位置，案例最终的效果如图 5-12 所示。

a)   b)

图 5-25　建立椭圆选区与羽化选区

a）建立椭圆选区　b）羽化选区

5.3 　【案例：心情日记】输入文字

【案例导入】　通过本案例的介绍，熟悉文字工具的使用，使用文字工具拖曳生成段落文本框，使用添加图层样式命令为文字添加投影、描边效果。如图 5-26 所示，给素材文件添加文字。

【技能目标】　根据设计要求，掌握使用文本工具输入文字以使用段落面板。

【案例路径】　第 5 章 路径与文字工具\素材\［案例］心情日记．psd

图 5-26　【案例：心情日记】

在 Photoshop 中的文字是以一个独立的图层形式存在的，以数学方式定义并基于适量的文字轮廓组成，这些形状是用来描述字样的字母、数字和符号。Photoshop 保留基于矢量的文字轮廓，并在缩放文字、调整文字大小、存储 PDF 或 EPS 文件或将图像打印到 PostScript 打印机时使用它们。因此，将可能生成与分辨率无关的犀利边缘的文字。

文字的输入主要是通过文字工具来实现的。在 Photoshop CS4 中，文字工具组中有 4 个工具，分别为横排文字工具、直排文字工具、横排文字蒙版工具和直排文字蒙版工具，如图 5-27 所示，下面将对这些工具进行详细的介绍。

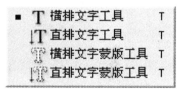

图 5-27　文字工具

5.3.1　输入横排或直排文字

输入横排或直排文字的操作很简单，可以使用工具箱中的横排文字工具或直排文字工具，在需要输入文字的图像位置处单击鼠标左键，此时在鼠标单击处将会显示闪烁的光标，即可输入文字，然后单击工具属性栏中的"提交所有当前编辑"按钮 ✔，或单击工具箱中的选择工具，确认输入的文字。若单击工具属性栏中的"取消所有当前编辑"按钮 ⊘，则可清除输入的文字。

选取工具箱中的文字工具，其工具属性栏如图 5-28 所示，其主要选项含义如下。

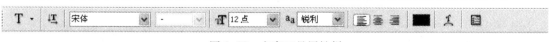

图 5-28　文字工具属性栏

- 更改文本方向 ：用于在文字的水平排列和垂直排列之间进行切换。
- 设置字体系统 ：在该下拉列表框中可选择输入字体及样式。

- 设置字体大小 T 12点：可直接输入字体的大小，也可单击右侧的下拉按钮，在弹出的下拉列表中选择字体的大小。
- 设置消除锯齿 ªa 锐利：用于设置消除锯齿的方法，包括"无"、"锐利"、"犀利"、"浑厚"和"平滑"5 个选项。
- 设置文字的对齐方式 ≣ ≣ ≣：用于设置多行文本的对齐方式，从左到右 3 个按钮分别指左对齐文本、居中对齐文本、右对齐文本。
- 设置文字颜色 ■：用于显示和设置字体的颜色。
- 设置变形文字 ↧：单击该按钮，将弹出"变形文字"对话框，在其中可以设置变形文字的样式和扭曲程度。该按钮只有在当前图层为文字图层或选取了部分文字时才能使用。
- 面板链接 ▤：单击该按钮可弹出字符面板和段落面板。

  注意：当文字工具处于选中状态时，可以输入文字并能对文字进行编辑。但是，如果要执行其他的操作则必须提交对文字图层的编辑后才能进行。

5.3.2 字符和段落设置

在 Photoshop CS4 中，输入的文字可以使用格式编排选项来指定字体的类型、粗细、字体大小、颜色、字距微调、字距调整及对齐等字符属性。选择"窗口"→"字符"命令，弹出字符面板，如图 5-29a 所示，其中各选项含义如下。

a)

b)

图 5-29　字符面板和段落面板

a) 字符面板　b) 段落面板

- 方正准圆简体 ∨ - ∨：单击该选项的下拉按钮，在弹出的下拉列表框中选择所需的字体样式。
- T 78点：用于设置字体的大小。单击右侧的下拉按钮，在弹出的下拉列表框中选择所需的字体大小值。
- ⋀ 90点：用于设置文本的行距。数值越大，文本的间距越大。
- IT 100%：用于设置文字的垂直缩放。当数值大于 100% 时，文字呈狭窄状；当数值小于 100% 时，文字呈扁状；当数值为 100% 时，文字则为方块字。
- T 100%：用于设置文字的水平缩放，其缩放效果与垂直缩放正好相反：当数值大于

100%时，文字呈扁形；当数值小于100%时，文字呈狭窄状。

- $\boxed{\text{0\%}}$：根据文本的比例大小来设置文字的间距。
- $\boxed{\text{0}}$：用于设置文字之间的距离，即字间距。数值越大，文字的间距就越大。
- $\boxed{\text{度量标准}}$：用于对文字间距进行细微的调整。
- $\boxed{\text{0点}}$：用于设置文字的偏移量。输入正数时文字向上偏移，输入负数时向下偏移。
- 颜色■：单击后面的颜色框，在弹出的"拾色器"对话框中可以设置文字的颜色。
- $\boxed{T\ T\ TT\ Tr\ T^1\ T_1\ \ T\ \mathbf{\bar{T}}}$：用于对文字进行仿粗体、仿斜体、全部大写字母、小型大写字母、上标、下标、添加下画线和添加删除线的设置。
- $\boxed{\text{美国英语}}$：在其右侧下拉列表中可选择不同的国家语言方式，主要包括"美国英语"、"英国英语"、"法语"和"德语"等。
- $\boxed{^a_a\ \text{犀利}}$：用于设置消除锯齿的方法，包括"无"、"锐利"、"犀利"、"浑厚"和"平滑"5个选项。

段落面板用于编辑文本段落，可以更改列和段落的格式设置。选择"窗口"→"段落"命令，弹出段落面板，也可以选择一种文字工具并单击工具选项栏中的"切换字符和段落面板"按钮，如图5-29b所示，其中各选项含义如下。

- 文本对齐方式 $\boxed{\equiv\ \equiv\ \equiv\ \ \equiv\ \equiv\ \equiv\ \ \equiv}$：单击相应的按钮，所选择的段落文字将以相应的方式对齐。
- 左缩进 $\boxed{\text{0点}}$：用于设置段落文字的左侧相对于左定界框的缩进值。
- 右缩进 $\boxed{\text{0点}}$：用于设置段落文字的右侧相对于右定界框的缩进值。
- 首行缩进 $\boxed{\text{0点}}$：用于设置段落文字的首行相对其他行的缩进值。
- 段前添加空格 $\boxed{\text{0点}}$：用于设置当前文字段与上一文字段之间的垂直间距。
- 段后添加空格 $\boxed{\text{0点}}$：用于设置当前文字段与下一文字段之间的垂直间距。
- 避头尾法则设置：$\boxed{\text{无}}$：用来确定日语文字中的换行，不能出现在一行的开头或结尾的字符称为避头尾字符。Photoshop CS4提供了基于"日本行业标准"（JIS）X4051-1195的规则和最大的避头尾集。
- 间距组合设置：$\boxed{\text{无}}$：用来确定日语中标点、符号、数字及其他字符之间的间距。
- ☑连字：选中该复选框，允许使用连字符连接单词。

5.3.3　横排和直排文字蒙版工具

使用横排和直排文字蒙版工具分别可以创建横向和竖向的文字选区，这两个工具的使用方法相同，这里以横排文字蒙版工具为例，进行操作方法的介绍。

选取横排文字蒙版工具，在图像中的适当位置处单击鼠标，在出现闪动的光标后输入所需的文字，完成输入后单击选项栏中的按钮 ✔，即可退出文字的输入状态，此时即可在图像中出现输入的文字选区，如图5-30所示。

图 5-30 使用横排文字蒙版工具创建的文字选区

5.3.4 点文字和段落文字

在 Photoshop CS4 中，输入文字分为两种，分别是点文字和段落文字。点文字和段落文字的区别在于：点文字的文字行是独立的，即文字行的长度随文本的增加而变长，不会自动换行。因此，如果在输入点文字时，要进行换行的话，必须按〈Enter〉键。段落文字则与点文字不同，当输入的文字长度到达段落定界框的边缘时，文字会自动换行，当段落定界框的大小发生变化时，文字会根据定界框的变化而发生变化。

1. 输入点文字

点文字输入方式是指在图像中输入单独的文本行（如标题文本），若要应用文本嵌合路径等特殊效果时，输入点文字非常适合。

点文字的输入方法很简单，只需选取工具箱中的直排文字工具或横排文字工具，在图像窗口中需要输入点文字的位置处单击鼠标左键，确定插入点，在闪烁的文字插入光标处输入所需的文字，然后单击工具属性栏中的"提交所有当前编辑"按钮，确认输入的文字即可。

2. 输入段落文字

使用文字工具输入段落文字时，文字会基于设定的文字框进行自动换行。可以根据需要自由调整段落定界框的大小，以使文字在调整后的矩形框中重新排列。也可以在输入文字时或创建文字图层后调整定界框，甚至还可以使用定界框旋转、缩放和斜切文字。

在 Photoshop CS4 中，点文字和段落文字可以相互转换。创建点文字后，执行"图层"→"文字"→"转换为段落文本"命令，即可将点文字转换为段落文字。同样，创建段落文字后，选择"图层"→"文字"→"转换为点文本"命令，即可将段落文字转换为点文字，效果如图 5-31 所示。

以【案例：心情日记】来说明如何使用文本工具输入段落文字及使用段落面板。

1）执行"文件"→"打开"命令，打开本书配套素材文件"第 5 章路径与文字工具\素材\记事本 . jpg"，如图 5-26a 所示。

图 5-31　段落文字转换为点文字

2）选择横排文字工具，在属性栏中设置字体为"方正黄草简体"，大小为 54 点，输入需要的文字，在图层面板中生成新的文字图层，选择"编辑"→"自由变换"命令，文字周围出现变换框，将鼠标光标放在变换框的控制手柄外边，光标变成旋转图标 ，拖曳鼠标将文字旋转至适当的位置，如图 5-32a 所示，按〈Enter〉键确定操作。

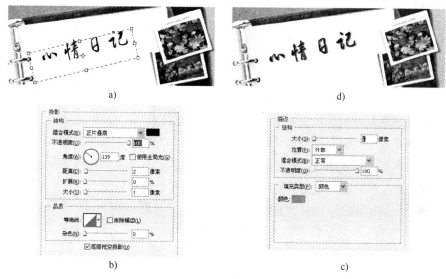

图 5-32　输入标题文字并设置

a）选择文字　b）设置投影　c）设置描边　d）最终效果

3）单击图层面板下方的"添加图层样式"按钮，在弹出的菜单中选择"投影"命令，弹出对话框，将阴影颜色设为黑色，其他选项的设置如图 5-32b 所示。选择"描边"选项，切换到相应的对话框，将描边颜色设为橘色（其 R、G、B 的值分别为 255、162、0），其他的选项如图 5-32c 所示，单击"确定"按钮，效果如图 5-32d 所示。

4）选择横排文字工具，在图像窗口中单击并按住鼠标不放，向右下方拖曳鼠标，在图像窗口中拖曳出一个段落文本框，将鼠标光标放在段落文本框的控制手柄外边，光标变为旋转图标，拖曳鼠标将文本框旋转到适当的位置，按〈Enter〉键确定操作，在文本框中输入需要的文字，设置字体为"黑体"，大小为 14 点，按〈Ctrl + A〉组合键，选中文字，在段落面板中进行设置，如图 5-33a 所示，文字效果如图 5-33b 所示。

a)   b)

图 5-33   输入段落文字并进行设置

a) 文字设置   b) 最终效果

5）单击图层面板下方的"创建新图层"按钮，生成新的图层并将其命名为"线条"，将前景色设为黑色，选择钢笔工具，选中属性栏中的"路径"按钮，在图像窗口中绘制一条路径，选择画笔工具，在属性栏中单击画笔选项右侧的按钮，弹出画笔选择面板，在面板中选择需要的画笔形状，设置其主直径为14px。

6）单击路径面板下方的"用画笔描边路径"按钮，在路径控制面板的空白处单击鼠标，隐藏路径，最终的效果如图 5-26b 所示。

5.3.5 创建路径文字和区域文字

在 Photoshop CS4 中，用户除了可以使用路径来创建图形轮廓外，还可在路径上输入所需的文字，使文字绕路径排列，从而制作出各种形状的弯曲文字效果。

若要创建路径文字效果，选取工具箱中的钢笔工具，单击工具属性栏中的"路径"按钮，在图像窗口中绘制一条开放路径，然后选取工具箱中的横排文字工具，移动光标至创建的路径处，此时鼠标指针呈 I 形状，在路径的起始点单击鼠标左键，确定插入点，此时将出现一个闪烁的光标，选择一种输入法，即可开始输入文字，输入完成后如图 5-34 所示。按〈Ctrl +En-ter〉组合键，或单击工具属性栏中的"提交所有当前编辑"按钮，确认输入的文字，在路径面板中的灰色空白处单击鼠标左键，即可隐藏绘制的路径。【参见本书配套素材文件】

图 5-34   创建路径文字

除了创建路径文字以外还可以创建区域文字，将文字放在创建的闭合路径区域中。如图 5-35a 所示，用带磁性的钢笔工具，绕着图片中的白色区域边缘创建一条闭合的路径，然后选择横排文字工具，并设置好合适的文字属性，将光标移动到路径区域内，光标变成带圈的"I"字形光标，单击鼠标左键，输入相应的文字并提交，最终效果如图 5-35b 所示。【参见本书配套素材文件】

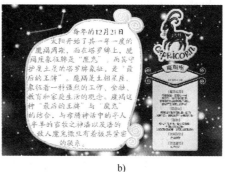

a)   b)

图 5-35　创建区域文字

a）创建路径区域　b）输入文字

5.4　【案例：敬老爱幼】文字的转换与变形

【案例导入】　通过本案例的介绍，熟悉文字变形工具的使用，根据需要将输入完成的文字进行各种变形。如图 5-36 所示，给素材文件添加文字。

【技能目标】　根据设计要求，掌握变形文本命令对文本进行变形操作。

【案例路径】　第 5 章路径与文字工具\素材\［案例］敬老爱幼 .psd

a)   b)

图 5-36　【案例：敬老爱幼】

a）源图　b）效果图

在 Photoshop 中，创建文字图层后可以将文字转换成普通图层进行编辑，也可以将文字转换成开关图层或者生成路径。转换过后的文字图层可以像普通图层那样进行移动、重新排放、复制，还可以设置各种滤镜效果。

5.4.1　文字图层转换为普通图层

Photoshop CS4 中的某些命令和工具（如滤镜效果和绘画工具）不可应用于文字图层，在应用这些命令或绘图工具之前，需要将文字图层转换为普通图层。将文字层转换成普调层的方法有以下两种：

- 在图层面板中选择该文字图层，然后执行"图层"→"栅格化"→"文字"命令即可。
- 在图层面板中，在需要转换的文字图层上单击鼠标右键，在弹出的快捷菜单中选择"栅格化图层"命令即可。

注意： 栅格化文字图层后，就不能在该图层上对文字进行基本属性的编辑了。

5.4.2　文字图层转换为形状图层

执行执行"图层"→"文字"→"转换为形状"命令，可以看到将文字转换为与其路径轮廓相同的形状，相应的文字图层也转换为文字路径轮廓相同的形状图层，如图 5-37 所示。

图 5-37　文字图层转换为形状图层

5.4.3　将文字转换为路径

应用 Photoshop CS4 中，将文字转换为路径后，可以像编辑普通路径一样编辑转换后的文字，如图 5-38 所示。

图 5-38　将文字转换为路径

将文字转换为路径的操作方法有 4 种，分别如下：

- 执行"图层"→"文字"→"创建工作路径"命令，即可将文字转换为路径。
- 在图层面板中，按住〈Ctrl〉键的同时，单击该文字图层名称前面的缩览图，将其载入选区，然后在路径面板中，单击其底部的"从选区生成工作路径"按钮，即可将文字转换为路径。
- 在该文字图层的名称处单击鼠标右键，在弹出的快捷菜单中选择"创建工作路径"命令，即可快速地将文字转换为路径。
- 在图层面板中，按住〈Ctrl〉键的同时，单击该文字图层名称前面的缩览图，将其载入选区，然后在路径面板中，单击其右侧的三角形按钮，在弹出的下拉列表中选择"建立工作路径"选项，弹出"建立工作路径"对话框，设置好"容差"参数值后，单击"确定"按钮，即可将文字转换为路径。

5.4.4 编辑变形文字效果

Photoshop CS4 具有变形文字的功能，并且还可以对变形后的文字进行编辑。在图像窗口中选中所需要变形的文字，单击工具属性栏中的"创建文字变形"按钮，弹出"变形文字"对话框，单击"样式"右侧的下拉按钮，在弹出的下拉列表中，可以选择一种变形方式，以便对文字进行变形，如图 5-39 所示，该对话框中的主要选项的含义如下。

- 样式：用于选择预设的文字变形样式。
- 水平/垂直：用于设置文字在水平方向上变形，还是在垂直方向上变形。
- 弯曲：用于设置文字的弯曲程度。其数值越大，文字弯曲的程度也越大。
- 水平扭曲：用于设置文字在水平方向上扭曲的程度。其数值越大，则文字在水平方向上扭曲的程度越大。

图 5-39 "变形文字"对话框

- 垂直扭曲：用于设置文字在垂直方向上扭曲的程度。其数值越大，则文字在垂直方向上扭曲的程度也越大。

下面以【案例：敬老爱幼】来说明如何编辑变形文字效果。

1）执行"文件"→"打开"命令，打开本书配套素材文件"第 5 章路径与文字工具\素材\天地人和 . psd"，如图 5-36a 所示。

2）选择横排文字工具，在属性栏中设置字体为"方正小标宋简体"，大小为 54 点，输入需要的文字，单击工具属性栏中的"提交所有当前编辑"按钮，确认输入的文字。

3）执行"图层"→"图层样式"→"描边"命令，弹出"图层样式"对话框，单击"填充类型"右侧的下拉按钮，在弹出的下拉选项中选择"渐变"选项，然后单击"点按可编辑渐变"图标，弹出"渐变编辑器"对话框，设置各选项参数如图 5-40a 所示。

4）单击"确定"按钮，设置图层样式对话框中相应的选项参数，如图 5-40b 所示。

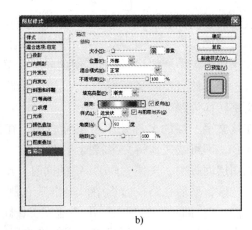

a) b)

图 5-40 "渐变编辑器"对话框与"图层样式"对话框

a)"渐变编辑器"对话框 b)"图层样式"对话框

5）执行"图层"→"文字"→"变形文字"命令，弹出"变形文字"对话框，在"样式"下拉列表中，选择"增加"样式，单击"确定"按钮，即可对文字进行变形，效果如图 5-36b 所示。也可选择不同的样式，对文字进行不同的变形，效果如图 5-41 所示。

图 5-41 变形文字效果

5.5 案例拓展——游戏天下

1. 案例背景

在日常的设计中，我们使用的一些基本字体根本无法满足设计的需求，需要学会设计一些有个性的不规则的文字。

2. 案例目标

在 Photoshop CS4 中，文字可以转换成为路径，这样就为制作手绘文字提供了方便，通过本案例讲述如何创建文字变形，制作属于自己的手绘文字。

3. 操作步骤

1）执行"文件"→"新建"命令，在弹出的"新建文件"对话框中设置文件名为"游戏天下"，"宽度"为 900 像素，"高度"为 600 像素，"分辨率"为 96 像素/英寸，其他为默认设置，设置完毕后单击"确定"按钮。

2）选择工具箱中的横排文字工具，输入文字"游戏天下"，按〈F7〉键，调出图层面板，在文字图层左侧的小窗口上双击鼠标左键，选中所有文字，并按下〈Ctrl + T〉组合键，调出字符/段落面板，选择"文字类型"为方正行楷简体，"大小"为147.2点，"样式"为斜体，单击"确定"按钮。

3）按〈F7〉键，调出图层面板，选中"游戏天下"的文字图层，按下鼠标右键，在弹出的快捷菜单中选择"转换为形状"命令，将文字转换为形状，如图5-42a所示，回到图层面板，将"游戏天下"的文字图层隐藏，就会显示出文字路径，选中"游"字，选中之后在路径上会出现很多的控制点，也就是所说的节点，如图5-42b所示。

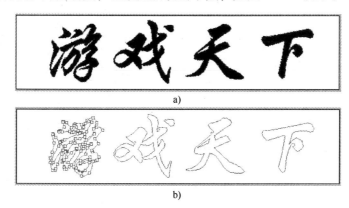

图5-42　文字转换为形状

a）设置文字　b）显示文字路径

4）选择钢笔工具，按〈Ctrl〉键在节点上单击，选中单一的节点，然后就可以移动节点的位置了，放开〈Ctrl〉键，将鼠标放在节点上面就变成了删除节点，将鼠标放在两个节点中间就是添加节点，现在通过添加和删除节点，将"游"字改成如图5-43所示的效果。

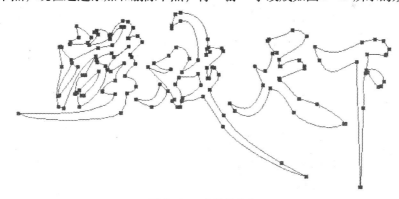

图5-43　变形的文字

5）接下来选中"戏"字，对它进行修改，选中左侧的一些节点，将它们删除，然后按下钢笔工具添加节点，然后再选中"戏"字最后一划中的节点，对它进行修改，将对勾去掉，然后加长，并将头上的部分制作成弯勾的形状，完成"戏"字的制作，如图5-43所示。

6）接下来选中"天"字，要将天字的一捺加长，首先将天字的第一横的右侧的节点选中稍微的向左侧移动一段距离，将第一横缩短一点，删除"天"字中间一些节点，并绘制形状，如图5-43所示。

7）最后选中"下"字，将"下"字的一竖加长，再将下的一点稍做变形，并绘制成形状，如图5-43所示。

8）在所有的文字都修改好之后，按〈F7〉键，调出图层面板，选中"路径"选项，按住〈Ctrl〉键在工作路径图层上单击鼠标左键，将路径转换成选区。然后选中图层面板，按下面板下面的"创建新图层"按钮，新建一个图层"图层1"。

9）选中"图层1"，在工具箱中的前景色上双击鼠标，弹出"拾色器"对话框，选择红色，按〈Ctrl + Delete〉组合键，将前景色填充到图层，并给文字添加一个样式，完成手绘文字的制作，效果如图5-44所示。

图5-44　最终效果

5.6　综合习题

一、单项选择题

1. 若将曲线点转换为直线点，应采用的操作是（　　　）。

    A. 使用选择工具单击曲线点　　　　　　B. 使用钢笔工具单击曲线点

    C. 使用锚点转换工具单击曲线点　　　　D. 使用铅笔工具单击曲线点

2. 点文字可以通过（　　　）命令转换为段落文字。

    A. "图层"→"文字"→"转换为段落文字"　B. "图层"→"文字"→"转换为形状"

    C. "图层"→"图层样式"　　　　　　　　D. "图层"→"图层属性"

3. 使用钢笔工具创建曲线转折点的方法是（　　　）。

    A. 用钢笔工具直接单击

    B. 用钢笔工具单击并按住鼠标键拖动

    C. 用钢笔工具单击并按住鼠标键拖动使之出现两个把手，然后按住〈Alt〉键单击节点

    D. 按住〈Alt〉键的同时用钢笔工具单击

4. 使用钢笔工具创建直线点的方法是（　　　）。

    A. 用钢笔工具直接单击

    B. 用钢笔工具单击并按住鼠标键拖动

    C. 用钢笔工具单击并按住鼠标键拖动使之出现两个把手，然后按住〈Alt〉键单击

    D. 按住〈Alt〉键的同时用钢笔工具单击

二、多项选择题

1. 文字图层中的文字信息可以进行修改和编辑的是（　　　）。

A. 文字颜色 　　　　　　 B. 文字内容，如加字或减字

C. 文字大小 　　　　　　 D. 将文字图层转换为像素图层后可以改变文字的字体

2. 在 Photoshop 中，下列元素不会随着画面放大缩小（使用缩放工具）的变化，而产生视觉上大小的变化的是（　　　）。

A. 路径和锚点 　　 B. 辅助线 　　　 C. 度量工具 　　　 D. 像素

3. 关于像素图与矢量图的说法中错误的是（　　　）。

A. 像素是组成图像的最基本单元，所以像素多的图像质量要比像素少的图像质量要好

B. 路径、锚点、方向点和方向线是组成矢量图的最基本单元，每个矢量图里都有这些元素

C. 当利用"图像大小"命令把一个文件的尺寸由 $10\,cm \times 10\,cm$ 放大到 $20\,cm \times 20\,cm$ 的时候，如果分辨率不变，那么图像像素的点的面积就会跟着变大

D. 当利用"图像大小"命令把一个文件的尺寸由 $10\,cm \times 10\,cm$ 放大到 $20\,cm \times 20\,cm$ 的时候，如果分辨率不变，那么图像像素的点的数量就会跟着变多

三、问答题

1. 路径选择工具和直接选择工具有什么区别？

2. 钢笔工具和自由钢笔工具有什么区别？

3. 如何更改输入文字的属性？

4. 栅格化文字图层有什么作用？

四、设计制作题

根据本章所学的知识，利用提供设计需要的图片和文字，如图 5-45a、b、c 所示，将图像抠选合成之后，在文档中输入相关的文字，设置好字体、字号和颜色，最后将企业 Logo 放在合适的位置，设计最后的电影海报，效果如图 5-45d 所示（可以参考"第 5 章路径与文字工具\综合习题\[效果]江山美人 . psd"源文件）。

图 5-45　素材与效果

a）源图　b）源图　c）源图　d）效果图

第6章 色彩与色调的调整

职业情境:

  柳晓莉文秘专业毕业后在三峡美辰广告有限公司客户部担任客户专员,负责广告客户资料图片的收集与整理。在客户资料图片的收集过程中,柳晓莉发现使用扫描仪扫描的图像或利用数码相机拍摄的照片,存在着色彩偏差的问题,许多都不能直接使用,如何运用Photoshop进行色彩校正,完成图像的修饰和设计?

章节描述:

  一幅完美的平面作品,不但要有独特的构图创意,还要求色彩饱满。在实际工作过程中,我们所收集的素材不一定可以满足平面作品的设计要求,图像可能出现暗部或亮部有缺陷、图像没有层次、色调偏差等问题。通过本章的学习,掌握在Photoshop CS4中对图像的色彩与色调进行调整。在调整图像之前,必须先要对图像的色彩与色调有清晰的认识,掌握色彩基本理论以及色彩和色调的关系,学习各种图像调整命令,才能有的放矢,快捷而准确地控制与调整图像。

技能目标:

- 理解并掌握色彩的色相、饱和度和明度
- 熟悉各种色调调整命令的调整方法和技巧
- 掌握各种色彩调整命令的调整方法和技巧
- 了解各种特殊色彩调整命令的调整方法和技巧

6.1 色彩基本理论

  现实世界多姿多彩,图像设计人员总是在不断地探索如何更逼真地反映出自然界的真实色彩。在电子图像的显示、编辑和印刷过程中,人们逐渐制定出RGB、CMYK、Lab、HSB等多种颜色模式,这些颜色模式表示颜色的原理和范围各不相同,应用在不同领域。无论何种颜色模式的图像,运用调整功能调整图像时,Photoshop CS4基本上都是通过调整图像的色相、饱和度和亮度来达到控制图像色彩的目的。

  颜色可以产生对比效果使图像显得更加绚丽,同时激发人的感情和想象力。恰如其分地设置颜色能够使黯淡的图像光彩照人,能使毫无生气的图像充满活力。对于设计者、画家而言,完美颜色的正确运用至关重要。当颜色搭配不合理时,表达的概念就不完整,图像也就不能传达设计者的思想。设想一幅本应郁郁葱葱、蓝天白云的户外风景，由于树木色彩偏黄、蓝天色彩偏灰，大自然壮丽景色如何能够展现出来？而本应生气勃勃、意存高远的境界也就无法传递给观众。自然界的色彩虽然各不相同，但任何色彩都具有色相、明度、饱和度这 3 个基本属性（即色彩的三要素）。

1. 色相

色相是指色彩的相貌，是指各种颜色之间的区别，是色彩最显著的特征，是不同波长的色光被感觉的结果。光谱中有红、橙、黄、绿、蓝、紫 6 种基本色光，人的眼睛可以分辨出大约 180 种不同色相的颜色。在从红到紫的光谱中，等间地选择 5 种颜色，即红（R）、黄（Y）、绿（G）、蓝（B）、紫（P）。相邻的两个色相相互混合又得到：橙（YR）、黄绿（GY）、蓝绿（BG）、蓝紫（PB）、紫红（RP），从而构成一个首尾相交的环，被称为蒙赛尔色相环，如图 6-1 所示。

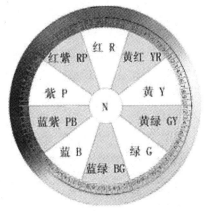

图 6-1　蒙赛尔色相环

在实际工作中，如果要对图像进行颜色的加深，除了直接加深颜色外，还可以减少其补色。所谓补色，就是在色环中，呈 180° 对应的颜色。例如，在一个暗室里，把青油墨涂在墙上，屋中有一台幻灯机，从这台幻灯机中打红光照到墙上，我们会看到墙上呈现黑色，这是因为青油墨把红光全部吸收了，没有光反射到人的眼睛里。换句话说，青油墨之所以看起来是青色的，是因为 RGB 三色光照到青油墨时红光被吸收，绿蓝两种色光被反射，G + B 给人的感觉是青色的。选择工具箱中的"前景色"或者"背景色"按钮，将弹出如图 6-2 所示的"拾色器"对话框。

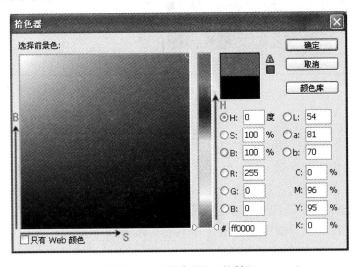

图 6-2　"拾色器"对话框

在对话框的右侧选项区域中，如果选择"H"（色相）单选按钮，则纵坐标表示亮度 B 值，横坐标表示饱和度 S 值。当色相 H 保持不变时，在对话框中只能选择白色或者黑色到该单一色相颜色的过渡色。设置 H（色相）为 0，这时"拾色器"中的颜色为红色；当 B

（亮度）为 100 时，调整 S（饱和度），可以选择从白色到红色的过渡色；当 S（饱和度）为 100 时，调整 B（亮度），可以选择从黑色到红色的过渡色。

2. 饱和度

饱和度是指色彩的鲜艳程度，也称为色彩的纯度。饱和度取决于该颜色中含色成分和消色成分（灰色）的比例。含色成分越大，饱和度越大；消色成分越大，饱和度越小。在"拾色器"对话框中选择"S"（饱和度）单选按钮，色相、饱和度和亮度的关系可参见图 6-3 所示的"拾色器"对话框，纵坐标表示亮度 B 值，横坐标表示色相 H 值。当饱和度 S 不变时，在对话框中可以选择各种色相，该饱和度的值是色彩到黑色之间的过渡色。当 S（饱和度）为 100 时，"拾色器"顶部色彩为各种色相最饱和的颜色，当 B（亮度）为 100 时，调整 H（色相），可以选择红、黄、蓝、紫，以及相邻两者之间的过渡颜色；当 B（亮度）为 0 时，调整 H（色相），只能选择黑色。饱和度决定了色彩的浓度。当 S（饱和度）为 0 时，"拾色器"顶部颜色白色，即对话框中的色彩为最不饱和颜色，调整 B、H 只能选择白色、灰色和黑色。

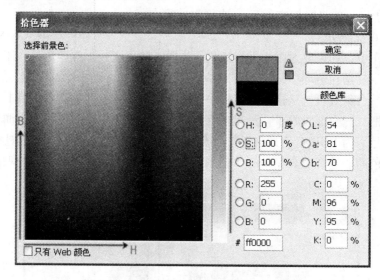

图 6-3　"拾色器"对话框（饱和度不变）

3. 明度

明度是指色彩的深浅、明暗，它取决于反射光的强度，任何色彩都存在明暗变化。其中黄色明度最高，紫色明度最低，绿、红、蓝、橙的明度相近，为中间明度。另外在同一色相的明度中还存在深浅的变化。如绿色中由浅到深有粉绿、淡绿、翠绿等明度变化。在"拾色器"对话框中选择"B"（亮度）单选按钮，色相、饱和度和亮度的关系可参见图 6-4 所示，纵坐标表示亮度 S 值，横坐标表示色相 H 值。当亮度不变时，在对话框中，可以选择各种颜色，该亮度值的色彩饱和度是从 0%～100% 之间的过渡色。如图 6-4 所示，B（亮度）为 100 时，"拾色器"中的顶部颜色为各种色相最饱和的颜色（即饱和度为 100 时），调整 H（色相），可以选择红、黄、蓝、紫以及相邻两者之间的过渡颜色；当 S（饱和度）为 0 时，调整 H（色相），只能选择白色。亮度决定了色彩的色调。当 B（亮度）为 0 时，在对话框中只能选择黑色。

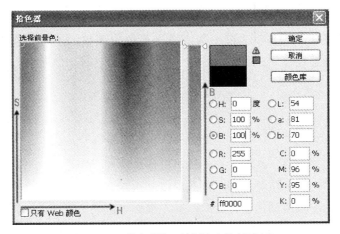

图 6-4 "拾色器"对话框（亮度不变）

6.2 【案例：黄鹂】色调调整命令

【案例导入】通过本案例的介绍，熟悉色调调整命令的使用方法，特别是通过"色阶"对话框来进行图像色调的调整。如图 6-5a、图 6-5b 所示，将曝光不足的图像调整前后的效果。

【技能目标】根据设计要求，掌握"色阶"对话框中各项参数的含义。

【案例路径】第 6 章色彩与色调的调整\素材\［案例］黄鹂.jpg

某些图像在编辑时图像质量没有达到所要求的效果，可能出现缺少暗部颜色或是缺少亮部颜色，还有灰度不够，图像没有层次，在色调上有偏差等问题。为了很好地解决此类问题，Photoshop CS4 提供了多种色调调整命令，如色阶、曲线、亮度/对比度等，可以通过这些命令的调整达到满意的效果。

6.2.1 色阶

当图像因为某种原因缺少了暗部或亮部，丢失了图像的细节，使用"色阶"命令可以对图像的亮部、暗部和灰度进行调节，加深或减弱其对比度。执行"图像"→"调整"→"色阶"命令，也可以按下〈Ctrl + L〉组合键，弹出"色阶"对话框，如图 6-6 所示。

a)   b)

图 6-5 【案例：黄鹂】

a）源图 b）效果图

1. "通道"列表框

在"色阶"对话框的通道列表框中选定要进行色阶调整的通道，若选中RGB主通道，则色阶调整对所有通道起作用；若只选中R、G、B通道中的一个通道，则色阶命令将只对所选通道起作用。

2. 图像色阶图

色阶图根据图像中每个亮度值（0～255）处的像素点的多少进行区分。右面的白色三角滑块控制图像的高光部分，左面的黑色三角滑块控制图像的暗调部分，中间的灰色三角滑块则控制图像的中间调部分。拖移三角滑块可以使被选通道中最暗和最亮的像素分别转变为黑色和白色，以调整图像的色调范围，因此可以利用它调整图像的对比度。注意中间的灰色三角滑块，向右拖移可以使图像整体变暗，向左拖移可以使图像整体变亮。

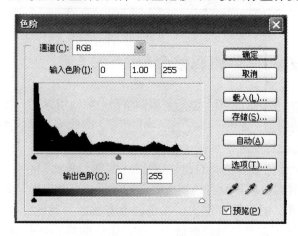

图6-6   "色阶"对话框

3. "输入色阶"列表框

当移动色阶图的滑块时，"输入色阶"列表框的3个数值框进行各自不同的变化，可在输入框中输入数值控制，也可以利用色阶图的三角滑块进行调整。

4. "输出色阶"列表框

"输出色阶"列表框在色阶图的下面，显示的是将要输出的数值，和输入色阶一样，可以用数值控制，也可以用滑块控制（只有两个滑块，分别为黑色和白色）。与输入色阶不同的是，向右拖移滑块，图像此时变亮了，向左拖移滑块图像却变暗了。这是因为在输出时，Photoshop CS4是这样处理的：例如将第1个方框的值设为50，则表示输出图像会以在输入图像中色调值为50像素的暗度为最低暗度，所以图像会变亮；将第2个方框的值设为210，则表示输出图像会以在输入图像中色调值为210像素的亮度为最高亮度，所以图像会变暗。

5. 吸管工具

在"色阶"对话框中有黑、灰、白3个吸管 ✎✎✎，单击其中一个吸管后，将光标移至图像窗口内，光标变成吸管状，单击鼠标即可完成色调调整。吸管工具的工作原理是：使用黑色吸管、白色吸管在图像的最暗与最亮的区域单击时，可以分别将图像最暗与最亮处的像素映射为黑色与白色，按改变的幅度重新分配图像中的所有像素，从而调整图像。3个吸管工具的作用分别如下。

● 黑色吸管：用该吸管在图像中单击，将定义单击处的像素为黑点，并重新分布图像的像素值，从而使图像变暗，此操作类似于在输入色阶中向右侧拖动黑色滑块。

- 灰色吸管：此吸管通过定义中性色阶来调整色偏。数码相机拍摄照片时很容易发生色偏，在 Photoshop CS4 中用灰色吸管可以消除色偏。
- 白色吸管：使用该吸管在图像中单击，将定义此处的像素为白点，并重新分布图像的像素值，从而使图像变亮，此操作类似于在输入色阶中向左侧拖动白色滑块。

6. "自动"和"选项"按钮

单击"自动"按钮后，将以 0.1% 的比例调整图像的亮度，图像中最亮的像素将变成白色，最暗的像素将变成黑色，图像的亮度分布会更均匀，消除图像不正常的亮部与暗部像素。单击此按钮相当于执行"自动色阶"命令（组合键为〈Ctrl + Shift + L〉）。单击"选项"按钮后，将会弹出"自动颜色校正选项"对话框，如图 6-7 所示，用于设置自动颜色校正选项。

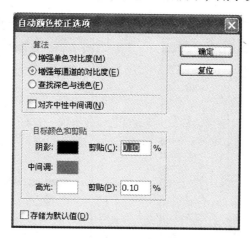

图 6-7   "自动颜色校正选项"对话框

以【案例：黄鹂】来说明如何通过色阶调整图像的色调。

1）执行"文件"→"打开"命令，打开本书配套素材文件"第 6 章色彩与色调的调整 \ 素材 \ 黄鹂 . jpg"，如图 6-5a 所示。

2）从素材图中可以明显看出缺少亮度像素，可以对其进行色阶调整，执行"图像"→"调整"→"色阶"命令，弹出"色阶"对话框，如图 6-6 所示。

3）在"色阶"对话框中，设备各选项参数，其中输入色阶为（0，1.20，208），输出色阶为（16，255），单击"确定"按钮，调整后的效果如图 6-5b 所示。

6.2.2 曲线

"曲线"命令与"色阶"命令类似，它也可以用于调整图像的整个色调范围，不同的是"曲线"命令不是使用 3 个变量进行调整，而是使用调节曲线，将图像的色调范围分成了 4 个部分，并且可以微调 0 ~ 255 色值的任何一种亮度级别，因而"曲线"命令调整色调更为精确、更为细致。

执行"图像"→"调整"→"曲线"命令，或按〈Ctrl + M〉组合键，弹出"曲线"对话框，如图 6-8a 所示。该对话框中的 X 轴代表图像的输入色阶，从左至右分别代表图像从最暗区域到最亮区域的各个部分（0 ~ 255），Y 轴代表图像的输出色阶，从下到上分别代表调整后图像从最暗区域到最亮区域的各个部分（0～255）。

中间的方框为调节曲线，它表示的是输入与输出之间的关系，在没进行调节前，调节曲线呈45°的直线，这样曲线上各点的输入值与输出值相同，图像仍保持原来的效果。而当调节之后，曲线形状发生改变，图像的输入与输出不再相同。因此，使用曲线命令调整图像，最关键的是调节曲线，调节曲线的方法是否得当有效，将直接影响到最终的效果。

在"曲线"对话框右下角有一个按钮 ，单击此按钮可以放大对话框显示，再次单击可以缩小对话框显示。若要使曲线网格显示更精细，可按住〈Alt〉键，用鼠标单击该网格，默认的 4×4 的网格将变为 10×10 的网格，再次按住〈Alt〉键的同时单击该网格，即可恢复至默认的状态。

在"曲线"对话框中，只有改变曲线的形状，才可以调整图像的色调。改变曲线形状的方法有两种，分别如下。

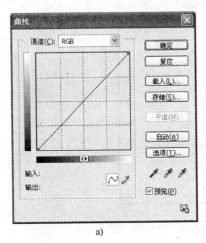 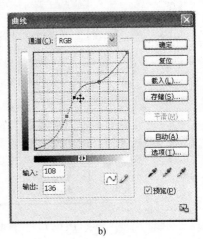

a)   b)

图 6-8   "曲线"对话框

a)"曲线"对话框   b）改变曲线形状

1. 添加控制点以控制曲线形状

单击曲线工具按钮，移动光标至调节曲线处，当鼠标指针呈十形状时，单击鼠标左键以添加控制点，移动鼠标指针至控制点上方，当鼠标指针呈✛形状时，单击鼠标左键并拖曳，即可移动控制点的位置，从而改变曲线的形状。移动控制点的位置，该控制点的"输入/输出"值将显示在"曲线"对话框中的"输入"和"输出"文本框中。在"曲线"对话框中的调节曲线处可以添加多达16个控制点，当移动某个控制点时，其他控制点的位置将随着发生变化，如图6-8b所示。

2. 使用铅笔工具绘制曲线形状

单击对话框中的铅笔工具按钮，移动光标至调节曲线处，单击鼠标左键并拖曳，即可绘制曲线形状。使用铅笔工具很难得到光滑的曲线，此时若单击"平滑"按钮，即可使曲线变得平滑，可单击多次该按钮直到获得满意的效果，此时若单击曲线工具按钮，可返回到节点编辑方式，曲线的形状也将保持不变。下面的图片就是利用"曲线"命令调整曝光过度的照片色调，图6-9a是源图，图6-9b是最终效果。

a)

b)

图 6-9 曲线调整前后效果对比

a) 源图 b) 效果图

小技巧：①要在表格中选择节点，用鼠标单击节点即可；按住〈Shift〉键并单击曲线上的控制点，可以同时选择多个控制点。选中控制点后，使用键盘上的方向键可移动节点位置。若要删除控制点，拖曳该控制点至调节网格区域外即可，或按住〈Ctrl〉键的同时单击该控制点；此外，还可以先选择控制节点后，按下〈Delete〉或〈Backspace〉键来删除节点。②如果要调整图像的中间调，并且不希望调节时影响图像亮部和暗部的效果，可先用鼠标在曲线的 1/4 和 3/4 增加控制点，然后对中间调进行调整。

6.2.3 亮度/对比度

"亮度/对比度"命令可以对图像的色调范围进行简单的调整，它与"曲线"命令和"色阶"命令不同，"亮度/对比度"命令可以一次性地调整图像中所有的像素：高光、暗调和中间调。另外，它对单个通道不起作用，所以该调整方法不适用于高精度的调节。执行"图像"→"调整"→"亮度/对比度"命令，弹出"亮度/对比度"对话框，如图 6-10 所示，该对话框中主要选项的含义如下。

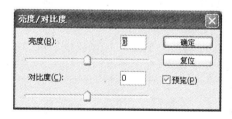

图 6-10 "亮度/对比度"对话框

- 亮度：用于调整图像的明暗度。若在其右侧的文本框中输入数值，其取值范围为 -100~100 之间，也可以拖曳其下方的滑块，当向右拖曳滑块时，可以增加亮度，反之则降低亮度。

- 对比度：用于调整图像的对比度。若在其右侧的文本框中输入数值，其取值范围为 -100~100 之间，也可以拖曳其下方的滑块，当向右拖曳滑块时，可以提高图像的对比度，反之则降低图像的对比度。

下面的图片就是利用"亮度/对比度"命令调整卧室的色调，图6-11a是源图，图6-11b为最终效果图。

a)   b)

图6-11　利用"亮度/对比度"命令调整色调

a) 源图　b) 效果图

小技巧：亮度/对比度的值为负值时，图像亮度和对比度下降；为正值时，图像亮度和对比度增加；当值为0时，图像无变化。选中"预览"复选框，可以预览图像的调整效果。

6.2.4　曝光度

利用"曝光度"命令可以快速调整图像的曝光度。选择"图像"→"调整"→"曝光度"命令，弹出"曝光度"对话框，如图6-12所示，该对话框中主要选项的含义如下。

图6-12　"曝光度"对话框

- 曝光度：调整色彩范围的高光端，对极限阴影的影响很轻微。
- 位移：使阴影和中间调变暗，对高光的影响很轻微。
- 灰度系数校正：使用乘方函数调整图像灰度系统。

6.3　【案例：涂彩】色彩调整

【案例导入】为黑白照片上彩是一项需要耐心和色彩感觉的工作，不仅要为照片单纯地涂上颜色，更主要的是使画面颜色更加美观、合理。通过本案例的介绍，熟悉色彩调整命令的使用方法，特别是通过“色彩平衡”对话框来进行色彩的调整。如图6-13a和图6-13b所示，为调整前后的效果对比。

【技能目标】根据设计要求，掌握“色彩平衡”对话框中各项参数的含义。

【案例路径】第6章色彩与色调的调整\素材\［案例］涂彩．jpg

a)　　　　　　　　　　　　　　　　　b)

图6-13　【案例：涂彩】

a) 源图　b) 效果图

色彩调整包括调整图像的色相、饱和度、亮度。通过对图像色彩的控制，可以快捷地更改图像的色彩，从而创作出多种色彩绚丽的图像。熟练地掌握了图像色彩控制的命令，就可以设计出较高水平的图形效果。

6.3.1　色彩平衡

色彩平衡的控制在前面介绍“曲线”命令时已介绍过，但是“色彩平衡”命令使用起来更方便快捷。利用“色彩平衡”命令可以轻松地改变图像颜色的混合效果，从而使图像的整体色彩趋于平衡。

执行“图像”→“调整”→“色彩平衡”命令，弹出如图6-14所示的“色彩平衡”对话框，在该对话框中设置参数或者拖动滑块，就可以控制图像色彩的平衡。“色彩平衡”对话框中包括“色彩平衡”和“色调平衡”两个选项区域。

1.“色彩平衡”选项区域

此区域有3个“色阶”文本框，它们分别对应其下的3个滑块。通过调整滑块或者在文本框中键入数值就可以控制CMY三原色到RGB三原色对应的色彩变化。默认状态时滑块处于正中间，色阶值均为0，此时图像的色彩不发生变化。当拖动滑块向左端时，图像的颜色接近CMYK的颜色；当调整滑块向右端时，图像的颜色接近RGB的颜色，变化范围都是在 −100～100 之间。

2.“色调平衡”选项区域

此区域中“阴影”单选按钮用于调节暗色调的像素；“中间调”单选按钮用于调节中间色调的像素；“高光”单选按钮用于调节亮色调的像素；“保持亮度”复选框选中时可在进

行色彩平衡调整时维持图像的整体亮度不变。调整一幅图像时，可以分别选择"阴影"、"中间调"和"高光"来调整图像不同色阶的颜色。以【案例：涂彩】来说明如何使用色彩平衡命令。

1）执行"文件"→"打开"命令，打开本书配套素材文件"第6章色彩与色调的调整\素材\黑白.jpg"，如图6-13a所示。

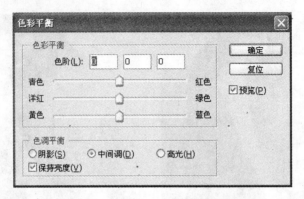

图6-14　"色彩平衡"对话框

2）选取工具箱中的多边形套索工具，设置"羽化"值为2像素（设置羽化值的目标可以使上色的边缘看上去更加柔和、自然），使用多边形套索工具沿人物皮肤的周围绘制选区，如图6-15a所示。

a) 　　　　　　　　　　　　　　　　b)

图6-15　调整皮肤的颜色
a）绘制皮肤选区　b）调整皮肤颜色

3）执行"图像"→"调整"→"色彩平衡"命令，在弹出的"色彩平衡"对话框中，设置色阶为（+100，0，-85），效果如图6-15b所示。

4）运用相同的方法选择左边人物的衣服，执行"图像"→"调整"→"色彩平衡"命令，在弹出的"色彩平衡"对话框中，设置色阶为（+100，0，-85）。

5）选择左边人物的头发，执行"图像"→"调整"→"色彩平衡"命令，在弹出的"色彩平衡"对话框中，设置色阶为（+50，-23，-100），最终的效果如图6-13b所示。

6.3.2 色相/饱和度

"色相/饱和度"命令主要用于调整图像像素的色相及饱和度，还可以通过为像素指定新的色相和饱和度，实现给灰度图像上色的功能。执行"图像"→"调整"→"色相/饱和度"命令，打开"色相/饱和度"对话框，如图6-16a所示。

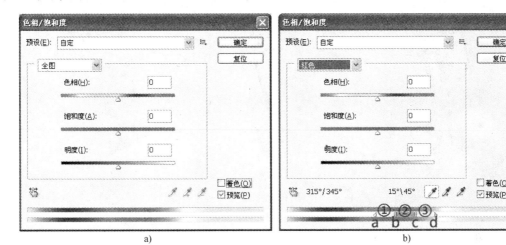

图6-16　"色相/饱和度"对话框
a)"色相/饱和度"对话框　b)选中"红色"选项时的"色相/饱和度"对话框

在"编辑"列表框中选择调整的颜色范围。选择"全图"选项可一次调整整幅图像中的所有颜色，其他范围则针对单个颜色进行调整。若选中"全图"选项之外的选项，则色彩变化只对当前选中的颜色起作用。拖动对话框中的"色相"（范围 –180 ~ 180）、"饱和度"（范围 –100 ~ 100）和"亮度"（范围 –100 ~ 100）滑块或在文本框中输入数值，分别可以控制图像的色相、饱和度及亮度。

当在"编辑"列表框选中"全图"选项之外的其他选项时，对话框中的3个吸管按钮会被置亮，并且在其左侧多了4个数值显示，如图6-16b所示。

这4个数值分别对应于其下方的颜色条上的4个滑标（a、b、c、d）。它们都是为改变图像的色彩范围设定的。拖移②区域，可以选择不同的颜色范围；拖移①、③可以调整范围而不影响衰减量，向两端相背移动颜色范围扩大，反之颜色范围减小；拖移b、c可以调整颜色成分的范围，向两端相背移动扩大颜色范围，减少衰减程度（向中间相对移动则相反）；拖移a、d可以调整颜色衰减量而不影响颜色范围。吸管工具的具体功能如下。

- 颜色吸管 ：用该吸管在图像中单击，可以选定一种颜色作为色彩调整的范围。
- 颜色追加吸管 ：用该吸管在图像中单击，可以将选中的颜色追加为色彩调整范围。
- 颜色删减吸管 ：用该吸管在图像中单击，可以将选中的颜色从原有的色彩调整范围中删除。

在对话框右下角有一个"着色"复选框。当选中"着色"复选框时，Photoshop CS4 会在"编辑"下拉列表框中默认时选择"全图"选项，可以为一幅灰色或黑白的图像上色，使图像变成一幅单彩色图像。如果是处理一幅彩色图像，则选中此复选框后，所有彩色颜色都将变为单一色彩，因此处理后图像的色彩会有一些损失。单击"载入预设"或"存储预设"按钮，可以载入或保存对话框中的相关设置，其文件扩展名为 .ahu。

如图 6-17a 所示，通过"色相/饱和度"命令来调整手机外壳的颜色，在"色相/饱和度"对话框中设置不同的选项参数，得到的图像效果也各不相同，如图 6-17b 和图 6-17c 所示。

图 6-17　通过"色相/饱和度"命令调整图像色彩
a) 源图　b) 效果图 1　c) 效果图 2

注意：选择"着色"复选框只能为 RGB、CMYK 或其他颜色模式下的灰色图像和黑白图像上色。位图和灰度模式的图像是不能使用"色相/饱和度"命令的。要对这些模式的图像使用该命令，则必须先转换为 RGB 模式或其他彩色的颜色模式。

6.3.3　自然饱和度

"自然饱和度"命令可以很好地控制图像的饱和度变化。执行"图像"→"调整"→"自然饱和度"命令，打开"自然饱和度"对话框，如图 6-18 所示。

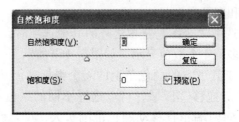

图 6-18　"自然饱和度"对话框

在"自然饱和度"对话框中，"自然饱和度"滑块对不饱和的颜色作用明显，越饱和的颜色变化越小，因此调整图像的饱和度时不会出现色斑。"自然饱和度"命令中的"饱和度"滑块与"色相/饱和度"命令的作用相同，都能对全图进行饱和度调整，但是"自然饱和度"命令中的"饱和度"滑块对图像饱和度的改变相对较小。

6.3.4　替换颜色

"替换颜色"命令的作用是替换图像中的某个区域的颜色，在图像中基于某种特定颜色创建临时蒙版，来调整色相、饱和度和明度值。"替换颜色"命令实际上是综合了"色彩范围"和"色相/饱和度"命令的功能。执行"图像"→"调整"→"替换颜色"命令，打开"替换颜色"对话框，选中"选区"选项区域的"选区"复选框，此时对话框右侧的3个吸管工具被激活，这3个吸管工具的作用分别如下。

- 颜色吸管 ✐：用此工具在图像中单击，可以创建一种颜色作为色彩调整的蒙版选区。
- 颜色追加吸管 ✐：用此工具在图像中单击，将选中颜色追加为色彩调整蒙版选区。
- 颜色删减吸管 ✐：用此工具在图像中单击，将选中颜色从原有色彩蒙版选区中删除。

移动鼠标在图像中需要替换的颜色上单击，如图6-19所示，在对话框的预览窗口即可看到蒙版所表现的选区，蒙版区域（非选区）为黑色，非蒙版区域（选区）为白色，灰色区域为不同程度的选区。在"颜色容差"文本框中输入适当的容差值，或者调节"颜色容差"下面的滑块，即可得到所选颜色的蒙版选区。"颜色容差"数值越大，可以被替换颜色的图像区域越大。

设定好需要替换的颜色区域后，在"替换"选项区域中移动三角形滑块对"色相"、"饱和度"和"明度"进行调整替换，同时可以移动"颜色容差"下的滑块进行控制，数值越大，模糊度越高，替换颜色的区域越大。"色相"、"饱和度"和"明度"的具体调整方法与"色相/饱和度"命令一样。如图6-20所示，就是利用"替换颜色"命令将图像中的红色的叶子变成绿色的叶子。

图6-19 "替换颜色"对话框

a)

b)

图6-20 红叶变绿叶

a）红叶 b）绿叶

小技巧：使用吸管工具在图像中选取需要替换的颜色时，可以直接按下〈Shift〉键追加颜色选区，按下〈Alt〉键删减颜色选区。

6.3.5　可选颜色

"可选颜色"命令可以校正颜色的平衡，它主要针对 RGB、CMYK 和黑、白、灰等主要颜色的组成进行调节。与"色彩平衡"命令类似，"可选颜色"命令的作用在于校正颜色的不平衡问题和调整颜色。不过，"可选颜色"命令重点对于印刷图像进行调整。实际上"可选颜色"是通过控制原色中的各种印刷油墨的数量来实现效果的，所以可以在不影响其他原色的情况下调整图像中某种印刷色的数量。

执行"图像"→"调整"→"可选颜色"命令，打开如图 6-21 所示的对话框。首先在对话框的"颜色"下拉列表框中选择需要调整的颜色，然后在对话框底部选择一种调整方法。

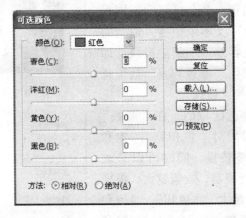

图 6-21　"可选颜色"对话框

如图 6-22 所示，就是利用"可选颜色"命令将图像中汽车的颜色变成红色。

a)　　　　　　　　　　　　　　　b)

图 6-22　使用"可选颜色"调整的图像

a）源图　b）效果图

6.3.6　匹配颜色

在处理照片时，专业的摄影师或图像设计工作者常常需要将许多图片统一成一个色调，Photoshop CS4 的匹配颜色功能可以协助用户快速完成这项工作。"匹配颜色"命令可以使源图像的色调与目标图片的色调进行统一。打开源图像和目标图像，如图6-23所示，图6-23a为源图像，图6-23b为目标图像，执行"图像"→"调整"→"匹配颜色"命令，弹出如图6-23c所示的"匹配颜色"对话框，从对话框中"源"下拉列表框中选择源图像，然后调整"图像选项"区域中的"亮度"、"颜色强度"和"渐隐"选项，各选项的功能如下：

- 亮度调整目标图像的亮度。
- 颜色强度调整目标图像颜色的饱和度。
- 渐隐调整目标图像颜色与源图像颜色的融合程度。

选择"预览"复选框，调整对话框中的参数，单击"确定"按钮即可。在调整图像时，选中"图像选项"区域中的"中和"复选框，将使目标图像与源图像的颜色更完美地融合在一起。匹配颜色后的效果如图6-23d所示。

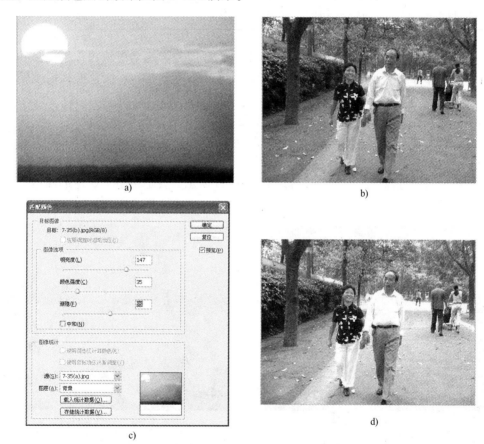

图6-23 匹配颜色
a) 源图 b) 目标图 c) 匹配颜色对话框 d) 效果图

注意： ①在执行"匹配颜色"命令时，必须保证目标图像处于被激活状态，否则，此命令将不能针对目标图像匹配颜色；②"匹配颜色"命令只能应用于RGB颜色模式的图像。

6.3.7 通道混和器

"通道混和器"命令可以将当前颜色通道中的像素与其他颜色通道中的像素按一定程度

混合，可以利用"通道混和器"命令进行以下工作：①创造性的颜色调整；②创建高品质的灰度图像；③创建高品质的深棕色调或其他色调的图像；④将图像转换到一些色彩空间，或从色彩空间中转换图像、交换或复制通道。

执行"图像"→"调整"→"通道混和器"命令，打开"通道混和器"对话框，如图6-24所示。首先在"输出通道"选项栏中选择进行混合的通道（可以是一个，也可以是多个。RGB颜色模式显示R、G、B三原色通道，CMYK显示C、M、Y、K四色通道）。"通道混和器"命令只能作用于RGB和CMYK颜色模式。

图6-24　通道混和器

在"源通道"选项组中，通过在文本框中输入数值或者拖动滑块可以调整颜色。RGB颜色模式的图像可调整"红色"、"绿色"和"蓝色"3色；CMYK颜色模式的图像则可调整"青色"、"洋红"、"黄色"和"黑色"4色。

调整对话框底部的"常数"选项可以改变当前指定通道的不透明度。在RGB的图像中，调整为负值时，通道的颜色偏向黑色；调整为正值时，通道的颜色偏向白色。选择对话框最底部的"单色"复选框，可以将彩色图像变成灰度图像，即图像只包含灰度值。此时，对所有的色彩通道将都使用相同的设置。如图6-25所示，就是利用"通道混和器"命令前后的效果对比。

a)　　　　　　　　　　　　　　　　　b)

图6-25　使用"通道混和器"调整的图像

a）调整前　b）调整后

6.3.8　变化

"变化"命令集"色相/饱和度"命令和"色彩平衡"命令与一身，既可以调整色彩的平衡，又可以调整图像的对比度和饱和度，并且更精确、更方便。"变化"实际上是由几个图像调整工具组合而成的一个容易使用的系统。

执行"图像"→"调整"→"通道混和器"命令，打开"通道混和器"对话框，如

图 6-24 所示，可以用该命令调节图像的色相和亮度，通过缩略图来观察对比效果，对话框顶部的两个缩略图分别为原稿和调整效果的当前挑选图。

利用"变化"命令调整图像时（如图 6-26 所示），首先应该根据需要调整的内容，选择"阴影"、"中间调"、"高光"或者"饱和度"选项，然后使用移动"精细"和"粗糙"之间的三角滑块来决定要调整多少，接下来通过单击对话框中适当的缩略图来改变图像的颜色，调整图像的亮度。单击对话框右边的较亮和较暗两个图，对话框中显示了 12 幅共 3 组预览图以及 4 组按钮，其功能介绍如下。

- "原稿"与"当前挑选"预览图：位于对话框左上角，"原稿"图像显示源图像的真实效果，"当前挑选"图像显示调整后的图像效果。可以通过这两幅图像的对比很直观地看出调整前后的效果变化。单击"原稿"图像可将"当前挑选"图像还原到源图像的效果。
- "较亮"、"当前挑选"和"较暗"预览图：位于对话框的右下方，可以用来调整图像的明暗度，单击"较亮"预览图，图像就会变亮；单击"较暗"预览图，图像就会变暗；"当前挑选"预览图用来显示调整后的效果。

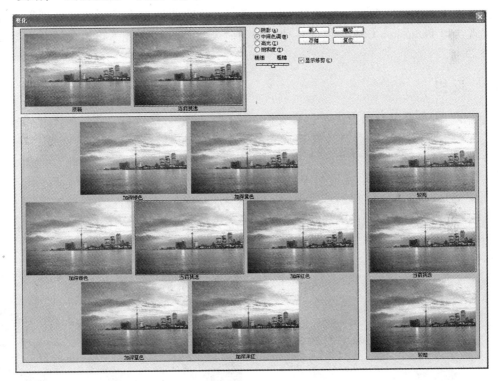

图 6-26　"变化"命令对话框

- "调整色相"预览图：对话框左下方有 7 个预览图，中间的"当前挑选"预览图的作用与对话框左上角的"当前挑选"预览图作用相同。另外 6 个预览图分别可以用来改变图像的 RGB 和 CMYK 6 种颜色，单击其中任意一个预览图，均可增加与该预览图名称对应的颜色。例如，单击"加深红色"预览图，可以为图像增加红色。
- "阴影"、"中间色调"和"高光"：选择"阴影"、"中间色调"和"高光"单选按

163

钮，可以调整图像是该区域的色相、亮度与饱和度。

- "饱和度"：选择该单选按钮可以调整图像的饱和度，Photoshop CS4 将自动改变对话框的显示内容，在对话框下方显示 3 个预览图。单击"低饱和度"或"饱和度更高"预览图分别可以减少或增加图像的饱和度。
- "显示修剪"：在此复选框被选中的情况下，如果在调整过程中图像过于饱和发生溢色，则溢色部分用相反的色相显示。
- "精细"和"粗糙"：拖动滑块可以确定每次的调整幅度。将滑块向右侧移动一格，可以使调整幅度双倍增加。

注意：①"变化"命令可以选择整个图像，也可以只选取图像的一部分或某个图层中的内容；②"变化"命令不能应用于索引颜色模式的图像。

6.4 特殊色调控制

特殊色调控制包括图像色彩"反相"、"色调均化"、"阈值"等命令，可以完成将彩色图像变成单一的黑白图像、色调分离等操作。这些功能用前面学到的"曲线"命令也可以实现，但 Photoshop CS4 提供了各种特殊的命令实现这些功能，可以使操作起来更方便快捷。

6.4.1 反相

"反相"命令可以对图像进行色彩反相。执行"反相"命令可以将一张图片转换成负片，或者将一张扫描的黑白负片转换成正片。色彩反相是将像素的颜色变成其互补色，如黑变白、白变黑等。"反相"命令没有对话框，打开图像后，选定"反相"的内容，可以是层、通道、图像的部分选取范围或者整个图像。按〈Ctrl + I〉组合键或者执行"图像"→"调整"→"反相"命令，如图 6-27 所示，其中图 6-27a 为源图像，图 6-27b 为执行"反相"命令后的效果。若连续执行两次"反相"命令，则图像先反相后再还原成源图像。

a)   b)

图 6-27　反相图像

a）源图　b）效果图

6.4.2 去色

"去色"命令将彩色图像转换为相同颜色模式下的灰度图像。它给 RGB 图像中每个像素指定相等的红色、绿色和蓝色值，使图像显示为灰度，每个像素的亮度值不会改变。该命令只对当前工作图层或图像中的选区进行转换，不会改变图像的颜色模式。图 6-28a 为源图，图 6-28b 所示是对图片中非小男孩区域去色后形成的图像效果。

a)   b)

图 6-28   "去色"后的图像效果

a) 源图   b) 效果图

6.4.3 色调均化

"色调均化"命令可以重新分配图像中的亮度值，以使它们更均匀地呈现所有亮度级范围。该命令会查找图像中的最亮值和最暗值，并使最暗值表示为黑色（或尽可能相近黑色的颜色），最亮值表示白色，然后对亮度进行色调均化，也就是说，在整个灰度中均匀分布中间像素。"色调均化"命令可以处理整个图像，也可以处理图像的一部分。如果只选取图像的一部分，在执行"色调均化"命令时，则会弹出如图 6-29 所示的对话框。

图 6-29   "色调均化"对话框

a) 源图   b) 效果图

对话框中有两个复选按钮，当选择"仅色调均化所选区域"选项时，"色调均化"命令只对选取范围内的图像起作用；当选择"基于所选色调均化整个图像"选项时，"色调均化"命令就以选取范围内的图像最亮和最暗的像素为基准使整幅图像的色调平均化。如图6-30所示，就是使用"色调均化"命令得到的图像效果。

a)　　　　　　　　　　　　　　　　　　　b)

图6-30　使用"色调均化"命令的效果

a) 源图　b) 效果图

小技巧：当扫描或数码相机拍摄的照片比较灰暗，需要平衡这些值以产生较亮的图像时，可以使用该命令，它能够清楚地显示亮度的前后比较效果。

6.4.4　阈值

"阈值"命令可以将一幅彩色图像或灰度图像转换成只有黑白两种色调的图像。根据"阈值"对话框中的"阈值色阶"将图像像素的亮度值一分为二，比指定阈值亮的像素会转换为白色，比指定阈值暗的像素会转换为黑色。

执行"图像"→"调整"→"阈值"命令，打开"阈值"对话框，如图6-31所示，在"阈值色阶"文本框中输入或者拖动对话框底部的三角滑块调整，其变化范围在1～255之间。

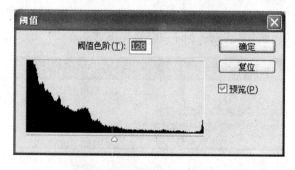

图6-31　"阈值"对话框

阈值色阶的值越大，黑色像素分布越广；反之，阈值色阶值越小，白色像素分布越广。如图6-32所示是利用的阈值色阶值设置，得到动漫人物素描的图像效果。

a)   b)

图6-32　使用"阈值"命令的效果

a) 源图　b) 效果图

6.4.5　色调分离

　　"色调分离"命令可以为图像的每个通道定制亮度级别，并且将指定亮度的像素映射为最接近的匹配色调。利用这个命令，可以制作大的单调区域的效果或一些特殊的效果。"色调分离"命令与"阈值命令"的功能类似，"阈值"命令在任何情况下都只考虑两种色调，而"色调分离"的色调可以指定 2～255 之间的任何一个值。

　　执行"图像"→"调整"→"色调分离"命令，弹出"色调分离"对话框，如图6-33a所示。图6-33b 为源图片，图6-33c 所示为执行"色调分离"后的图像效果。"色阶"值越小，图像色彩变化越剧烈；"色阶"值越大，色彩变化越柔和。

a)

b)   c)

图6-33　对图像执行"色调分离"命令

a)"色调分离"对话框　b) 源图　c) 效果图

6.4.6 渐变映射

"渐变映射"可以将图像的像素灰度范围映射到指定的渐变填充色。将图像中的暗调映射为渐变填充的一端颜色，高光映射为渐变的另一端颜色，中间调映射为两个端点间的渐变层次，从而达到对图像的特殊调整效果。执行"图像"→"调整"→"渐变映射"命令，打开"渐变映射"对话框，如图6-34a所示。图6-34b为源图片，图6-34c所示为执行"渐变映射"后的图像效果。

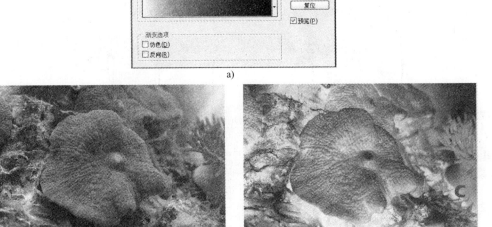

图6-34　"渐变映射"后的图像效果

a)"渐变映射"对话框　b)源图　c)效果图

默认模式是由黑色到白色的渐变，单击"灰度映射所用的渐变"选项右侧的下拉列表框按钮，打开渐变类型列表，用于追加新的渐变类型。单击"渐变映射"对话框中的"渐变区域"，打开"渐变编辑器"对话框，可以在其中编辑渐变。渐变映射包括两个选项。

- 仿色：用于控制效果图中的像素是否仿色（这主要体现在反差较大的像素边缘）。
- 反向：它的作用类似于"图像"→"调整"→"反相"命令。选择此复选框后，"渐变映射"命令将按反方向映射渐变。

注意：①"渐变映射"功能不能应用于完全透明图层。因为完全透明图层中没有任何像素，而"渐变映射"功能首先对所处理的图像进行分析，然后根据图像中各个像素的亮度，用所选渐变模式中的颜色进行替代。②使用"渐变映射"命令可以方便地将一幅彩色丰富的图像调整为单一色彩图像。例如在制作多页面的宣传海报或者期刊杂志时，经常会遇到连续多个页面背景图案相同，为了活跃版面气氛，可使用此命令将每个页面设置为不同的色调。

6.4.7 阴影/高光

平时我们拍照的时候，经常遇到这种情况：光线特别强烈时，所拍对象若处于背光，就会显得发黑，缺乏层次，虽然摄影中背景光和主体物的强烈反差也是一种表现手法，可是通常情况下我们并不希望如此，传统摄影中如果遇到这种情况，很可能这就是一张废片了。而Photoshop CS4 可以很轻松地处理这样的问题。

"阴影/高光"命令可以调整强烈的背景光，同时还能修正那些因为离闪光灯太近而曝光过度的照片，加深曝光过度照片的暗部。"阴影/高光"命令不仅可以加亮或者减暗整张照片，还可以分别控制照片的亮部和暗部，这是由于该命令在加亮或减暗图像时，通过阴影或高光间的像素将两者区分开来。执行"图像"→"调整"→"阴影/高光"命令，打开"阴影/高光"对话框，如图 6-35 所示，其主要选项的功能如下。

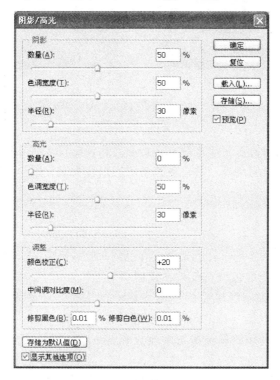

图 6-35　"阴影/高光"对话框

- 色调宽度：调整被修改的阴影或高光的色调范围。向左拖动是减少色调范围的值。如果"色调宽度"选项的值很小，那就意味着调节的区域将限制在阴影中最暗的一小部分，或者是高光中最亮的一小部分。
- 半径：控制阴影和高光交界处像素的邻近区域范围，越向左拖动，区域越小；越向右拖动，区域越大。Photoshop CS4 正是通过阴影和高光间的像素来区分暗部和亮部的，所以当邻近区域较大时，在调整暗部或者亮部时，可能会更多地影响到全局。
- 颜色校正：该选项只作用于彩色图片，对调节区域做色彩修正，例如在调整暗部时感觉暗部颜色太鲜艳，那么就可以把把彩度调低到满意的效果。

- 亮度：该选项是针对灰度图的局部亮度调整，只有在灰度模式下才会出现。
- 中间调对比度：该选项用于调整中间色调的对比度。
- 修剪黑色/修剪白色：调整暗部（level 0）与亮部（level 255）的色阶，其数值越大，照片的对比度也会越大。

图6-36a为源图片，图6-36b所示为利用"阴影/高光"命令调整图像后的效果。

a)   b)

图6-36　利用"阴影/高光"命令调整图像

a）源图　b）效果图

注意：①如果在调整时，中间色调或者更亮的色调变得太明显，拖动滑块到0处；②如果调整时需要同时调整中间色调，就需要拖动滑块到较大值。③"阴影/高光"命令只能应用于RGB颜色模式的图像。

6.4.8　照片滤镜

传统相机的滤色镜通常是由有色光学或有色化学胶膜制成的。使用时将它装置在镜头前或镜头后，用来调节景物的色调与反差，使镜头所拍摄景物的色调与人的眼睛所感受的程度相近似，也可以通过滤色镜来获得某种特定的艺术效果。滤色镜在摄影创作、印刷制版、彩色摄影及放大和各种科技摄影中被广泛利用。

Photoshop CS4所带的"照片滤镜"功能，可以模拟传统相机添加滤色镜后拍摄的效果。执行"图像"→"调整"→"照片滤镜"命令，打开"照片滤镜"对话框，如图6-37所示，各选项功能如下。

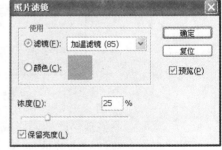

图6-37　"照片滤镜"对话框

- 滤镜：单击打开"滤镜"下拉列表框，可以看到其中有很多内建的滤色供选择。
- 颜色：单击"颜色"选项区域，可以打开颜色拾色器，重新选择滤镜颜色。
- 浓度：拖动滑块，控制着色的强度，数值越大，滤色效果越明显。
- 保留亮度：复选框可以在滤色的同时维持原来图像的明暗分布层次。

图6-38a为源图片，图6-38b所示为执行"照片滤镜"命令后的图像效果。

a)　　　　　　　　　　　　　　　　b)

图6-38　执行"照片滤镜"命令后的效果
a）源图　b）效果图

6.5　案例拓展——时装大本营

1. 案例背景

在编辑图像时，人物的衣服可能并不符合设计者的要求，这时可以通过"色彩调整"等命令给人物的衣服改变颜色，还可以加上花纹，以达到设计者的要求。

2. 案例目标

在Photoshop CS4中，方便、灵活地运用"色相/饱和度"命令会为我们带来意想不到的图像效果，通过本案例掌握创建调整图层以及"色相/饱和度"命令的使用。

3. 操作步骤

1）执行"文件"→"打开"命令，打开本书配套素材文件"第6章色彩与色调的调整\素材\时装.tif"，单击工具栏中的钢笔工具，绘制如图6-39a所示的路径，因为背景的颜色比较好选，所以只需要勾出不好选的地方的外形就行了。

2）按〈Ctrl + Enter〉组合键将路径转换为选区，选择魔术棒工具，按住〈Alt〉键单击浅色背景，将背景选区从当前选区中减去，这样就得到衣服的选区，如图6-39b所示。

a)　　　　　　　　　　　　　　　　b)

图6-39　创建选区
a）绘制路径　b）创建衣服选区

3）从当前选区中减去头发的部分，这样就可以得到完整衣服的选区范围。单击工具栏下面的"快速蒙版编辑模式编辑"按钮，对当前的选区进行修改。选择画笔工具，设置笔头为柔边，颜色为黑色。大小和透明度可根据需要任意调整，修改成如图6-40a所示的效果。

4）单击工具栏下方的"以标准模式编辑"按钮，回到标准模式编辑状态，这时可以看到选区已经修改好了，如图6-40b所示。

5）单击图层面板底部的"新建调整图层"按钮，在弹出的菜单中选择"色相/饱和度"命令，使用调整图层主要是方便修改，例如可以使用"色相/饱和度"对话框调整色相，快速地将衣服换成其他颜色，直接双击调整图层即可更改，非常方便。设置"色相/饱和度"对话框中的参数，色相为 - 144，饱和度为48，明度为0。

a) b)

图6-40 修改选区

a）调整选区效果 b）查看选区效果

6）单击"确定"按钮，这时得到如图6-41所示的图像效果，颜色已经出来了，可以根据自己的喜好，任意改变成自己喜欢的颜色。

a) b)

图6-41 最终效果

a）设置色相 b）效果图

7）添加花纹使其更加丰富些，打开配套素材文件"第 6 章色彩与色调的调整 \ 花纹 . tif"，将黑色的花纹拖入当前文件，按住〈Ctrl〉键单击调整图层的蒙版，建立衣服的选区。

8）单击图层面板底部的"添加图层蒙版"按钮，为花纹添加图层蒙版。这时就只有衣服范围内才显示线框的内容了，设置前景色为纯蓝色，按〈Alt + Shift + Delete〉组合键填充颜色，这样就将黑色的花纹填充为纯蓝色了，再设置花纹图层的图层模式为正片叠底，更改花纹图层的透明度为 40%，最后得到如图 6-41b 所示的效果。

6.6　综合习题

一、单项选择题

1.　"替换颜色"命令实际上是综合了"（　　　）"和"色相/饱和度"命令的功能。

　　A. 色彩范围　　　　　　B. 亮度　　　　　　C. 对比度　　　　　　D. 色阶

2.　"色彩平衡"对话框包括"色彩平衡"和"（　　　）"两个选项区域。

　　A. 色相/饱和度　　　B. 去色　　　　　　C. 色调平衡　　　　D. 亮度/对比度

3.　按下〈Ctrl + M〉组合键，可以打开"（　　　）"对话框。

　　A. 色相/饱和度　　　B. 色彩平衡　　　C. 色阶　　　　　　　D. 曲线

4.　使用"自动色阶"命令时，可以同时按下〈（　　　）〉组合键。

　　A. Ctrl + L　　　　　　　　　　　　　　B. Ctrl + Shift + L

　　C. Ctrl + Shift + Alt + L　　　　　　　D. Ctrl + Alt + L

5.　下列关于互补色说法完全正确的一项是（　　　）。

　　A. R 与 C、Y 与 G、B 与 M 为对应互补色

　　B. R 与 Y、C 与 B、G 与 M 为对应互补色

　　C. Y 与 B、R 与 C、G 与 M 为对应互补色

　　D. R 与 C、Y 与 M、G 与 B 为对应互补色

二、多项选择题

1.　选择"图像"→"调整"→"色阶"命令后，在弹出的对话框中单击"选项"按钮，就会弹出"自动色彩校正选项"对话框，在该对话框中的选项设定影响下列哪些命令的作用效果？（　　　）

　　A. 自动色阶　　　　　B. 自动对比　　　C. 自动颜色　　　　D. 亮度/对比度

2.　下面对"色阶"命令描述正确的是（　　　）。

　　A. 减小色阶对话框中"输入色阶"最右侧的数值导致图像变亮

　　B. 减小色阶对话框中"输入色阶"最右侧的数值导致图像变暗

　　C. 增加色阶对话框中"输入色阶"最左侧的数值导致图像变亮

　　D. 增加色阶对话框中"输入色阶"最左侧的数值导致图像变暗

三、问答题

1.　色彩的基本属性有哪 3 种，什么是补色？

2.　色阶调整和曲线调整在对图像色调调整和对图像暗部、亮部和灰度的调整中的相同点和不同点分别是什么？

3.　色彩调整包括调整图像的哪 3 部分？

4. 在特殊色调调整中，色调分离和阈值的相同点和不同点分别是什么？

四、设计制作题

根据本章所学的知识，利用如图6-42a、b、c所示的素材使用"去色命令"、"色阶"命令、"色相/饱和度"和"亮度/对比度"命令，将图像合成之后，设计制作写真台历效果，效果如图6-42d所示（可以参考"第6章路色彩与色调的调整\综合习题\[效果]写真台历.psd"源文件）。

a) b)

c) d)

图6-42 素材与效果

a) 源图 b) 源图 c) 源图 d) 效果图

第7章　通道与蒙版

章节描述:

　　通道和蒙版是 Photoshop CS4 处理图像的两个高级编辑功能,也是 Photoshop CS4 生成众多特殊效果的基础。通道以单色信息形式显示颜色在图像中的分布状况,对我们编辑的每一幅图像都有着巨大的影响,是 Photoshop CS4 必不可少的一种工具。蒙版是一种来自摄影领域的技术,在 Photoshop CS4 中,蒙版具有高级选择功能,它能够方便地选择图像中的一部分进行描绘和编辑操作,而使图像的其他部分不受影响。通过学习本章,可以使用户对这两个概念有一个清晰的认识,轻松掌握通道与蒙版的操作方法与技巧,完美地展现你的艺术才华,使创意设计的平面作品跨越更高的境界。

技能目标:

- 理解并掌握通道与蒙版的概念
- 熟悉通道面板的操作方法
- 掌握利用通道编辑和制作图像的技巧
- 掌握使用蒙版功能合成图像

7.1　认识通道

　　在实际生活中,我们看到的很多设备(如电视机、计算机的显示器)都是基于三色合成原理工作的。例如,电视机中有 3 个电子枪,分别用于产生红色(R)、绿色(G)与蓝色(B)光,其不同的混合比例可获得不同的色光。Photoshop 也基本上是依据此原理对图像进行处理的,这便是通道的由来。

　　通道用于存放图像像素的单色信息,在窗口中显示为一种灰度图像。打开一幅新图像时,Photoshop CS4 会自动创建图像的颜色信息通道,根据颜色模式的不同,将图像划分成由基色和其他颜色组成的通道,同时也允许创建新通道。

通道分为 3 种：颜色通道、专色通道和 Alpha 通道，它们的尺寸和它们包含的文档相同，可以包含高达 256 级灰度，Photoshop CS4 把它们看做单独的灰度文档处理。一个图像最多可以有 24 个通道，通道所需的文件大小由通道中的像素信息决定。某些文件格式（包括 TIFF 和 Photoshop 格式）将压缩通道信息来节约空间。

1. 颜色通道

颜色通道用于保存图像的颜色信息，也称为原色通道。打开一幅图像，Photoshop CS4 会自动创建相应的颜色通道。所创建的颜色通道数量取决于图像的颜色模式，而非图层的数量。例如，RGB 模式的图像有 4 个通道，即 RGB 复合通道、红色通道、绿色通道和蓝色通道，如图 7-1a 所示；而 CMYK 模式的图像有 5 个通道，即 CMYK 合成通道、青色通道、洋红通道、黄色通道和黑色通道，如图 7-1b 所示。

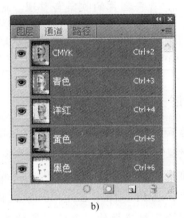

图 7-1　RGB 与 CMYK 模式下的通道
a）RGB 模式下的通道　b）CMYK 模式下的通道

不同原色通道保存了图像的不同颜色信息，如 RGB 模式图像中，红色通道用于保存图像中红色像素的分布信息，绿色通道保存图像中全部绿色像素的分布信息，因而通过修改各个颜色通道即可调整图像的颜色，但一般不直接在通道中进行编辑，而是在使用调整工具时，从通道列表中选择所需的颜色通道。

2. Alpha 通道

Alpha 通道是一种特殊的通道，它所保存的不是颜色信息，而是创建的选区和蒙版信息。在通道中，可以将选区作为 8 位灰度图像保存，可以使用绘图和修图工具进行各种编辑，也可使用滤镜进行各种处理，从而得到各种复杂的效果。在通道面板中单击"创建新通道"按钮，所创建的就是 Alpha 通道。Alpha 通道的名称由用户自定义，如果创建通道时没有命名，那么 Photoshop CS4 就会使用"Alpha 1"这样的名称。

3. 专色通道

专色通道是用于保存专色信息的通道，可以作为一个专色版应用到图像和印刷当中，这是它区别于 Alpha 通道的明显之处。同时，专色通道又具有 Alpha 通道的一切特点：保存选区信息、透明度信息。

每个专色通道只是以灰度图形存储相应专色信息，与其在屏幕上的彩色显示无关。专色使用的专色油墨是一种预先混合好的特定彩色油墨，用来替代或补充印刷色

（CMYK）油墨，如明亮的橙色、绿色、荧光色、金属金银色油墨等，它不是靠 CMYK 四色混合出来的。每种专色在付印时要求专用的印版，专色意味着准确的颜色。专色有以下 4 个特点。

- 准确性：每一种专色都有其本身固定的色相，所以它解决了印刷中颜色传递准确性的问题。
- 实地性：专色一般用实地色定义颜色，而无论这种颜色有多浅。当然，也可以给专色加深，以呈现专色的任意深浅色调。
- 不透明性和透明性：蜡笔色（含有不透明的白色）、黑色阴影（含有黑色）和金属色是相对不透明的，纯色和漆色是相对透明的。
- 表现色域宽：专色色域很宽，超过了 RGB、CMYK 的表现色域，所以大部分颜色是用 CMYK 四色印刷油墨无法呈现的。

7.2　【案例：风中秀发】通道的基本操作

【案例导入】利用 Photoshop 设计平面作品，最常需要做的工作无疑就是抠图，虽然 Photoshop 提供了多种功能强大的选区工具，但面对一些复杂的图像（人物对象飘逸的长发、不规则的轮廓以及与背景交融的图像）依然只能望洋兴叹。本案例介绍利用"通道"命令来抠取有飘逸长发的人物，将图 7-2a 中的人物抠取放在其他的背景之中，效果如图 7-2b 所示。

【技能目标】根据设计要求，理解通道的作用，掌握使用通道面板快速而精确地创建出复杂对象的选区。

【案例路径】第 7 章通道与蒙版\素材\［案例］风中秀发 . psd

a)　　　　　　　　　　　　　　　　　b)

图 7-2　【案例：风中秀发】

a）源图　b）效果图

利用通道面板可以创建和编辑通道，它列出了图像所有的通道，首先是复合通道（仅针对于 RGB、CMYK 和 Lab 模式图像），然后是单个颜色通道、专色通道，最后是 Alpha 通道。

7.2.1 通道面板

执行"窗口"→"通道"命令,显示通道面板,如图7-3所示,单击通道面板右上角的三角按钮,在打开的快捷菜单中包含了所有用于通道操作的命令。通过该面板可以完成所有的通道操作,如建立新通道,删除、复制、合并以及拆分通道等。在通道面板中,每一个通道都有一个不同的通道名称以便区分,主通道(如RGB模式中的红、黄、蓝)的名称均不能更改。在通道名称的左侧有一个缩览图,其中显示该通道中的内容。在任一图像通道中进行编辑修改以后,该缩览图中的内容也会随即改变。该面板主要选项的含义如下。

图7-3 通道面板

- "眼睛"图标：控制当前通道颜色在图像窗口中的显示或者隐藏效果。
- 通道组合键：各通道右侧显示的〈Ctrl + ~〉、〈Ctrl + 1〉、〈Ctrl + 2〉等即为组合键,按相应的组合键,即可选中所需要通道。
- 当前工作通道：也可以称为当前活动通道。选中某一通道后,该通道将以蓝色显示。若需要将某一通道拖曳至该按钮处,则可直接将该通道载入选区。
- 将通道作为选取范围载入：单击按钮可将当前作用通道中的内容转换为选区,或者将某一通道拖动至该按钮上来安装选区。
- 将选区保存为通道：存到一个新增的Alpha通道中。
- 创建新通道：单击此按钮可以快速建立一个新通道。
- 删除当前通道：单击此按钮可以删除当前作用通道,但不能删除主通道。

注意：①在通道面板中,位于最上面的是复合通道,是其下方各颜色通道的颜色叠加后的图像效果。单击任何一个通道,复合通道会自动隐藏,并在图像窗口中显示一个灰度图像。通过单独编辑任一通道,可以更好地掌握各个通道原色的亮度变化。②按住〈Shift〉键,在通道面板中单击通道名称,可以同时选择多个通道,再执行编辑操作命令,将对当前选中的所有通道起作用。

7.2.2 复制和删除通道

在图像窗口中建立的选区是临时性的，一旦建立新的选区，原来的选区将不复存在。因而对于一些需要重复使用的选区，可以将其保存至通道。要将创建的选区保存至通道，可单击通道面板底部的"将选区存储为通道"按钮，即可快速地将创建的选区保存至通道面板中。

将选区保存至通道，实际上是将选区转换为蒙版，然后以 8 位灰度图的形式保存至通道，蒙版中有颜色的区域为非选择区域，白色区域为选择区域，灰色区域即为羽化区域。将选区保存至通道面板后，当需要使用时，只需按住〈Ctrl〉键的同时，在通道面板中单击该通道的名称，或选择该通道后，单击面板底部的"将通道作为选区载入"按钮，即可快速地载入保存的通道为选区。

保存一个选区范围后，对该选区范围（即通道中的蒙版）进行编辑时，通常要先将该通道的内容复制后再编辑，以免编辑后不能还原。复制和删除通道的操作与复制和删除图层的操作大致相同。

1. 复制通道

复制通道的操作方法有 3 种，分别如下：

- 在通道面板中选择需要复制的通道，单击面板右侧的三角形按钮，在弹出的面板菜单中选择"复制通道"选项，弹出"复制通道"对话框，如图 7-4 所示，单击"确定"按钮，即可完成复制操作。

图 7-4 "复制通道"对话框

- 选择需要复制的通道，直接将其拖曳至通道面板底部的"创建新通道"按钮，即可快速复制所选择的通道。
- 在通道面板中选择需要复制的通道，并在该通道的位置处单击鼠标右键，在弹出的快捷菜单中选择"复制通道"命令，然后在弹出的"复制通道"对话框中设置好相应的选项，单击"确定"按钮，即可完成复制操作。

在复制通道对话框中各个选项的含义如下。

- 为：设置复制后通道的名称。
- 文档：在该选项的下拉列表框中可以选择要复制的目标图像文件。选择"新建"选项，则表示复制到一个新建的文件中，此时"名称"文本框会被激活，在文本框中输入新建文件的名称。

- 反相：选择该复选框，就等于执行了"图像"→"调整"→"反相"命令，复制后的通道颜色即会以反相显示，如黑色将会变为白色。

2. 删除通道

对于在处理过程中已不再需要的通道，可以将其删除，以节省磁盘空间，提高系统运行的速度。删除通道的操作方法有4种，分别如下：

- 在通道面板中选择需要删除的通道，单击面板右侧的三角形按钮，在弹出的面板菜单中选择"删除通道"选项即可。
- 选择需要删除的通道，直接将其拖曳至通道面板底部的"删除当前通道"按钮处即可。
- 选择需要删除的通道，单击通道面板底部的"删除当前通道"按钮，此时将弹出一个提示框，如图7-5所示，单击"是"按钮，即可删除所选择的通道。
- 在通道面板中选择需要删除的通道，并在该通道的位置处单击鼠标右键，在弹出的快捷菜单中选择"删除通道"命令。

图7-5 "删除"提示框

需要注意的是，如果删除的不是Alpha通道，而是颜色通道，则图像将转为多通道颜色模式，图像颜色也将发生变化，如图7-6所示，是删除蓝色通道后的效果。

图7-6 原图像与删除蓝色通道后的效果

7.2.3 分离与合并通道

图像通过进行分离和合并通道的操作，可以得到许多意想不到的效果。

1. 分离通道

"分离通道"命令可以将一幅图像中的通道分离成为灰度图像，以保留单个通道信息，可以独立进行编辑和存储。分离后，原文件被关闭，每一个通道均以灰度模式成为一个独立的图像文件，并在其标题栏上显示文件名。文件名是以原文件的名称再加上当前通道的英文缩写，例如红色通道，即表示为"原文件名 R. 扩展名"。

当前图像中只有一个背景层时，单击通道面板右侧的三角形按钮，在弹出的面板菜单中选择"分离通道"选项，此时系统自动将每个通道独立地分离为单个文件并关闭源文件。

如图 7-7 所示，其中图 7-7a 是源图像，图 7-7b、图 7-7c、图 7-7d 就是该 RGB 图像分离后的 3 个通道文件窗口。

图 7-7　源图像与分离通道后的效果
a）源图　b）红色通道文件　c）蓝色通道文件　d）绿色通道文件

2. 合并通道

利用"合并通道"命令可以将若干个灰度图像合并成一个图像，甚至可以合并不同的图像，但它们必须是宽度和高度的像素一致的灰度图像。当合并通道时，当前桌面上灰度图像的数量决定了合并通道时生成的颜色模式。如果删除了通道面板中的某个原色通道，则当前图像的颜色模式将自动转换成多通道模式。

单击通道面板菜单中的"合并通道"命令，弹出"合并通道"对话框，如图 7-8 所示。在"模式"下拉列表框中可以指定合并后图像的颜色模式。在"通道"文本框中输入合并通道的数目，如 RGB 图像设置为 3，而 CMYK 图像设置为 4。因此，该数字需要与当前选定的模式相符合。完成上述设置后，单击"确定"按钮即可。

图 7-8　"合并通道"对话框

图 7-9　"合并 RGB 通道"对话框

这时将弹出"合并RGB通道"对话框，如图7-9所示，在该对话框中可以分别为红、绿、蓝三原色通道选定各自的源文件。在三者之间不能有相同的选择，并且三原色选定的源文件的不同，会直接关系到合并后图像的效果，最后，单击"确定"按钮即可得到最终效果。

注意：①不能将RGB图像分离的通道合并成CMYK图像，也不能将只包含两个通道的Lab图像合并成其他颜色模式的图像。在合并通道时，必须存在分离出来的通道，或者是有其他单色通道存在。②执行"合并通道"命令时，各源文件的分辨率和尺寸大小必须一致，否则将不能进行合并操作。

7.2.4　使用专色通道

专色通道是Photoshop CS4的一项十分有用的功能，它可以使用一种特殊的混合油墨，替代或补充印刷色（CMYK）油墨。每一个专色通道都有自己的印版，也就是说，当打印输出一个包含有专色通道的图像时，该专色通道将生成一张单独的胶片被打印出来。

在建立专色通道时，首先单击通道面板菜单中的"新建专色通道"命令，或按住〈Ctrl〉键，单击"创建新通道"按钮，打开如图7-10所示的"新建专色通道"对话框，该对话框各项选项含义如下。

图7-10　"新建专色通道"对话框

- 名称：在"名称"文本框中可以设置新专色通道的名称，如果不输入，Photoshop CS4会自动依次命名为"专色1"、"专色2"。
- 颜色：在"油墨特性"选项组中，单击"颜色"框可以打开"拾色器"对话框，选择油墨的颜色。该颜色在印刷时起实际作用，在此只是为用户提供一种专门油墨颜色。
- 密度：在"密度"文本框中可输入0%～100%的数值来确定油墨的密度。"密度"文本框的功能只是用来在屏幕上显示模拟打印后的效果，对实际打印输出并无影响。

如果在新建专色通道之前，图像中已有选区，那么新建专色通道后，会在选取范围内自动填入专色的颜色，并取消选区的虚线框显示。如图7-11所示，其中图7-11a为源图，虚线部分为定义的选区，图7-11b为执行"新建专色通道"命令后的效果（各选项均取默认值）。

专色通道可以直接合并到各个原色通道中。在图7-12a中，在"专色1"通道中填充了红色的双酒杯，选择该通道，单击通道面板菜单中的"合并专色通道"命令，就可以将专色通道中的颜色分成几层，然后分别混合到每一个原色通道中，如图7-12b所示。

a)　　　　　　　　　　　　　b)

图 7-11　新建专色通道

a) 源图　b) 效果图

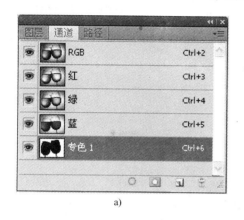
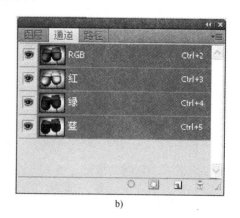

a)　　　　　　　　　　　　　b)

图 7-12　合并专色通道

a) 专色通道　b) 原色通道

　　专色通道在通道面板中会按次序排列在各原色通道下面。如果在新建专色通道时，已经含有 Alpha 通道，则专色通道会排列在 Alpha 通道的上面。专色通道不能移动到各原色通道的上方（Alpha 通道也如此），除非这个图像模式转换成了多通道颜色模式，此时才可以拖动专色通道（或 Alpha 通道）来调整其位置。

　　Photoshop CS4 中的 Alpha 通道可以转换为一个专色通道，进行转换时，首先选择 Alpha 通道，然后单击通道面板菜单中的"通道选项"命令，或者直接双击 Alpha 通道名称，打开"通道选项"对话框。选择"专色"单选按钮，然后在"名称"文本框中设置转换后的通道名称，在"颜色"选项组中设置专色颜色和密度。设置完毕后，单击"确定"按钮，就可以将 Alpha 通道转换成专色通道。如图 7-13 所示为通道之间转换示意图。

　　注意："合并专色通道"的功能可以在桌面打印机上打印专色图像的单页校样。要使用其他应用软件打印一张含有专色的图像，则必须先将这个文件保存为 Photoshop DCS2.0 格式，因为只有 DCS2.0 的格式才能够保存专色通道，并且支持 Adobe PageMaker 和 QuarkX-Press 等其他一些应用软件。

　　下面以【案例：风中秀发】来介绍如何使用通道。

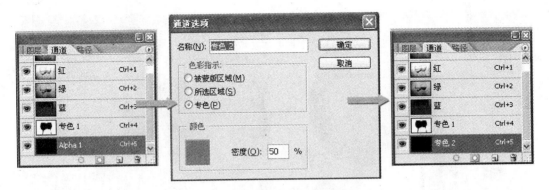

图 7-13　由 Alpha 通道转换为专色通道

1）执行"文件"→"打开"命令，打开素材文件"配套素材与源文件\第7章通道与蒙版\秀发.bmp"，如图7-2a 所示。

2）执行"窗口"→"通道"命令，打开通道面板，发现其中绿通道明暗比较明显，我们就用绿通道来进行操作，用鼠标右键单击"绿通道"进行复制，生成"绿副本"通道，如图7-14 所示。

图 7-14　复制"绿通道"

注意：没有必要用绿通道的，主要是看哪个通道主体和背景明暗反差比较大就用哪一个通道，这样抠图才能快、准、好。

3）执行"图像"→"调整"→"曲线"命令或按〈Ctrl + M〉组合键打开"曲线"对话框。将其调整为图7-15 所示的效果。让图像中的主体尽量发黑，背景尽量发白，使其反差加大。

4）执行"图像"→"调整"→"反相"命令或按〈Ctrl + 4〉组合键将其颜色反相，如图7-16 所示，通道里白色表示选区内的区域，黑色表示选区外的区域。

5）选择工具箱中的"橡皮擦工具"，把人物的脸部和肩部的黑色部分擦掉，如图7-17 所示，手臂与脸部的交界处仅处理脸部内的部分。

图 7-15　曲线调整"绿 副本"通道

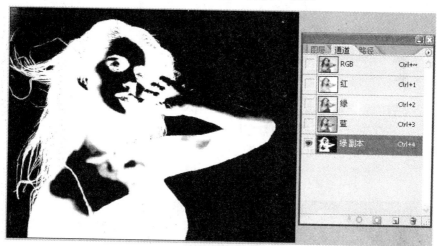

图 7-16　执行"反相"命令

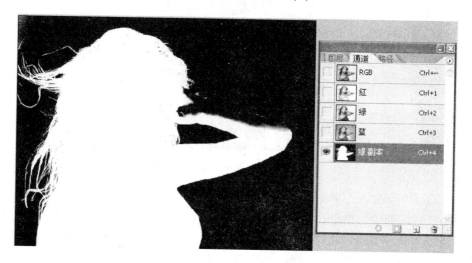

图 7-17　将人物内部黑色的部分擦去

6）现在只有手臂的黑色部分未被擦去，可是手臂黑色部分和黑色的背景已经没有明显的边界了，可以通过单击通道面板中的 RGB 通道，使图像回到彩色状态，这样手臂的轮廓就清晰展现出来了。选择工具箱中的钢笔工具，可以轻松地就手臂的轮廓勾画出来，如图 7-18 所示。

图 7-18　回到 RGB 通道勾勒路径

7）完成手臂的轮廓的勾画后，仅显示"绿副本"通道图像，看看有没有黑色的部分未被选中，对路径进行适当的调整，调整完毕按〈Ctrl + Enter〉组合键将路径转换为选区，对其进行删除或填充为白色都可以，最终的目的都是为了让选区中的部分成为白色，如图 7-19 所示。

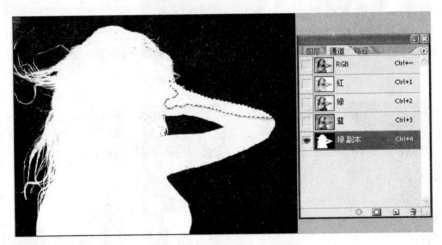

图 7-19　将选区内的部分删除

8）完成后结束选区，单击通道面板中的"RGB 通道"使图像回到彩色状态，执行"选择"→"载入选区"命令，打开"载入选区"对话框，如图 7-20a 所示，从"文档"下拉列表中选择图像本身，从"通道"下拉列表中选择一直在绘制的"绿副本"通道，单击"确定"按钮得到非常细腻的选区，如图 7-20b 所示。

a)

b)

图 7-20　载入通道得到细腻的选区

a)"载入选区"对话框　b)得到选区

9）按〈Ctrl + C〉组合键将选区里人物复制出来，就可以对其做一些平面效果图处理了，最后的效果如图 7-2b 所示。

7.3　蒙版

在 Photoshop CS4 中，如果需要对图像中的某一部分进行独立的处理，而需要让图像中的其他部分不受影响，可以使用蒙版来屏蔽该部分图像。蒙版可以用来保护被遮蔽的区域，使被遮蔽的区域不受任何编辑操作的影响。

蒙版通过其上黑、白、灰三色来表示选区的选择状态，并能控制图像的显示和隐藏，其中黑色表示不选择、完全屏蔽，白色表示全选择、完全显示，灰色表示部分选择、部分屏蔽。由于蒙版上的黑、白、灰三色只适用于控制屏蔽和显示的区域，因此无论哪种工具、哪种命令，只要是能编辑蒙版上的这 3 种颜色就可以使用，图层上的图像需要屏蔽的地方屏幕将显示黑色，需要半屏蔽的地方显示灰色，完全显示的地方显示白色。无论蒙版上的图案多么复杂，只要能准确判断黑、白、灰所产生的效果就能准确地判断图像。

蒙版是 Photoshop 诸多功能中重要的功能之一，主要用于图像的合成，分为图层蒙版、快速蒙版、矢量蒙版和剪贴蒙版，下面分别介绍这些蒙版。

7.3.1　【案例：乾坤鼓手】图层蒙版

【案例导入】图层蒙版是经常使用到的蒙版，该蒙版通过有选择地、有程度地显示和隐藏图层中的像素，以实现图层之间相互图像的合成。图层蒙版必须依附在图层上，除了背景层外其他所有类型的图层均可以建立蒙版。如图 7-21 所示，利用 7-21a、b、c 3 张素材图片，使用图层蒙版合成图 7-21d 所示的图像效果。

【技能目标】根据设计要求，理解图层蒙版的作用，掌握使用图层蒙版的技巧并利用图层蒙版进行图像合成。

【案例路径】第 7 章通道与蒙版\素材\［案例］乾坤鼓手 . psd

a)   b)   c)   d)

图 7-21 　【案例：乾坤鼓手】

a) 源图 1 　b) 源图 2 　c) 源图 3 　d) 效果图

图层蒙版实际上是一幅 256 色的灰度图像，它可以隐藏全部或部分图层内容，显示下面的图层内容。图层蒙版在图像合成中非常有用，也可以灵活应用于颜色调整、应用滤镜和指定选择区域等。图层蒙版对图层的影响是非破坏性的，这表示以后可以返回并重新编辑蒙版，而不会丢失被蒙版隐藏的像素。使用图层蒙版的好处是可以通过蒙版来选择图像的不同区域，避免了对图像的直接操作。

在 Photoshop CS4 中，可以通过以下 3 种方法创建图层蒙版：

- 在图层面板中，选择需要创建蒙版的图层为当前工作图层，单击面板底部的"添加蒙版"按钮，此时系统将自动为当前图层创建一个空白蒙版。
- 在图像编辑窗口中进行复制操作，运用选区工具创建一个选区，执行"编辑"→"贴入"命令，创建图层蒙版，此时选区的大小将决定蒙版的大小。
- 执行"图层"→"图层蒙版"→"显示全部"命令，此时可为当前图层添加蒙版。

以【案例：乾坤鼓手】来说明如何创建图层蒙版。

1）执行"文件"→"打开"命令，打开素材文件"第 7 章通道与蒙版 \ 乾坤山河 . jpg、鼓 . jpg、鼓手 . jpg"，如图 7-21a、b、c 所示。

2）选择"鼓 . jpg"所在的窗口，按〈Ctrl + A〉组合键全选图像，按〈Ctrl + C〉组合键复制图像，在"乾坤山河 . jpg"所在的窗口按〈Ctrl + V〉组合键，图像被粘贴到文档中。粘贴过来的图像太大，需要将其调整，按〈Ctrl + T〉组合键后，再按住〈Shift〉键，按下鼠标并拖动至图像大小合适，如图 7-22a 所示。

3）选择工具箱的魔棒工具，在"鼓"的白色部分单击鼠标，按〈Ctrl + Shift + I〉组合键，反选图像，然后将鼠标移动到图层面板的"添加图层蒙版"按钮上，单击鼠标左键，此时"鼓 . jpg"图像上的白色区域被隐藏，只显示选区内的图像，同时在图层面板的"图层 1"上会添加一个图层蒙版，如图 7-22b 所示。

4）选择工具箱中的画笔工具，确定此时工具箱中的前景色为"黑色"，将鼠标移动至鼓的底部，按住鼠标放在鼓的底部反复涂抹，使原本被挡在下面的石头浮现出来，直至两个图层上的图像融合得很自然。

5）选择"鼓手 . jpg"所在的窗口，按〈Ctrl + A〉组合键全选图像，按〈Ctrl + C〉组合键复制图像，在"乾坤山河 . jpg"所在的窗口按〈Ctrl + V〉组合键，图像被粘贴到文档

a) b)

图 7-22 利用图层蒙版融合鼓到图像

a）复制"鼓"图像 b）融合鼓到图像

中。粘贴过来的图像太大，需要将其调整，按〈Ctrl + T〉组合键后，再按住〈Shift〉键，按下鼠标并拖动至图像大小合适，如图 7-23a 所示。

a) b)

图 7-23 利用图层蒙版融合鼓手到图像

a）复制"鼓手"图像 b）融合鼓手到图像

6）选择工具箱的磁性套索工具，在"鼓手"人物右下角部分开始按下第 1 点，围绕人物边缘建立一个选区，然后将鼠标移动到图层面板的"添加图层蒙版"按钮上，单击鼠标左键，此时"鼓手.jpg"图像上的背景区域被隐藏，只显示选区内人物的图像，同时在图层面板上"图层 2"上会添加一个图层蒙版，如图 7-23b 所示。

7）选择工具箱中的画笔工具，确定此时工具箱中的前景色为黑色，将鼠标移动至鼓手的位置，按住鼠标放在鼓的底部反复涂抹，使原本被挡在下面的山头浮现出来，直至两个图层上的图像融合得很自然，最终的效果如图7-21b所示。

7.3.2　【案例：江湖侠女】快速蒙版

快速蒙版可以在不使用通道的情况下，直接在图像窗口中完成蒙版编辑工作，因而非常简便、快捷。快速蒙版模式可以使用户创建和查看图像的临时蒙版，可以将图像中的选区作为蒙版编辑。将选区作为蒙版编辑的优点是，用户可以使用几乎所有的工具或者"滤镜"命令来编辑蒙版，以此得到使用选择工具无法得到的选区。

无论是在快速蒙版下编辑图像，还是在通道面板中的蒙版下编辑图像，其最终目的都是为了转换为选择范围应用到图像中去。在选择区域时，有时由于所要选择的对象较为复杂，并且它的颜色与周围对象的颜色比较相近，而造成很难精确定义选择范围。此时可以使用快速蒙版方法定义选择范围。

以【案例：江湖侠女】江湖侠女来说明如何快速创建蒙版。

【案例导入】"快速蒙版"可以快速地将一个选区转换为蒙版，然后对该蒙版进行编辑修改，然后再将其转换为选区使用。如图7-24所示，利用图7-24a和图7-24b两张素材图片，使用快速蒙版合成图7-24c所示的图像效果。

【技能目标】根据设计要求，理解快速蒙版的作用，掌握使用快速蒙版的技巧并利用图层蒙版进行图像合成。

【案例路径】第7章通道与蒙版\素材\［案例］江湖侠女.psd

图7-24　【案例：江湖侠女】

a) 源图1　b) 源图2　c) 效果图

1) 执行"文件"→"打开"命令，打开本书配套素材文件"第7章通道与蒙版\水滴.jpg\侠女.psd"，如图7-24a、b所示。

2) 选取工具箱中的选择工具，将图7-24b图像移至图7-24a图像中，调整好置入图像的大小及位置。

3) 单击工具栏面板底部的"以快速蒙版模式编辑"按钮，进入蒙版状态，设置前景色为黑色，选取工具箱中的画笔工具，在工具属性栏中，选择画笔类型为"柔角45像素"。移动光标至图像窗口，在人物腿部处单击鼠标左键并涂抹，在通道面板上会生成"快速蒙版"，如图7-25a所示。

4) 单击工具栏面板底部的"以标准模式编辑"按钮，返回正常编辑状态，此时得到一个选区（不包含侠女的腿部），如图7-25b所示。执行"选择"→"反相"命令，按〈Delete〉键删除选区的图像（侠女的腿部），就得如图7-24c的效果。

a)

b)

图 7-25 快速蒙版编辑状态

a）快速蒙板 b）得到选区

7.3.3 【案例：飞雪】剪贴蒙版

剪贴蒙版是直接根据图层中的透明度来获得的蒙版效果，建立了剪贴蒙版的图层，由下层图层的透明度来决定本图层图像的显示和隐藏区域，不透明的区域完全显示，透明的区域被完全屏蔽，半透明的区域部分显示。

以【案例：飞雪】介绍如何使用剪贴蒙版：执行"文件"→"打开"命令，打开本书配套素材文件"第 7 章通道与蒙版 \ 素材 \ 飞雪 . psd"，该素材文件有两个图层，"画笔绘制"图层如图 7-26a 所示，"图片"图层如图 7-26b 所示，图层面板如图 7-26c 所示。

图 7-26 创建剪贴蒙版

a）"画笔绘制"图层 b）"图层"图层 c）图层面板 d）效果图 e）图层面板的变化

剪贴蒙版的建立方法有3种，第1种是选中需要建立的剪贴蒙版的图层之后（"图片"图层），选择"图层"→"创建剪贴蒙版"命令即可；第2种是在图层面板的图层上用鼠标右键单击，选择快捷菜单中的"创建剪贴蒙版"命令即可；第3种是按住〈Alt〉键，移动光标到两个图层之间的分隔线上，光标变为 ![icon] 单击即可创建，效果如图7-26d所示，图层面板也发生了变化，如图7-26e所示。

7.3.4 【案例：心形】矢量蒙版

矢量蒙版是通过路径建立蒙版来操作图层像素的显示和隐藏，路径内为显示，路径区域外为屏蔽。在图层面板的"添加图层蒙版"按钮上连续单击两次，居于图层栏右侧的蒙版即为矢量蒙版。

以【案例：心形】介绍如何使用矢量蒙版：执行"文件"→"打开"命令，打开本书配套素材文件"第7章通道与蒙版\素材\心形.psd"，如图7-27a所示，在图层面板的"添加图层蒙版"按钮上连续单击两次，图层面板如图7-27b所示，选择自定形状工具，选择自定形状为心形，在图像窗口中绘制一个心形，结果路径内是白色，表示图像的显示区域，路径外是灰色，表示图像的屏蔽区域，效果如图7-27c所示，图层面板如图7-27d所示。

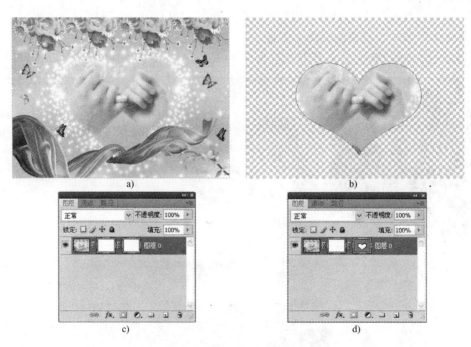

图7-27 创建矢量蒙版
a）源图 b）图层面板1 c）效果图 d）图层面板2

注意： 在使用蒙版之前要理清各种蒙版的特点，如果只是为了快速地编辑修改选区，应该使用快速蒙版；为实现一个复杂的图像拼合而制作的较为复杂的蒙版，应该选用图层蒙版；如果需要拼合的边缘很硬，可以选择矢量蒙版；只需要根据下层图像来屏蔽本图层的，可以选择剪贴蒙版。

7.3.5 关闭和删除蒙版

对于创建的蒙版，还可以进行关闭或删除操作，下面将对这两项操作进行介绍。

1. 关闭蒙版

关闭蒙版的操作方法有3种，分别如下：

- 执行"图层"→"图层蒙版"→"停用"命令，此时在图层面板中，添加的蒙版上将出红色的交叉符号，即表示已经关闭该蒙版，如图7-28所示。
- 在图层面板中选择需要关闭的蒙版，并在该蒙版缩览图处单击鼠标右键，在弹出的快捷菜单中选择"停用图层蒙版"命令，即可关闭该蒙版。
- 按住〈Shift〉键的同时，单击该蒙版的缩览图，即可快速关闭该蒙版。若再次单击该缩览图，则可以显示蒙版。

2. 删除蒙版

删除蒙版的操作方法有3种，分别如下：

图7-28 关闭蒙版

- 在图层面板中选择需要关闭的蒙版，并在该蒙版缩览图处单击鼠标右键，在弹出的快捷菜单中选择"删除图层蒙版"命令，即可删除该蒙版。
- 执行"图层"→"图层蒙版"→"删除"命令即可删除蒙版。
- 在图层面板中，单击该图层蒙版缩览图，然后将其拖曳至面板底部的"删除图层"按钮处（或直接单击面板底部的"删除图层"按钮处），此时将弹出一个提示框，如图7-29所示，单击"删除"按钮，即可删除该蒙版。

图7-29 提示框

7.4 通道计算

利用"图像"菜单下的"应用图像"和"计算"命令，可以按照各种混合模式将一个或多个通道中的图像混合起来，得到特殊的图像合成效果。"应用图像"命令主要用于混合综合通道和单个通道的内容，"计算"命令主要用于混合单个通道的内容。由于这两个命令是对两个或多个通道内容像素值进行数学运算，然后合并到最终通道中的，所以要求参与通道计算机的图像文件在尺寸上必须相同。

7.4.1 【案例：海螺风景】应用图像

"应用图像"命令可以将一个图像（源图像）的图层或者通道混合到另一个图像（目标图像）中，从而产生 Photoshop CS4 其他编辑命令无法实现的特殊效果。

以【案例：海螺风景】介绍如何使用应用图像命令：执行"文件"→"打开"命令，打开本书配套素材文件"第7章通道与蒙版 \ 素材 \ 海螺.jpg、风景.jpg"，如图7-30a 和图7-30b 所示，选择"海螺.jpg"图片为当前窗口，执行"图像"→"应用图像"命令，将打开"应用图像"对话框，如图7-30c 所示，主要选项含义如下。

- 源：在下拉列表中将显示所有打开的且图像分辨率和当前活动图像大小一致的图像文件名称，从中可以选择一幅源图像，也就是将要被覆盖的图像。该选项默认设置为当前活动图像窗口。
- 图层：如果在"源"选项中选择的图像文件具有普通图层，则在该选项下拉列表中，可以选择具体参与合成图像的图层。如果选择"合并图层"选项，则表示选择源文件中所有的图层。
- 通道：可以选择具体参与图像合成的源文件的全通道或单通道，甚至是 Alpha 通道。
- 目标：Photoshop CS4 默认将当前活动图像文件设置为图像合成的目标文件。
- 混合：有 20 种色彩混合模式，其中大部分选项的功能和作用在前面的章节中已做了详细介绍。另外增加了"相加"和"减去"两种混合模式选项，其作用分别是增强和减少不同通道中像素的亮度值，当选择其中的任意一种选项时，将在"混合"选项右下侧显示"缩放"和"补偿值"两个文本框，用于设置重叠像素的缩放比和偏移参数。

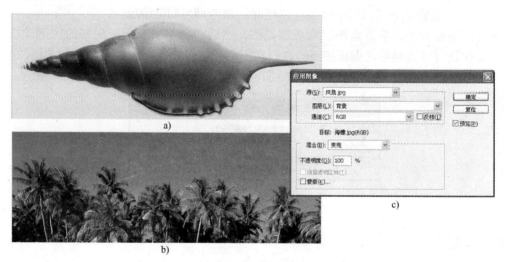

图 7-30　应用图像源文件及对话框
a）源图1　b）源图2　c）"应用图像"对话框

- 保留透明区域：选择该复选框可以保护图像中的透明区域，图像合成时，将只针对非透明区域。如果在当前活动图像中选择了背景层，则该复选框不可启用。
- 蒙版：选择该复选框将展开"应用图像"对话框，从展开的列表框中可以选择一幅图像和一个图层，然后选择源图像上的一个颜色通道、Alpha 通道或者一个活动选区来隔离图像合成区域。
- 反相：选中该复选框，则将"通道"列表框中的蒙版内容进行反相。

单击"确定"按钮，最后的"应用图像"命令的效果如图7-31 所示。

图7-31 应用图像合成效果

7.4.2 【案例：机械头像】计算命令

利用"计算"命令可以将同一图像或不同图像中的两个独立通道以各种方式混合，并且能够将混合生成的结构应用到一幅新图像或当前工作图像的通道和选区中。

下面以【案例：机械头像】介绍如何使用应用图像命令。

1）执行"文件"→"打开"命令，打开本书配套素材文件"第7章通道与蒙版\素材\头像.jpg、机械齿轮.jpg"，如图7-32a和图7-32b所示。

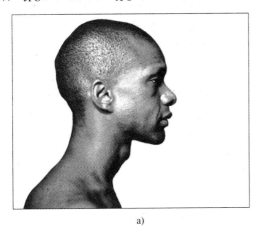

a)

b)

图7-32 "计算"命令素材

a）源图 b）源图

2）将"头像.jpg"复制到"机械齿轮.jpg"的"头像"图层中，然后选择"机械齿轮.jpg"图片为当前窗口，执行"图像"→"计算"命令，将打开"计算"对话框，设置各个选项如图7-33a所示。

3）单击"确定"按钮，计算的结果就是在通道面板产生一层Alpha1通道，如图7-33b所示，选中该Alpha1通道，按〈Ctrl+A〉组合键全选，然后再按〈Ctrl+C〉组合键复制，返回图层面板直接按〈Ctrl+V〉组合键粘贴。

4）在图层面板选择"头像"图层，在工具箱中选择魔棒工具，单击图像区域中白色部分，将出现一个选区，再选择"图层1"，按〈Delete〉键，删除选区的内容，最后在图层面板将图层混合模式改为"明度"，效果如图7-34a所示。

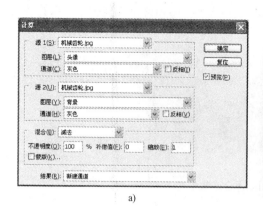
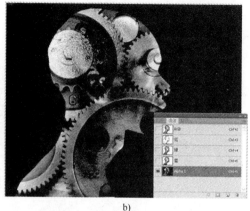

a)

b)

图 7-33　"计算"对话框及效果

a)"计算"对话框　b) 效果

5）在图层面板选择"图层 1"，单击"添加图层蒙版"按钮为"图层 1"添加蒙版，用画笔工具将需要显示出来的部分涂抹出来，效果如图 7-34b 所示。

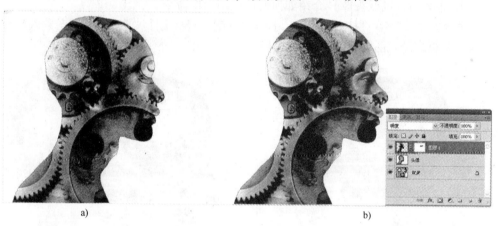

a)　　　　　　　　　　　　　　　　b)

图 7-34　最后生成效果

a) 效果图　b) 最终效果

注意： "计算"命令尽管与"应用图像"命令一样都是对两个通道的相应内容进行计算处理，但是二者也有区别。用"应用图像"命令处理后的结果可作为源文件或目标文件使用，而用"计算"命令处理后的结果则存成一个通道，如存成 Alpha 通道，使其可转变为选区以供其他工具使用。

7.5　案例拓展——腾云驾雾

1. 案例背景

利用 Photoshop 设计平面作品，最常需要做的工作无疑就是抠图，但面对一些复杂的图像，特别是与背景交融的图像，经常是望而却步，使用通道与蒙版可以解决这类问题。

2. 案例目标

在 Photoshop CS4 中，通道和蒙版是 Photoshop CS4 处理图像的两个高级编辑功能，也是

Photoshop CS4 生成众多特殊效果的基础，通过本案例掌握通道和蒙版的使用技巧，制作出独特的图像效果。

3. 操作步骤

1）执行"文件"→"打开"命令，打开本书配套素材文件"第7章通道与蒙版\素材\齐天大圣.jpg、云海.jpg"，如图7-35 所示。

图7-35　素材

2）选择"云海.jpg"图片为当前窗口，并打开通道面板，观察 R、G、B 3 个通道，通过发现，每一个通道都是以灰度状态来显示，红色通道所显示的图像背景与云朵对比，比较明显，红色通道的黑白渐变尤为逼真，所以选择红色通道进行操作。

3）选择对比最强的红色通道，并复制红色通道副本，执行"图像"→"调整"→"色阶"命令，调整"红 副本"通道的色阶，使亮部突出，目的是为了增大背景与人物的黑白对比度，如图7-36 所示。

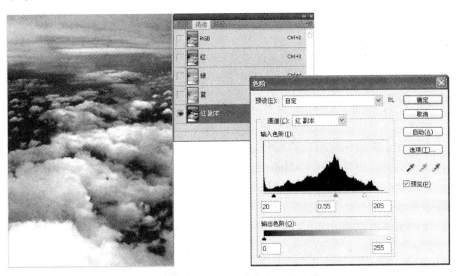

图7-36　调整"红 副本"通道色阶

4）调整完毕后，单击"确定"按钮，再单击通道面板上的"将通道作为选区载入"按钮，将该通道转化成选区，选择通道面板中的 RGB 通道，按〈Ctrl + C〉组合键复制云彩部分，然后切换"齐天大圣 .jpg"图片为当前窗口，按〈Ctrl + V〉组合键粘贴云彩部分，如图 7-37a 所示。

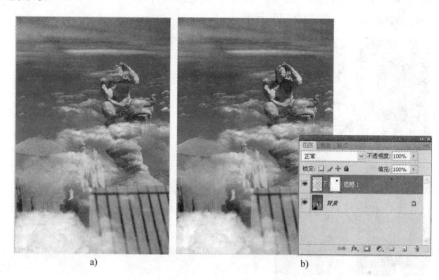

a)   b)

图 7-37 粘贴云彩并用画笔修改蒙版

a) 粘贴云彩 b) 用画笔修改蒙版

5）在图层面板选择"图层 1"，单击"添加图层蒙版"按钮为"图层 1"添加蒙版，将孙悟空上半身用黑色画笔涂抹，效果如图 7-37b 所示。

7.6 综合习题

一、单项选择题

1. CMYK 图像在彩色输出进行分色打印时，M 通道转换成（   ）色的胶片。

    A. 青色　　　　　　　　B. 黄色　　　　　　　　C. 洋红色　　　　　　　　D. 黑色

2. 专色是（   ）输出彩色画面时采用的方法。

    A. 扫描仪　　　　　　　B. 打印机　　　　　　　C. 显示器　　　　　　　D. 数码相机

3. 下面是对通道功能的描述，其中错误的是（   ）。

    A. 通道最主要的功能是保存图像的颜色数据

    B. 通道除了能够保存颜色数据外，还可以保存蒙版

    C. 在通道面板中可以建立 Alpha 通道和专色通道

    D. 要将选区永久地保存在通道面板中，可以使用快速蒙版功能

4. Alpha 通道最主要的用途是？（   ）。

    A. 保存图像色彩信息　　　　　　　　B. 保存图像未修改前的状态

    C. 用来存储和建立选择范围　　　　　D. 用来存储文件版本信息

5. 如果在图层上增加一个蒙版，当要单独移动蒙版时，下面操作正确的是（   ）。

    A. 首先单击图层上面的蒙版，然后选择移动工具就可移动了

B. 首先单击图层上面的蒙版，然后执行"选择"→"全选"命令，用选择工具拖曳

C. 首先要解掉图层与蒙版之间的锁，然后选择移动工具就可移动了

D. 首先要解掉图层与蒙版之间的锁，再选择蒙版，然后选择移动工具就可移动了

二、多项选择题

1. 下面对图层蒙版的描述，正确的是（　　）。

　　A. 图层蒙版相当于一个 8 位灰阶的 Alpha 通道

　　B. 当按住〈Alt〉键单击图层调板中的蒙版缩略图，图像中就会显示蒙版

　　C. 在图层面板某个图层中设定了蒙版后，同时会在通道面板生成一个临时 Alpha 通道

　　D. 在图层上建立蒙版只能是白色的

2. 下面对图层蒙版的显示、关闭和删除的描述，正确的是（　　）。

　　A. 按住〈Shift〉键的同时单击图层面板的蒙版缩略图就可关闭蒙版，使之不在图像中显示

　　B. 当在图层调板的蒙版缩略图上出现一个黑色的×记号，表示将图像蒙版暂时关闭

　　C. 图层蒙版可以通过图层面板中的垃圾桶图标进行删除

　　D. 图层蒙版创建后就不能被删除

3. "运算"命令的计算方法与"应用图像"命令极为相似，不同的地方在于（　　）。

　　A. "应用图像"可以使用图像的复合通道做运算，而"运算"只能使用图像的单一通道

　　B. "应用图像"的源文件只有一个，而"运算"命令可以有 3 个源文件

　　C. "应用图像"的运算结果会被加到图像的图层上，而"运算"的结果将存储为一个新通道或建立一个全新的文件

　　D. "应用图像"需要有相同大小及色彩模式的图像才能进行运算，而"运算"不需要

4. 下列对于图层蒙版的描述，正确的是（　　）。

　　A. 用黑色的毛笔在图层蒙版上涂抹，图层上的像素就会被遮住

　　B. 用白色的毛笔在图层蒙版上涂抹，图层上的像素就会显示出来

　　C. 用灰色的毛笔在图层蒙版上涂抹，图层上的像素就会出现渐隐的效果

　　D. 图层蒙版一旦建立，就不能被修改

5. 下面对专色通道的描述，正确的是（　　）。

　　A. 在图像中可以增加专色通道，但不能将原有的通道转化为专色通道

　　B. 专色通道和 Alpha 通道相似，都可以随时编辑和删除

　　C. Photoshop 中的专色是压印在合成图像上的

　　D. 不能将专色通道和彩色通道合并

三、问答题

1. 通道中存在哪几种颜色信息？

2. 怎样将选区存储于通道中，怎样连续选择多个通道？

3. 在图像中添加的矢量蒙版上的黑、白、灰分别代表着什么？

4. 试述选区、蒙版和通道之间的关系和区别，在编辑图像时各自有哪些优点和缺点？

四、设计制作题

根据本章所学的知识，利用如图 7-38a、b、c 所示的素材，将图像合成，效果如图 7-38d 所示（可以参考"第 7 章通道与蒙版\综合习题\［效果］冷秋．psd"源文件）。

图 7-38　素材与效果

a）源图 1　b）源图 2　c）源图 3　d）效果图

第8章 滤 镜

职业情境:

柳晓莉文秘专业毕业后在三峡美辰广告有限公司客户部担任客户专员，负责广告客户资料图片的收集与整理。柳晓莉跟着公司设计部的设计师学习Photoshop有一段时间了，她发现自己设计的作品和设计师相比效果差多了，不能给人留下深刻的印象，虽然有时花费三四个小时做出的作品，也没有设计师几分钟做出来的作品效果好，设计师们到底使用了什么特殊工具使得作品有如此神奇的效果?

章节描述:

滤镜是 Photoshop CS4 中最具特色的工具之一，主要应用于图片的后期处理，充分利用滤镜不仅可以改善图像效果、掩盖其缺陷，还可以在原有图像的基础上产生许多特殊的效果，实现许多绘画无法实现的艺术效果，这为众多的非艺术专业人员提供了一种创造艺术化作品的手段。

技能目标:

- 掌握滤镜的菜单分类，了解滤镜的基本使用方法和对图像的影响。
- 掌握内置滤镜和外挂滤镜的使用方法，并熟悉设置滤镜相关的参数。
- 了解各种滤镜的基本效果，将各种滤镜互相搭配，发挥创新能力。

8.1 【案例：动感滑雪】滤镜概述

【案例导入】本案例是运用动感模糊滤镜来渲染素材达到动态效果，通过本案例来介绍 Photoshop CS4 动感模糊滤镜使用的基本方法以及如何设置模糊滤镜的相关参数，让读者感受到 Photoshop CS4 滤镜的强大功能和魔幻效果。如图 8-1a 和 8-1b 所示，分别为素材处理前的效果和处理后的效果。

【技能目标】根据设计要求，首先要求掌握动感模糊滤镜的使用与设置，然后能够举一反三，掌握 Photoshop CS4 其他滤镜的使用方法以及滤镜参数的设置。

【案例路径】第8章滤镜\ 素材\［案例］动感滑雪.psd

滤镜是从摄影行业借用过来的一个词。在摄影领域中，滤镜是指安装在照相机镜头前面的一种特殊的镜头。应用它可以调节聚焦和光照的效果。在 Photoshop CS4 中，滤镜是其最精彩的内容，它主要通过不同的运算方式来改变图像中的像素数据，以达到对图像进行抽象、艺术化的特殊处理效果。

a) b)

图 8-1 【案例：动感滑雪】效果对比

a）源图 b）效果图

8.1.1 滤镜的使用

滤镜主要用于实现图像的各种特殊效果，所有的 Photoshop CS4 滤镜都分类放置在"滤镜"菜单中，使用时只需要在该菜单中执行这些滤镜命令即可，以【案例：动感滑雪】来介绍滤镜的使用方法，具体的操作步骤如下。

1）选择"文件"→"打开"命令，打开本书配套素材文件"第8章 滤镜\素材\滑雪.jpg"素材文件，如图 8-1a 所示。

2）选择工具箱中的套索工具，在工具选项栏中设置其"羽化"值为 10px，然后在画面中拖动鼠标，创建一个带有羽化值的选择区域，如图 8-2a 所示。

3）按〈Ctrl + J〉组合键，将选择区域内的图像复制到一个新图层"图层1"中。

4）执行菜单"滤镜"→"模糊"→"动感模糊"命令，在弹出的"动感模糊"对话框中设置参数，"角度"为 - 50°，"距离"为 84 像素，如图 8-2b 所示，单击"确定"按钮，则图像产生动感模糊的效果。

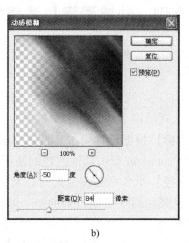

a) b)

图 8-2 创建选区与设置选区"动感模糊"对话框

a）创建选区 b）"动感模糊"对话框

5）选择工具箱中的选择工具，向左上方轻轻移动图像，然后在图层面板中设置"图层 1"的混合模式为"变暗"、"不透明度"值为 65%，则图像效果如图 8-1b所示。

Photoshop CS4 的滤镜主要分为两部分，一部分是 Photoshop CS4 内置的滤镜，另一部分是第三方开发的外挂滤镜。内置滤镜是指 Photoshop CS4 软件内部自带的滤镜，外挂滤镜是指由第三方厂商为 Photoshop 所生产的滤镜，外挂滤镜不仅数量庞大、种类繁多、功能不一，而且版本和种类都不断地升级和更新。用户可以使用不同的滤镜，轻松地达到创作的意图。

"滤镜"菜单的第 1 项为上一次刚使用过的滤镜效果命令，可以单击该命令，再次使用该效果。"抽出"、"滤镜库"、"液化"、"消失点"和"图层生成器"命令是滤镜功能的扩展应用效果，其下方是 Photoshop CS4 归纳的滤镜组。如果在 Photoshop CS4 中安装了外挂滤镜，它们将会显示在该栏的下方。"滤镜"菜单中各选项的基本含义如下。

- 转化为智能滤镜：可以将当前图像选定的图层转换为智能图层，这样在添加滤镜的同时，保留图像的原始状态不被破坏。
- 抽出：使用该命令，将根据图像的色彩区域有效地将图像从背景中选取出来。
- 滤镜库：也叫滤镜画廊，可以累积应用滤镜，并可多次应用单个滤镜，还可以重新排列滤镜并更改已应用的每个滤镜的设置，以便实现所需要的效果。
- 液化：使用该命令，可以使图像产生各种各样的扭曲变形效果。
- 图案生成器：使用该命令，可以快速地将选取的图像生成平铺图案效果。
- 消失点：可以简化在透视平面的图像中进行的透视校正编辑的过程。
- 风格化：可以使图像产生各种印象派及其他风格的画面效果。
- 画笔描边：在图像中增加颗粒、杂色或纹理，从而使图像产生多样艺术画笔绘画效果。
- 模糊：可以使图像产生各种模糊效果。
- 扭曲：可以使图像产生多种样式的扭曲变形效果。
- 锐化：将图像中相邻像素点之间的对比值增加，使图像更加清晰。
- 视频：该命令是 Photoshop CS4 外部接口命令，用来从摄像机输入图像或将图像输出。
- 素描：将纹理添加至图像中，常用于制作 3D 效果。这些滤镜还适用美术或手绘外观。
- 纹理：可以使图像产生各种各样的特殊纹理及材质效果。
- 像素化：可以使图像产生分块，呈现出一种由单元格组成的效果。
- 渲染：可在图像中创建 3D 形状、云彩图案、折射图案和模拟光反射，并从灰度文件中创建纹理填充，以产生类似 3D 光照效果。
- 艺术效果：可在美术或商业项目中制作绘画效果或特殊效果，大部分艺术效果滤镜都可以模拟传统绘画的效果。
- 杂色：可以使图像按照一定的方式添加杂点，制作着色像素图像的纹理。
- 其他：允许用户创建自己的滤镜，使用滤镜修改蒙版，使选区在图像中发生位移，以及快速调整颜色。它包括位移、最大值、最小值、高反差保留和自定 5 项内容。
- Digimarc：该命令是将数字水印嵌入图像以存储版权信息，对作品进行保护。

注意： Photoshop CS4 增加了一些很实用的功能，但也去掉了一些功能，尤其是比较实用的"抽出"和"图案生成器"滤镜。但可以到 Adobe 的官方网站去下载这两个滤镜：ht-tp：//download. adobe. com/pub/adobe/photoshop/win/cs4/PHSPCS4_Cont_LS3. exe，下载后将软件自动解压到桌面（本书配套素材和源文件里有此文件），然后进入桌面的 Adobe CS4 \ Photoshop Content \ 简体中文 \ 实用组件 \ 可选增效工具 \ 增效工具（32 位）\Filters 文件夹，把 ExtractPlus. 8BF 与 PatternMaker. 8BF 这两个文件复制到 C：\Program Files \ Adobe \ Adobe Photoshop CS4\Plug-ins \ Filters 文件夹即可。若系统是 64 位的，请选择"增效工具（64 位）"。

当选择一种滤镜，并将其应用到图像中时，滤镜就会通过分析整幅图像或选择区域中的每个像素的色度值和位置，采用数学方法计算，并用计算结果代替原来的像素，从而使图像产生随机化或预先确定的效果。滤镜在计算过程中将占用相当大的内存资源，因此，在处理一些较大的图像文件时，将非常耗费时间，有时还可能会弹出对话框，提示系统资源不够。

在使用滤镜前，要先确定滤镜的作用范围，然后再执行滤镜命令。如果在使用滤镜时没有确定好滤镜的使用范围，滤镜命令就会对整个图像进行效果处理。在对分辨率较高的图像文件应用某些滤镜功能时，会占用较多的内存空间，这时会造成计算机的运行速度减慢。

当执行完一个滤镜命令后，如果还想对图像中的滤镜效果作一些调整，可以执行"编辑"→"渐隐"命令，或按〈Ctrl + Shift + F〉组合键，此时将弹出"渐隐"对话框，如图 8-3 所示。

图 8-3 "渐隐"对话框

通过拖动"不透明度"滑块调整不透明度来决定滤镜效果的强度，并可以在"模式"下拉列表框中选择一种混合模式，来与被处理的画面进行混合。

Photoshop CS4 的滤镜功能主要有 5 个方面的作用，分别是优化印刷图像、优化 Web 图像、提高工作效率、增强创意效果和创建三维效果。滤镜极大地增强了 Photoshop CS4 的功能，有了滤镜，用户就可以轻易地创造出艺术性很强的专业图像效果。

8.1.2 滤镜使用技巧

滤镜的应用是否恰到好处，取决于对滤镜的熟悉程度，以及丰富的想象力。只有在不断实践中积累经验，才能使应用滤镜的水平达到炉火纯青的境界，从而创作出具有魔幻色彩的电脑艺术作品。对于 Photoshop CS4 的初学者来说，想要应用好滤镜，除了需要掌握滤镜的使用方法之外，还需要在实践中不断去体会每个滤镜的作用，以便能将其合理地应用到图像中。下面将介绍一些滤镜的使用技巧。

1. 使用键盘

在滤镜应用过程中，若使用一些快捷键，可以大大减少操作时间。在 Photoshop CS4 中，一些常用的快捷键如下：

- 按〈Esc〉键，可以取消当前正在操作的滤镜。
- 按〈Ctrl + Z〉组合键，可以还原执行滤镜操作前的图像画面。
- 按〈Ctrl + F〉组合键，可以再次应用上一次的滤镜效果。
- 按〈Ctrl + Alt + F〉组合键，可以弹出上一次应用的滤镜对话框。
- 在对图像应用滤镜效果之前，可按〈Ctrl + J〉组合键将图像复制并创建为新的图层。在对滤镜效果不满意时，可在按住〈Alt〉键的同时单击图层面板底部的"删除图层"按钮，删除该图层。

2．操作技巧

Photoshop CS4 滤镜功能各不相同，但是所有的滤镜都有以下几个相同点，使用滤镜时必须遵守这些操作规则，才能准确、有效地实现滤镜功能。滤镜的操作技巧如下：

- Photoshop CS4 是对所选择的图像范围进行滤镜效果处理的，如果在图像窗口中没有定义选区，则对整个图像进行处理；如果当前选中的是某一图层或某一通道，则只对当前图层或通道起作用。
- 如果只需要对图像的局部进行滤镜效果处理时，可以对选取范围进行羽化处理，使该选区在应用滤镜效果后，能够自然而渐进地与其他部分的图像结合，减少突兀感。
- 一般情况下，在工具箱中设置前景色和背景色，不会对滤镜命令的使用产生影响，不过有些滤镜是例外的，它们创建的效果是通过使用前景色或背景色来完成的，所以在应用这些滤镜之前，需要设置好当前的前景色和背景色。
- 如果对滤镜的操作不是很熟悉，可以先将滤镜的参数设置得小一点，然后再使用〈Ctrl + F〉组合键，多次应用滤镜效果，直至达到所需要的效果为止。
- 可以对特定图层单独应用滤镜，然后通过色彩混合合成图像。
- 可以对单一色彩通道或者是 Alpha 通道使用滤镜，然后合成图像，或者将 Alpha 通道中的滤镜效果应用到主图像画面中。
- 在"滤镜"对话框中，按住〈Alt〉键，此时对话框中的"取消"按钮变成"复位"按钮，单击该按钮，可将滤镜设置恢复至刚打开对话框时的状态。
- 位图和索引颜色模式的图像不能使用滤镜。此外不同的颜色模式的图像，可以选择使用滤镜的范围也不同，如 CMYK 和 Lab 模式下的图像不可以应用"艺术效果"和"纹理"等滤镜。
- "滤镜"对话框中几乎都有一个"预览"复选框，选中该复选框，在对话框中设置滤镜参数时，将在图像窗口中显示其预览状态。
- 对文本图层和形状图层应用滤镜时，系统会提示先将其转换为普通图层之后才可以使用滤镜功能。

3．如何提高工作效率

应用一些滤镜效果时需要占用很多内存，尤其是应用于高分辨率图像时。可以使用以下小技巧来提高使用滤镜时的效率。

- 先对图像的一小部分使用滤镜，再对整个图像执行滤镜操作。
- 如果图像太大且遇到内存不足时，先对单个通道应用滤镜效果，再对 RGB 通道使用滤镜。
- 在低分辨率的文件备份上先试用滤镜，记录下所用滤镜的设置参数，再对高分辨率的原图应用该滤镜。

4．常见滤镜操作

选择滤镜功能常常需要花费很长的时间，因此在 Photoshop CS4 的绝大多数滤镜对话框中都提供了预览图像的功能，可以大大提高工作效率。预览图像时，大致有以下几种方法：

- 单击对话框中的"＋"或"－"按钮，可以增大或减小预览图像的显示比例；或者按住〈Ctrl〉键的同时，单击预览框，增大显示比例；按住〈Alt〉键的同时，单击预览框，减小显示比例。
- 将鼠标指针移至预览框，当鼠标指针变成形状🖐时，按住鼠标左键并拖曳，即可移动预览框中的图像。

8.1.3　智能滤镜

智能滤镜可以在添加滤镜的同时，保留图像的原始状态不被破坏。添加的滤镜可以像添加的图层样式一样，出现在图层面板中智能对象图层的下方，并且可以重新将其调出以便修改参数。使用"滤镜"菜单中的"转换为智能滤镜"命令，与图层中的"转换为智能对象"命令相似，可以将当前图像的选定图层转换为智能图层。

1．应用智能滤镜

普通图层要使用智能滤镜，需要先转换为智能对象图层，有两种转化方法：

- 选择普通图层，用鼠标右键单击，在弹出的快捷菜单中选择"转换为智能对象"命令。
- 选择普通图层，选择"滤镜"→"转换为智能滤镜"命令，在弹出的提示框内单击"确定"按钮。

2．编辑智能滤镜

添加滤镜的普通方法一旦关闭滤镜对话框就无法再次调整参数，而在智能滤镜状态下，可以反复地添加滤镜效果并进行参数的调整。在滤镜效果名称上双击鼠标，可以重新打开所对应的滤镜对话框，以便重新设定参数，修改添加的滤镜效果，如图 8-4a 所示。

利用图层面板，选择显示或隐藏智能滤镜、删除智能滤镜以及编辑滤镜混合选项。

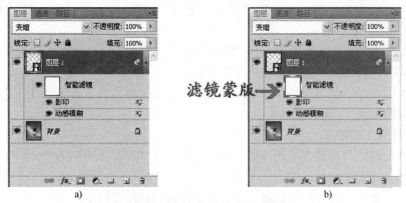

图 8-4　编辑智能滤镜与滤镜蒙版

a）编辑智能滤镜　b）编辑滤镜蒙版

3．滤镜蒙版

智能对象应用智能滤镜时，默认会存在一个显示全部的智能滤镜蒙版，如图 8-4b 所示，对智能对象中选定区域添加滤镜。智能滤镜蒙版中默认白色显示选区内的滤镜。

滤镜蒙版应用于所有智能滤镜，不能实现单个智能滤镜蒙版。滤镜蒙版的工作方式与图层蒙版非常类似，例如可将图像调整和滤镜应用于滤镜蒙版，在蒙版中绘制白色扩大选区等。

提示：Photoshop CS4 中除"抽出"、"液化"、"图案生成器"和"消失点"滤镜外，其它的滤镜都可以作为智能滤镜来使用。此外，"阴影/高光"和"变化"调整命令也可以作用智能滤镜应用。

8.2 Photoshop CS4 工具滤镜

在 Photoshop CS4 的"滤镜"菜单中提供了 5 个特殊的工具滤镜命令，即"抽出"、"滤镜库"、"液化"、"图案生成器"及"消失点"命令，下面分别介绍这 5 个特殊的工具滤镜。

8.2.1 【案例：长江七号】抽出滤镜

【案例导入】本案例是运用抽出滤镜来抠取图像，抽出滤镜提供了一种将复杂图像从背景中分离出来的方法，主要用来分离非常纤细的、具有复杂的边缘且很难选择的物体，例如植物的茸毛、动物的毛发等，使用"抽出"命令，可以用最少的时间和工作量将其从背景中分离出来。如图 8-5a 和图 8-5b 所示，分别为抠取图像前后的效果。

【技能目标】根据设计要求，掌握抽出滤镜的使用方法，重点是掌握"抽出"对话框中"边缘高光器"等工具的使用方法及相关参数的设置。

【案例路径】第 8 章滤镜 \ 素材 \ [案例] 长江七号 . psd

a)

b)

图 8-5　【案例：长江七号】抠图效果

a) 源图　b) 抠图效果

以【案例：长江七号】来介绍抽出滤镜的使用方法，具体的操作步骤如下：

1）执行"文件"→"打开"命令，打开本书配套文件"第8章滤镜＼素材＼长江七号.jpg"，如图8-5a所示。

2）执行"滤镜"→"抽出"命令，弹出"抽出"对话框。首先选择边缘高光器工具，并且在"工具选项"中调整"画笔大小"、选择"高光"颜色，然后在图像中使用边缘高光器工具涂抹所选区域边缘，对于不容易区分的边缘，应使用大画笔进行涂抹。如果在工具选项栏中设置"智能高光显示"项，当进行上述操作时，边缘高光器工具就会自动识别选区边缘，而无需设置画笔大小，设置该项一般用于容易识别的选区边缘。如果不满意边缘高光器工具的涂抹效果，可以选择橡皮擦工具，删除涂抹的效果。

3）如果所选区域边缘比较容易识别，使用边缘高光器工具得到封闭的涂抹区域后，选择填充工具，在"工具选项"中可以设置"填充"颜色，然后在封闭区域中单击鼠标左键，就可以确定选择区域，如图8-6所示；如果所选区域很复杂，使用边缘高光器工具涂抹这些复杂的区域，然后设置"强制前景"项，再用吸管工具或通过单击"颜色"块选择所要选取的颜色。

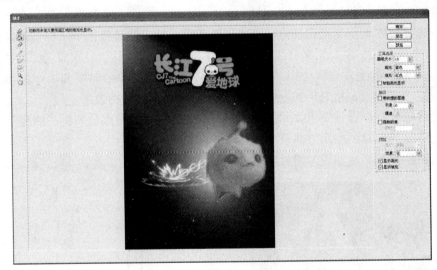

图8-6　"抽出"滤镜对话框

4）若要使高光基于已有 Alpha 通道中的选区，可以在"抽出"区域的"通道"列表中选择 Alpha 通道，然后按上述步骤修改所选区域，这时"通道"列表中的通道名会变为"自定"。

5）在"抽出"区域中设置"平滑"量可以控制平滑处理量，一般为了避免不需要的细节模糊处理，以0或小数值开始；如果取出的结果中有明显的人工痕迹，可以增加该值，以改进下一次的抽出效果。

6）单击"预览"按钮，然后在"预览"区中选择各种预览方式及背景颜色，尽量试用不同的背景颜色，以查看所选区域及边缘的效果，如图8-5b所示。

7）重复上述步骤直到得到满意的选区，在"预览"状态下，选择清除工具可以清除背景痕迹，选择边缘修饰工具在边缘涂抹，以得到满意的边缘效果。

8）在上述任何步骤中都可以使用缩放工具和抓手工具查看图像区域。直接使用缩放工具在图像区域单击鼠标左键，将放大显示；按下〈Ctrl〉键的同时使用缩放工具在图像区域单击鼠标左键，将缩小显示。在上述任何步骤中都可以通过按〈Alt〉键的同时单击"复位"按钮，恢复原图像。

9）最后单击"确定"按钮，完成"抽出"滤镜操作。

8.2.2 【案例：花之语】滤镜库

【案例导入】本案例是运用滤镜库来设计艺术效果，滤镜库整合了"扭曲"、"画笔描边"、"素描"、"纹理"、"艺术效果"和"风格化"6种滤镜组功能，它改变了以往一次仅能够对图像应用一个滤镜的状态，可以对图像累积应用滤镜，也可以在一次操作中重复使用某一个滤镜多次，在累积使用不同的滤镜时，还可以根据需要重新排列这些滤镜的应用顺序，以达到不同的应用效果。如图8-7a和8-7b所示，分别为使用滤镜库前后的效果。

【技能目标】根据设计要求，掌握滤镜库的使用方法，重点是了解"滤镜库"各个滤镜效果及相关参数的设置。

【案例路径】第8章滤镜\素材\[案例]花之语.psd

a)   b)

图8-7 【案例：花之语】效果

a）源图 b）效果图

以【案例：花之语】来介绍滤镜库的使用方法，具体的操作步骤如下。

1）执行"文件"→"打开"命令，打开本书配套素材文件"第8章滤镜\素材\花之语.jpg"，如图8-7a所示。

2）选择"背景"图层，选择"滤镜"→"转换为智能滤镜"命令，在弹出的提示框内单击"确定"按钮。

3）执行"滤镜"→"滤镜库"命令，弹出对话框，在展开的滤镜效果中，单击"素描"滤镜组中的"影印"滤镜，可在左边的预览框中查看应用该滤镜后的效果，如图8-8所示。

4）单击"确定"按钮后，再次执行"滤镜"→"滤镜库"命令，弹出对话框，在展开的滤镜效果中，单击"纹理"滤镜组中的"龟裂缝"滤镜，可在左边的预览框中查看应用该滤镜后的效果，单击"确定"按钮后，得到的最后效果如图8-7b所示。

图 8-8 "影印"对话框

8.2.3 【案例: DIY 哈根达斯】液化滤镜

【案例导入】本案例是运用液化滤镜来修饰图像和创建艺术效果, 液化滤镜库可以逼真地模拟液体流动的效果, 利用它可以非常方便地制作推、拉、旋转、反射、折叠和膨胀图像等各种效果。可以对图像任意扭曲, 创建的扭曲可以是细微的或剧烈的, 还可以将调整好的变形效果存储起来或载入以前存储的变形效果。如图 8-9a、8-9b 和 8-9c 所示, 分别为使用液化滤镜前后的效果对比。

【技能目标】根据设计要求, 掌握滤镜库的使用方法, 重点是了解"滤镜库"各个滤镜效果及相关参数的设置。

【案例路径】第 8 章滤镜 \ 素材 \ ［案例］DIY 哈根达斯 A. psd、 ［案例］DIY 哈根达斯 B. psd

a)   b)   c)

图 8-9 液化滤镜效果

a) 源图 b) 滤镜效果图 c) 滤镜效果图

以【案例：DIY哈根达斯】来介绍液化滤镜的使用方法，具体的操作步骤为。

1）执行"文件"→"打开"命令，打开本书配套素材文件"第8章滤镜 \ 素材 \ 哈根达斯 . jpg"素材文件，如图8-9a所示。

2）执行"滤镜"→"液化"命令，弹出"液化"对话框，如图8-10所示，对话框中左上部各个工具的作用如下。

- 向前变形工具 ：拖移时向前推送像素。

- 重建工具 ：可还原修改区域，用户可根据当前设置和重建模式，部分或全部恢复图像的先前状态。要设置和重建模式，可在"液化"对话框右侧"重建选项"设置区的"方式"下拉列表中进行选择。

- 顺时针转扭曲工具 ：按住鼠标左键或拖动鼠标时会顺时针旋转像素，可使图像产生漩涡效果。

- 褶皱工具 ：按住鼠标左键或拖动鼠标时使像素靠近画笔区域的中心，可收缩像素。

- 膨胀工具 ：按住鼠标左键或拖动鼠标时使像素远离画笔区域的中心，可扩展像素。

- 左推工具 ：在图像窗口单击拖动，系统将垂直于光标移动方向中上移动像素，鼠标拖动时可以使像素左移，按住〈Alt〉键并拖动鼠标可使像素右移。

- 镜像工具 ：可通地复制垂直于拖动方向的像素，来产生反射效果（类似水中映像）。当按住鼠标左键向下拖动时，会复制左方的图像；向上拖动时，则复制右方的图像；向左拖动时，复制上方的图像；向右拖动时，会复制下方的图像。

- 湍流工具 ：可用于创建火焰、云彩、波浪相似的效果。

- 冻结工具 ：防止修改预览图像中的区域。

- 解冻工具 ：解除冻结区域。

图8-10　"液化"对话框

3）利用向前变形工具，设置不同的画笔大小，作用于杯子上方的冰激凌，可以得到不同效果，分别如图 8-9b 和 8-9c 所示。

注意："液化"命令可将"液化"滤镜应用于 8 位/通道或 16 位/通道图像，但不能用于索引颜色、位图或多通道模式的图像。

8.2.4 【案例：欢乐的香槟】图案生成器滤镜

【案例导入】本案例是运用图案生成器滤镜来生成各种图案，图案生成器滤镜根据选取图像的部分或当前剪贴板中的图像，来生成的很多种图案。其特殊的混合算法避免了在应用图像时的简单重复，实现了拼贴块与拼贴块之间的无缝连接。因为图案是基于样本中的像素，所以生成的图案与样本具有相同的视觉效果，同样的取样图案，可得到不同的拼贴效果，并且可将创建的图案存储为预设的图案以备将来使用。如图 8-11a 所示，由该图运用图案生成器滤镜可以生成 8-11b、8-11c、8-11d、8-11e、8-11f 和 8-11g 的图案。

【技能目标】根据设计要求，掌握图案生成器滤镜的使用方法，重点是了解"图案生成器"对话框各项参数的设置。

【案例路径】配套素材与源文件 \ 第 8 章滤镜 \ 欢乐的香槟 . jpg

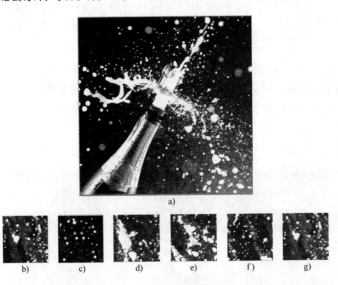

图 8-11 　【案例：欢乐的香槟】生成的图案
a) 源图　b) 图案效果　c) 图案效果　d) 图案效果　e) 图案效果　f) 图案效果　g) 图案效果

以【案例：欢乐的香槟】来介绍图案生成器滤镜的使用方法，具体的操作步骤如下。

1) 执行"文件"→"打开"命令，打开"配套素材与源文件 \ 第 8 章程 \ 欢乐的香槟 . jpg"素材文件，如图 8-11a 所示。

2) 在打开的图像中，使用选择工具选择需要制作图案的样本区域，执行"滤镜"→"图案生成器"命令，打开如图 8-12 所示的对话框。

3) 使用左侧工具栏的矩形选框工具可以在图像中重新选择图案样本。在右侧"拼贴生成"选项区可以在"宽度"、"高度"中设置图案样本的大小。如果设置尺寸比整个图像小，则最后将图案拼贴填充在整个图像区域；如果设置的尺寸与整个图像尺寸相同，则最后将只产生图案效果。如果要产生位移拼贴效果，可以设置"位移"及"数量"项。

图 8-12 "图案生成器"对话框

4）在此对话框中，如果反复单击"再次生成"按钮，可以得到各种基于原样本的图案效果，并且在"拼贴历史记录"区域中通过导向按钮可以查看这些图案；如果在"拼贴历史记录"区域中单击"存储预设图案"按钮，可以将当前图案保存为预设图案；如果单击"从历史记录中删除拼贴"按钮，可以删除当前图案。

5）基于图 8-12 所示选区样本所产生的各种图案效果，如图 8-11b、8-11c、8-11d、8-11e、8-11f 和 8-11g，单击"确定"按钮，即可产生各种图案文件。

8.2.5 【案例：无影无踪】消失点

【案例导入】本案例是运用消失点滤镜来修饰图像和创建艺术效果，消失点滤镜允许用户对选定的图像区域内进行复制、喷绘、粘贴图像等操作时，会自动应用透视原理，按照透视的角度和比例来自动适应图像的修改，从而大大节约精确设计和修饰照片所需的时间，解决了之前修补工具无法自动处理空间透视的问题。如图 8-13a 和 8-13b 所示，分别为使用消失点滤镜前后的效果对比。

【技能目标】根据设计要求，掌握消失点滤镜的使用方法，重点掌握"消失点"对话框中编辑平面工具等的使用方法及相关参数的设置。

【案例路径】第 8 章滤镜 \ 素材\［案例］无影无踪 . psd

a)   b)

图 8-13 【案例：无影无踪】效果

a）源图 b）效果图

以【案例：无影无踪】来介绍消失点滤镜的使用方法，具体的操作步骤如下。

1）执行"文件"→"打开"命令，打开本书配套素材文件"第8章滤镜＼素材＼无影无踪.jpg"，如图8-13a所示。

2）执行"滤镜"→"消失点"命令，弹出"消失点"对话框，如图8-14所示，我们的目标是去除画面上的皮鞋，使图片的创意效果更加突出。在以前的版本中，通常会用到图章工具，但是图章工具只是把类似的图像"复制"到想覆盖的位置，不具有"透视"功能，用起来很不方便，在此使用"消失点"命令较适合。

3）在"消失点"对话框中，用编辑平面工具在合适的位置上画一个矩形，画好后，颜色可能是红色，这说明透视不正确，若透视正确，矩形边框颜色应为蓝色。用编辑平面工具拖动刚才画好的矩形4个顶点，使矩形边框颜色成为蓝色，然后拖动矩形，使矩形所在位置符合自己想要的区域，如图8-15a所示。

图8-14 "消失点"对话框

a)

b)

图8-15 编辑"消失点"过程

a）编辑消失点 b）创建选区

4）用选框工具在蓝色矩形内画一个选区，因为有透视矩形的限制，所画的选区自动符合蓝色的矩形透视选区，如图8-15b所示。

5）在选框工具状态下，按住〈Alt〉键，拖动选区，将其移动到皮鞋的位置上，注意观

214

察边缘覆盖的位置，最终效果如图 8-13b 所示。

注意："消失点"滤镜比图章工具好用得多，而且效果也好，原因在于它能自动调整透视，而不用手动繁琐地选择复制的区域。但是，使用"消失点"滤镜一定要用在图像具有透视效果的位置，不具有透视效果明显的图像使用该工具作用不明显，甚至事与愿违。

8.3 Photoshop CS4 一般滤镜

Photoshop CS4 提供的滤镜，基本上是功能进行分类的，有些滤镜的功能比较相似。下面按照滤镜菜单的分类，列出每一个滤镜的基本功能。

8.3.1 风格化滤镜组

风格化滤镜组通过置换像素和查找并提高图像的对比度，在选区中生成绘画式或印象派的艺术效果，该滤镜组包括以下 9 个滤镜。

1. 查找边缘

该滤镜将图像中低反差区变成白色，中反差变成灰色，而高反差边界变成黑色，硬边变成细线，柔边变成较粗的线，如果与原图叠加可以产生一种腊状效果。如图 8-16a 和图 8-16b 所示为使用"查找边缘"滤镜前后的效果对比。

a)   b)

图 8-16 "查找边缘"效果

a) 源图 b) 效果图

提示：本节滤镜组源文件与效果可参见本书配套素材与源文件。

2. 等高线

该滤镜可以查找主要亮度区域的转换，并为每个颜色通道勾勒主要亮度区域的转换，以获得与等高线图中的线条类似的效果。如图 8-17a 所示，为使用"等高线"滤镜后的效果。

3. 风

该滤镜可以按照图像边缘的像素颜色增加水平线，产生起风的效果，注意此滤镜只对图像边缘起作用。如图 8-17b 所示，为使用"风"滤镜后的效果。

4. 浮雕效果

该滤镜可以通过勾画图像，或者选择区域的轮廓和降低周围的色值来生成凹凸不平的浮雕效果。如图 8-18a 所示，为使用"浮雕效果"滤镜后的效果。

5. 扩散

该滤镜可以对画面中的像素进行搅乱，并将其进行扩散，使其产生透过玻璃观察图像的效果。如图 8-18b 所示，为使用"扩散"滤镜后的效果。

6. 拼贴

该滤镜将图像分解为一系列拼贴，使选区偏离其原来的位置，并可选取下列对象之一填充拼贴之间的区域：背景色、前景色、反向图像和未改变图像，它们使拼贴的版本位于原版本之上，并露出原图像中位于拼接边缘下面的部分。如图 8-19a 所示，为使用"拼接"滤镜后的效果。

a)

b)

图 8-17 "等高线"与"风"效果

a)"等高线"效果 b)"风"效果

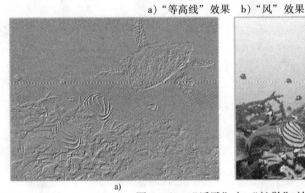

a)

b)

图 8-18 "浮雕"与"扩散"效果

a)"浮雕"效果 b)"扩散"效果

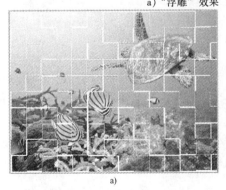

a)

b)

图 8-19 "拼接"与"曝光过度"效果

a)"拼接"效果 b)"曝光过度"效果

216

7. 曝光过度

该滤镜能创建图像正片、反片的混合效果，对灰度图像使用更能产生艺术效果。如图8-19b所示，为使用"曝光过度"滤镜后的效果。

8. 凸出

该滤镜可以将画面转化为立方体或锥体的三维效果如图8-20a所示，为使用"凸出"滤镜后的效果。

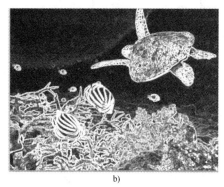

a)   b)

图8-20   "凸出"与"照亮边缘"效果

a)"凸出"效果   b)"照亮边缘"效果

9. 照亮边缘

该滤镜可以标识颜色的边缘，并向其添加类似霓虹灯的光亮，使图像的边缘产生发光效果。如图8-20b所示，为使用"照亮边缘"滤镜后的效果。

8.3.2   画笔描边滤镜组

运用画笔描边滤镜组可以使图像产生绘画效果，其工作原理为在图形中增加颗粒，杂色或纹理，从而使图像产生多样的绘画效果。

1. 成角的线条

当选择"成角的线条"滤镜时，系统将以对角线方向的线条描绘图像，在画面中较亮的区域与较暗的区域分别使用两种不同角度的线条进行描绘。执行该命令时，将弹出"成角的线条"对话框，在对话框的左边可以预览执行"成角的线条"命令后的画面效果，对话框右边各项参数含义如下。

- 方向平衡：此选项决定生成线条的倾斜角度。
- 描边长度：此选项决定生成线条的长度。
- 锐化程度：此选项决定生成线条的清晰程度。

如图8-21a和8-21b所示，为使用"查找边缘"滤镜前后的效果对比。

2. 墨水轮廓

该滤镜是用圆滑的细线重新描绘图像的细节，从而使图像产生钢笔油墨画的风格，如图8-22a所示，为使用"墨水轮廓"滤镜后的效果。

使用该滤镜时，将弹出"墨水轮廓"对话框，对话框各项参数含义如下。

a)   b)

图 8-21   "成角的线条"效果
a）源图   b）"成角的线条"效果

a)   b)

图 8-22   "墨水轮廓"和"喷溅"效果
a）"墨水轮廓"效果   b）"喷溅"效果

- 线条长度：此选项决定画面中线条的长度。
- 深色强度：此选项决定图像中阴影部分的强度。数值越大，线条越不明显；数值越小，则线条越明显。
- 光照强度：决定图像中明亮部分的强度。数值越大，画面越亮。

3. 喷溅

该滤镜可以在图像中产生颗粒飞溅的效果，如图8-22b所示为使用"喷溅"滤镜后的效果。使用该滤镜时，将弹出"喷溅"对话框，各项参数含义如下。

- 喷色半径：此选项数值的大小直接影响画面效果，数值越大，画面效果越明显。
- 平滑度：决定图像的平滑程度，数值越小，颗粒效果越明显。

4. 喷色描边

该滤镜是用颜料按照一定的角度在画面中喷射，以重新绘制图像。使用该滤镜时，将弹出"喷色描边"对话框，各项参数含义如下。

- 描边长度：此选项数值的大小决定画面中飞溅笔触的长度。
- 喷色半径：决定在画面中喷射颜色时，图像颜色溅开程度的大小。
- 描边方向：在此选项中可以选择任意方向，以决定画面中飞溅笔触的方向。

如图8-23a与8-23b所示，为使用"喷色描边"滤镜后选择不同的描边方向的效果。

a)   b)

图 8-23　不同描边方向的"喷色描边"效果

a)"喷色描边"效果　b)"喷色描边"效果

5. 强化的边缘

该滤镜命令可以对图像中不同颜色之间的边缘进行加强处理，如图 8-24a 所示为使用"强化的边缘"滤镜后的效果。

使用该滤镜时，将弹出"强化的边缘"对话框，各项参数含义如下。

a)   b)

图 8-24　"强化的边缘"和"深色线条"效果

a)"强化的边缘"效果　b)"深色线条"效果

- 边缘宽度：可以拖动滑块来对画面边缘的宽度进行调整。
- 边缘亮度：决定画面边缘的亮度，此值越高，边缘效果越与粉笔画类似；此值越低，边缘效果越与黑色油墨类似。
- 平滑度：决定画面边缘的平滑度。

6. 深色线条

该滤镜命令可以在画面中用短而密的线条绘制图像中的深色区域，用较长的白色线条描绘图像的浅色区域，如图 8-24b 所示，为使用"深色线条"滤镜后的效果。使用该滤镜时，将弹出"深色线条"对话框，各项参数含义如下。

- 平衡：此选项决定笔头的方向。
- 黑色强度：决定图像中黑线的显示强度，数值越大，线条越明显。
- 白色强度：决定图像中白线的显示强度，数值越大，线条越明显。

7. 烟灰墨

该滤镜命令可以使图像产生一种类似于毛笔在宣纸上绘画的效果，如图8-25a所示，为使用"烟灰墨"滤镜后的效果。

a)   b)

图8-25 "烟灰墨"和"阴影线"效果

a)"烟灰墨"效果 b)"阴影线"效果

使用该滤镜时，将弹出"烟灰墨"对话框，各项参数含义如下。

- 描边宽度：此选项决定画面使用笔头的宽度。
- 描边压力：决定使用的笔头在画面中的笔触压力，数值越大，压力越大。
- 对比度：此选项决定画面中亮区与暗区之间的对比度。

8. 阴影线

该滤镜命令可以使图像中将产生一种类似于用铅笔绘制交叉线的效果，以此将画面中的颜色边界加以强化和纹理化，如图8-25b所示为使用"阴影线"滤镜后的效果。使用该滤镜时，将弹出"阴影线"对话框，各项参数含义如下。

- 描边长度：此选项决定画面中生成线条的长度。
- 锐化程度：决定生成线形的清晰程度。
- 强度：此选项决定画面中生成交叉线的数量和清晰度。

8.3.3 模糊滤镜组

使用模糊滤镜组可以对图像进行模糊处理，可以利用此滤镜组来突出画面中的某一部分；对画面中颜色变化较大的区域进行模糊，可以使画面变得较为柔和平滑；同样可以利用此滤镜组去除画面中的杂色。

1. 表面模糊

"表面模糊"在保留边缘的同时模糊图像。此滤镜用于创建特殊效果并消除杂色或粒度，如图8-26a和8-26b所示，为使用"表面模糊"滤镜前后的效果对比。

执行该命令时，将弹出"表面模糊"对话框，各项参数含义如下。

- 半径：指定模糊取样区域的大小。
- 阈值：用于控制相邻像素色调值与中心像素值相差多大时才能成为模糊的一部分。色调值差小于阈值的像素被排除在模糊之外。

a) b)

图 8-26 "表面模糊"效果

a) 源图 b) "表面模糊"效果

2．动感模糊

使用"动感模糊"滤镜可以使图像产生模糊运动的效果，类似于物体高速运动时曝光的摄影手法，具体效果可参见本章【案例：动感滑雪】。

3．方框模糊

该滤镜是在相邻像素的平均颜色值的基础上来模糊图像，一般用于创建特殊效果，可以调整用于计算给定像素的平均值的区域大小，半径越大，产生的模糊效果越好，效果如图 8-27a 所示。

4．高斯模糊

用户可以直接根据高斯算法中的曲线调节像素的色值，通过控制模糊半径控制模糊程度，造成难以辨认的浓厚的图像模糊。该滤镜主要用于制作阴影、消除边缘锯齿、去除明显边界和突起，效果如图 8-27b 所示。

5．径向模糊

该滤镜可以使图像产生旋转或放射的模糊运动效果，如图 8-28a 所示为使用"径向模糊"滤镜后的效果。使用该滤镜时，将弹出"径向模糊"对话框，各项参数含义如下。

● 数量：决定图像模糊的程度，数值越大，模糊程度越强烈。

a) b)

图 8-27 "方框模糊"和"高斯模糊"效果

a) "方框模糊"效果 b) "高斯模糊"效果

- 模糊方法：包括"旋转"和"缩放"两种模糊方式，这两种模糊方式对图像所产生的模糊效果截然不同。
- 中心模糊：此窗口是线性预示窗口，因为该滤镜运行时间比较长，并且可以通过在该窗口中拖移图案指定模糊的中心。
- 品质：此选项中有"草图"、"好"和"最好"3种品质选择，当选择不同的品质时，所生成的模糊效果也不同。

a)   b)

图 8-28　"径向模糊"和"镜头模糊"效果
a)"径向模糊"效果　b)"镜头模糊"效果

6. 镜头模糊

该滤镜向图像中添加模糊以产生更窄的景深效果，以便使图像中的一些对象在焦点内，而使另一些区域变模糊。可以使用简单的选区来确定哪些区域变模糊，或者可以提供单独的通道深度映射来准确描述如何增加模糊。"镜头模糊"滤镜使用深度映射来确定像素在图像中的位置。可以使用通道和图层蒙版来创建深度映射；通道中的黑色区域被视为好像它们位于照片的前面，白色区域被视为好像它们位于远处的位置。如图 8-28b 所示为使用"镜头模糊"滤镜后的效果。

7. 模糊

选择"模糊"命令可以使图像产生极其轻微的模糊效果，只有多次使用此命令后才可以看出图像模糊的效果，直接执行此命令，系统将自动对图像进行处理。

8. 进一步模糊

使用"进一步模糊"滤镜与"模糊"滤镜对图像所产生的模糊效果基本相同，但使用"进一步模糊"滤镜要比"模糊"滤镜产生的图像模糊效果更加明显。

9. 平均

该滤镜用于找出图像或选区的平均颜色，然后用该颜色填充图像或选区以创建平滑的外观。如图 8-29a 和 8-29b 所示，如果选择了天空区域，该滤镜会将该区域更改为一块平滑的蓝色。

10. 特殊模糊

当画面中有微弱变化的区域时，便可以使用"特殊模糊"滤镜，将只对有微弱颜色变化的区域进行模糊，不对边缘进行模糊，可以使图像中原来较清晰的区域不变，原来较模糊的区域更为模糊。使用该滤镜时，弹出"特殊模糊"对话框，各项参数含义如下。

a)   b)

图 8-29   "平均"效果

a)"平均"效果   b)"平均"效果

- 半径：决定画面中不同像素进行处理的范围。
- 阈值：决定像素处理前后的变化差别。在此选项中设定一个数值，使用"特别模糊"命令对图像进行模糊后，所有低于这个差值的像素都会被模糊。
- 品质：此选项中包括"低"、"中"和"高"3 种品质选择，决定图像模糊后质量，与"径向模糊"滤镜中的"品质"选项作用相同，当选择不同的品质所生成模糊效果不同。
- 模式：此选项包括"正常"、"边缘优先"和"叠加边缘"3 个选项。如果选择"边缘优先"模式，那么当前图像背影自动变为黑色，留下图片中物体的边缘为白色；如果选择"叠加边缘"模式会把当前图像一些纹理的边缘变为白色，如图 8-30a 所示就是选择"叠加边缘"模式进行特殊模糊的效果。

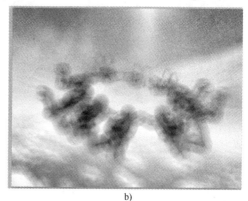

a)   b)

图 8-30   "特殊模糊"和"形状模糊"效果

a)"特殊模糊"效果   b)"形状模糊"效果

11. 形状模糊

该滤镜是使用指定的形状内核来创建模糊。使用该滤镜时，将弹出"形状模糊"对话框，从"自定形状预设"列表中选取一种形状，并使用"半径"滑块来调整其大小，半径决定了内核的大小，内核越大，模糊效果越好。图 8-30b 所示为执行"形状模糊"滤镜选择圆形之后形成的最终效果。

8.3.4 扭曲滤镜组

扭曲滤镜的使用，使图像产生三维或其他形式的扭曲。由于扭曲滤镜的效果一般较为强烈，一般用于选择的、羽化的图像区域，使整体图像效果显得更为精细。

1. 波浪

该滤镜可以生成强烈的波纹效果，并可以对波长的振幅进行控制，如图 8-31a 和 8-31b 所示，对图中水面使用"波浪"滤镜前后的效果对比。使用该滤镜时，将弹出"波浪"对话框，各项参数含义如下。

- 生成器数：通过调整滑块或设定数值来调整生成波纹的数量。
- 波长：决定生成波纹的大小。
- 波幅：决定生成波纹之间的距离。
- 比例：决定生成波纹在水平和垂直方向上的缩放比例。
- 类型：包括"正弦"、"三角形"和"方形" 3 种类型，它们决定生成波纹的类型。
- 随机化：每当单击此按钮时，将会自动生成一种波纹。
- 未定义区域：决定像素移动后产生的空白区域以何种方式进行填充，其中包括"折回"和"重复边缘像素"两个选项。

a)   b)

图 8-31 "波浪"效果

a）源图 b）"波浪"效果

2. 波纹

该滤镜所生成的效果类似于水面波纹，如图 8-32a 所示，为对水面使用"波纹"滤镜后的效果。使用该滤镜时，将弹出"波纹"对话框，各项参数含义如下。

- 数量：通过调整滑块或输入数值大小来设置生成的波纹的数量，两者之间成正比例。
- 大小：在此选项中包括"小"、"中"和"大" 3 个选项，当选择不同选项时所生成的画面效果将不同。

3．玻璃

该滤镜可以产生类似画布置于玻璃下的效果，如图8-32b所示为使用"玻璃"滤镜后的效果。使用该滤镜时，将弹出"玻璃"对话框，各项参数含义如下。

- 扭曲度：决定图像的扭曲程度，数值越大扭曲越强烈。
- 平滑度：决定图像的光滑程度。

a) b)

图8-32　"波纹"和"玻璃"效果

a）"波纹"效果　b）"玻璃"效果

- 纹理：在此选项中包括"块状"、"画布"、"磨砂"和"微晶体"4种样式，它们决定着玻璃的纹理，选择不同的选项时，所产生的画面效果各不相同。
- 缩放：此选项中的数值决定生成纹理的大小，数值越大，产生的纹理越多。
- 反相：当选中此复选框时，可以将生成纹理的凸凹进行反转。

4．海洋波纹

该滤镜将在画面的表面生成一种随机性间隔的波纹，产生类似于画面置于水下的效果，如图8-33a所示为使用"海洋波纹"滤镜后的效果。使用该滤镜时，将弹出"海洋波纹"对话框，各项参数含义如下。

- 波纹大小：决定生成波纹大小。
- 波纹幅度：决定生成波纹的密度。

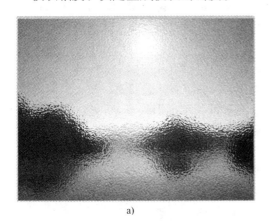 

a) b)

图8-33　"海洋波纹"和"极坐标"效果

a）"海洋波纹"效果　b）"极坐标"效果

5. 极坐标

该滤镜用于使图像产生强烈的变形，如图 8-33b 所示为使用"极坐标"滤镜后的效果。使用该滤镜时，将弹出"极坐标"对话框，各项参数含义如下。

- 平面坐标到极坐标：用于将直角坐标转换成极坐标。
- 极坐标到平面坐标：用于将极坐标转换成直角坐标。

6. 挤压

该滤镜可以对图像向外或向内进行挤压，如图 8-34b 所示为使用"挤压"滤镜后的效果。使用该滤镜时，将弹出"挤压"对话框，该对话框中"数量"可以是负值，也可以是正值。当数值为负值时，图像向外挤压，且数值越小，挤压程度越大；当数据为正值时，图像向内敲挤压，且数值越大，挤压程度越大。

a)   b)

图 8-34　"挤压"和"镜头校正"效果

a)"挤压"效果　b)"镜头校正"效果

7. 镜头校正

该滤镜用来修复常见的镜头瑕疵，如桶形和枕形失真、晕影子和色差等，如图 8-34b 所示为使用"镜头校正"滤镜后的效果。"桶形失真"是一种镜头缺陷，它会导致直线向外弯曲到图像的外缘，"枕形失真"的效果正好相反，直线会向内弯曲。使用该滤镜时，将弹出"镜头校正"对话框，各项参数含义如下。

- 移去扭曲：校正镜头桶形或枕形失真。移动滑块可拉直从图像中心向外弯曲或向图像中心弯曲的水平和垂直线条。也可以使用移去扭曲工具来进行这一校正。向图像的中心拖动可校正枕形失真，而向图像的边缘拖移可校正桶形失真。调整"边缘"选项，指定要如何处理任何生成的空白图像边缘。
- 晕影：校正由于镜头缺陷或镜头遮光处理不正确而导致边缘较暗的图像。
- 数量：设置沿图像边缘变亮或变暗的程度。
- 中点：指定受"数量"滑块影响的区域的宽度。如果指定较小的数，则会影响较多的图像区域。如果指定较大的数，则只会影响图像的边缘。
- 色差：校正色边。在进行校正时，放大预览的图像可更近距离地查看色边。
- 修复红/青边：通过调整红色通道相对于绿色通道的大小，针对红/青色边进行补偿。

226

- 修复蓝/黄边：通过调整蓝色通道相对于绿色通道的大小，针对蓝/黄色边进行补偿。
- 垂直透视：校正由于相机向上或向下倾斜导致的图像透视，使图像中的垂直线平行。
- 水平透视：校正图像透视，并使水平线平行。
- 角度：旋转图像以针对相机歪斜加以校正，或在校正透视后进行调整，也可以使用旋转拉直工具来进行这一校正，沿图像中欲作为横轴或纵轴的直线拖动即可。
- 边缘：指定如何处理由于枕形失真、旋转或透视校正而产生的空白区域。可以使空白区域保持透明或使用某种颜色填充空白区域，也可以扩展图像边缘的像素。
- 比例：向上或向下调整图像缩放。图像像素尺寸不会改变。主要用途是移去由于枕形失真、旋转或透视校正等产生的空白区域。放大实际上是将导致裁剪图像，并使插值增大到原始像素尺寸。

8. 扩散亮光

该滤镜可以对图像的高亮区域用背景色填充，以散射图像上的高光，使图像产生发光效果，如图 8-35a 所示为使用"扩散亮光"滤镜后的效果。使用该滤镜时，弹出"扩散亮光"对话框，各项参数含义如下。

- 粒度：通过拖动滑块或输入数值，来对添加颗粒的数目进行控制。
- 发光量：通过拖动滑块或输入数值，来对图像的发光强度进行控制。
- 清除数量：该数值的大小决定背景色覆盖区域的范围，数据越大覆盖的范围越小，数值越小覆盖的范围越大。

a)   b)

图 8-35   "扩散亮光"和"切变"效果

a)"扩散亮光"效果   b)"切变"效果

9. 切变

该滤镜命令可以使图像按指定曲线进行变形，如图 8-35b 所示为使用"切变"滤镜后的效果。使用该滤镜时，弹出"切变"对话框，各项参数含义如下。

- 折回：用图像的对边内容填充未定义的区域。
- 重复边缘像素：按指定方向对图像的边缘像素进行扩展填充。

10. 球面化

该滤镜可以将图像挤压，产生图像包在球面或柱面上的立体效果，如图 8-36a 所示，为使用"球面化"滤镜后的效果。使用该滤镜时，将弹出"球面化"对话框，各项参数含义如下。

- 数量：用来控制球化的程度，数值可以是负值，也可以是正值。当数值为负值时，图像向内凹陷，且数值越小，凹陷程度越大；当数值为正值时，图像向外凸出，且数值越大，凸出程度越大。
- 模式：该选项包括"正常"、"水平优先"和"垂直优先"3 种模式，选择"水平优先"时，画面将产生竖直的柱面效果；选择"垂直优先"时，画面将产生水平的柱面效果。

a)   b)

图 8-36 "球面化"和"水波"效果
a)"球面化"效果 b)"水波"效果

11. 水波

该滤镜所生成效果类似于平静的水面波纹，如图 8-36b 所示为使用"水波"滤镜后的效果。使用该滤镜时，将弹出"水波"对话框，各项参数含义如下。

- 数量：决定生成水波波纹的数量。
- 起伏：决定生成水波波纹的凸出或凹陷程度。
- 样式：在此选项中包括"围绕中心"、"从中心向外"和"水池波纹"3 种样式，选择不同的样式所生成的波纹形状将会不同。

12. 旋转扭曲

该滤镜将以图像或选择区域中心来对图像进行旋转扭曲变形，当对图像进行旋转扭曲后，图像或选择区域的中心扭曲程度要比边缘的扭曲强烈，如图 8-37a 所示为使用"旋转扭曲"滤镜后的效果。使用该滤镜时，将弹出"旋转扭曲"对话框，该对话框中"角度"此数值可以是负值，也可以是正值，主要决定图像的旋转扭曲程度。当数值为负值时，图像以逆时针进行旋转扭曲；当数据为正值时，图像顺利针旋转扭曲。当数值为负数最小或正数最大值是图像的旋转扭曲程度最强烈，但旋转扭曲的方向不同。

13. 置换

该滤镜可以使一幅图像按照另一幅图像的纹理进行变形，最终用两幅图像的纹理将两幅图像组合在一起，用来置换前一幅图像的图像被称之为置换图。使用该滤镜时，将弹出"置换"对话框，各项参数含义如下。

- 水平比例：此选项决定图像像素在水平方向上的移动距离。
- 垂直比例：此选项决定图像像素在垂直方向上的移动距离。
- 置换图：在此选项中包括"伸展以适合"和"拼贴"两个选项。当选择"伸展以适合"

时，影像进行缩放使其与前图像适配；当选择"拼贴"时，影像在当前图像中重复排列。

- 未定义区域：在此选项中包括"折回"和"重复边缘像素"两个选项。当选择"折回"选项时可以将画面一侧的像素移动到画面的另一侧；当选择"重复边缘像素"选项时，可以自动利用附近的颜色填充图像移动后的空白区域。

在"置换"对话框中单击"确定"按钮后，将弹出"选择一个置换图"的对话框，要求选择一个要置换的图像，在此选择本章案例文件"［案例］花之语.psd"进行置换，如图8-37b 所示就是执行"置换"滤镜后形成的最终效果。

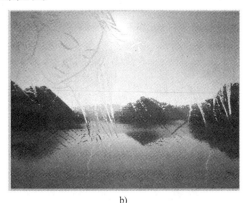

a)　　　　　　　　　　　　　　　　　　b)

图 8-37　　"旋转扭曲"和"置换"效果

a)"旋转扭曲"效果　b)"置换"效果

8.3.5　锐化滤镜组

使用锐化滤镜组可以将模糊的图像变得清晰，它主要是通过增加相邻像素之间的对比度来使模糊图像变得更加清晰，效果类似于调节相机的焦距使得景物更清楚。

1. USM 锐化

该滤镜是显示图像边缘细节的最精巧方法，它以较低的"半径"值产生较税利效果，而高值则产生柔和的、高对比度的效果；较低的"阈值"可以使许多像素的对比增强，而高值则导致大量的像素不被锐化。如图 8-38a 和 8-38b 所示，为使用"USM 锐化"滤镜前后效果对比。

a)　　　　　　　　　　　　　　　　　　b)

图 8-38　　"USM 锐化"效果

a) 源图　b)"USM 锐化"效果

2. 锐化

该滤镜提供了最基本的像素对比增强功能，可以使图像的边缘产生轮廓锐化的效果，如图8-39a所示为多次使用"锐化"滤镜后的效果。

3. 进一步锐化

该滤镜可以增大图像之间的反差，从而使图像产生较为清楚的效果，此滤镜相当于多次使用"锐化"滤镜对图像进行锐化的效果。使用"锐化"和"进一步锐化"滤镜与"模糊"和"进一步模糊"滤镜产生的效果恰好相反。

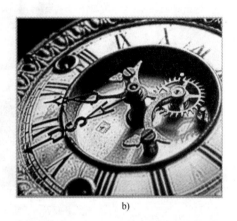

a)   b)

图8-39　"锐化"与"智能锐化"效果

a)多次"锐化"效果　b)"智能锐化"效果

4. 智能锐化

该滤镜具有"USM锐化"滤镜所没有的锐化控制功能，用户可以设置锐化算法，或控制在阴影和高光区域中进行的锐化量，如图8-39b所示为使用"智能锐化"滤镜后的效果。

5. 锐化边缘

"锐化边缘"命令用于对图像的边缘轮廓进行锐化，其特点与"锐化"和"进一步锐化"相同，它增强了图像的高对比区，使用它有助于显示图像中细小的细节。

8.3.6　视频滤镜组

使用视频滤镜组可以将视频图像转换成普通的图像，同样可以将普通的图像转换成为视频图像。

1. NTSC 颜色

使用"NTSC颜色"滤镜可以把一幅RGB图像中的一系列颜色恢复成电视的全部色彩，减少条纹及渗色，将图像转化成为电视可以接收的信号颜色。

2. 逐行

使用"逐行"滤镜可以将图像中异常的交错线清除，从而达到光滑图像的效果。它适用于那些使用视频捕获卡和视频源（例如录像机）捕获到的图像，将视频信息组合在一起，以创建位图图像。

8.3.7 素描滤镜组

使用素描滤镜组可以利用前景色和背景色来置换图像中的色彩，从而生成一种更为精确的图像效果。由于篇幅有限，这里不再介绍各个滤镜对话框中各项参数的含义，只介绍它的作用和具体效果。

1. 半调图案

该滤镜可根据当前工具箱中的前景色与背景色重新给图像进行颜色的添加，使图像产生一种网纹图案的效果。如图 8-40a 和 8-40b 所示，为使用"半调图案"滤镜前后的效果对比。

a)   b)

图 8-40   "半调图案"效果

a) 源图   b)"半调图案"效果

2. 便条纸

该滤镜使用当前前景色、背景色创建一种立体效应，以模拟真实的凹凸的便条纸。它适用于简单的黑白插图，或从一幅灰度图快速创建立体的彩色效果。如图 8-41a 所示为使用"便条纸"滤镜后的效果。

3. 粉笔和炭笔

该滤镜可以使用前景色在图像上绘制出粗糙高亮区域，使用背景色在图像上绘制出中间色调，使用的前景色为炭笔，背景色为粉笔。如图 8-41b 所示为使用"粉笔和炭笔"滤镜后的效果。

4. 铬黄

该滤镜可以根据原图像的明暗分布情况产生磨光的金属效果。如图 8-42a 所示，为使用"铬黄"滤镜后的效果。

5. 绘图笔

该滤镜可以用前景色以对角方向重新绘制图像。如图 8-42b 所示，为使用"绘图笔"滤镜后的效果。

6. 基底凸现

该滤镜用于使图像产生凹凸起伏的雕刻效果，且用前景色对画面中的较暗区域进行填充，较亮区域用背景色进行填充。如图 8-43a 所示为使用"基底凸现"滤镜后的效果。

a)   b)

图 8-41　"便条纸"和"粉笔和炭笔"效果

a)"便条纸"效果　b)"粉笔和炭笔"效果

a)   b)

图 8-42　"铬黄"和"绘图笔"效果

a)"铬黄"效果　b)"绘图笔"效果

a)   b)

图 8-43　"基底凸现"和"水彩画纸"效果

a)"基底凸现"效果　b)"水彩画纸"效果

7. 水彩画纸

该滤镜用于产生潮湿的纸上作画的溢出混合效果。如图 8-43b 所示为使用"水彩画纸"

滤镜后的效果。

8. 撕边

该滤镜可以使图像产生用粗糙的颜色边缘模拟碎纸片的效果。如图 8-44a 所示，为使用"撕边"滤镜的效果。

9. 塑料效果

该滤镜可以用前景色和背景色给图像上色，并且图像中的亮部进行凹陷，暗部进行凸出，从而生成塑料效果。如图 8-44b 所示，为使用"塑料效果"滤镜后的效果。

a)　　　　　　　　　　　　　　　　b)

图 8-44　"撕边"和"塑料效果"效果

a)"撕边"效果　b)"塑料效果"效果

10. 炭笔

该滤镜可以用前景色在背景色上重新绘制图案。在绘制的图像中，用粗线绘制图像的主要边缘，用细线绘制图像的中间色调。如图 8-45a 所示，为使用"炭笔"滤镜后的效果。

11. 炭精笔

该滤镜产生的效果类似于用前景色绘制画面中较暗的部分，用背景色绘制画面中较亮的部分，从而产生蜡笔绘制的感觉。如图 8-45b 所示，为使用"炭精笔"滤镜后的效果。

a)　　　　　　　　　　　　　　　　b)

图 8-45　"炭笔"和"炭精笔"效果

a)"炭笔"效果　b)"炭精笔"效果

12. 图章

该滤镜对图像所产生的效果与现实中的图章相似，在进行印章的模拟时，图像部分为前景色，其余部分为背景色，可以利用此滤镜对图中的人物部分进行处理，如图 8-46a 和 8-46b 所示，为对人物部分使用"图章"滤镜后得到的人物素描图。

a)　　　　　　　　　　　　　　　b)

图 8-46　"图章"效果

a) 源图　b)"图章"效果

13. 网状

该滤镜产生透过网格向背景色上绘制半固体的前景色效果。如图 8-47a 所示为使用"网状"滤镜后的效果。

14. 影印

该滤镜可以模仿由前景色和背景色两种不同颜色影印图像的效果。如图 8-47b 所示为使用"影印"滤镜后的效果。

a)　　　　　　　　　　　　　　　b)

图 8-47　"网状"和"影印"效果

a)"网状"效果　b)"影印"效果

8.3.8　纹理滤镜组

在纹理滤镜组中主要包括 6 种命令，利用这些命令可以制作特殊的纹理及材质效果。

1. 龟裂缝

该滤镜可使画面上形成许多的纹理，类似于在粗糙的石膏表面绘画的效果。如图8-48a所示为使用"龟裂缝"滤镜后的效果。

a)   b)

图8-48 "龟裂缝"和"颗粒"效果

a)"龟裂缝"效果 b)"颗粒"效果

2. 颗粒

该滤镜可以利用颗粒使画面生成不同的纹理效果，当选择不同的颗粒类型时，画面所生成的纹理不同。如图8-49b所示为使用"颗粒"滤镜后的效果。

3. 马赛克拼贴

该滤镜可以将画面分割成若干形状的小块，并在小块之间增加深色的缝隙。如图8-49a所示为使用"马赛克拼贴"滤镜后的效果。

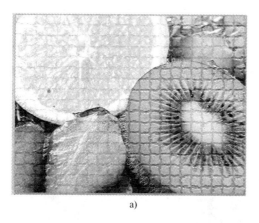

a)   b)

图8-49 "马赛克拼贴"和"拼缀图"效果

a)"马赛克拼贴"效果 b)"拼缀图"效果

4. 拼缀图

该滤镜可以将图像分为若干的小方块，如同现实中的瓷砖，其中生成的小方块颜色用该区域中最亮的颜色填充，方块与方块之间有深色的缝隙，可以对这些缝隙进行宽度的调整。如图8-49b所示为使用"拼缀图"滤镜后的效果。

5．染色玻璃

该滤镜用于在画面中生成玻璃的模拟效果，生成玻璃块之间的缝隙将用前景色进行填充，图像中的多个细节将会随玻璃的生成而消失。如图8-50a所示，为使用"染色玻璃"滤镜后的效果。

6．纹理化

该滤镜可以任意选择一种纹理样式，从而在画面中生成一种纹理效果。如图8-50b所示，为使用"纹理化"滤镜后的效果。

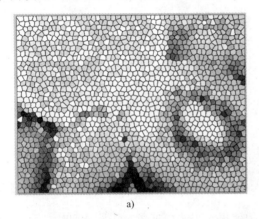 

图8-50 "染色玻璃"和"纹理化"效果

a）"染色玻璃"效果 b）"纹理化"效果

8.3.9 像素化滤镜组

像素化滤镜组的作用是将图像分成一定的区域，将这些区域转变为相应的色块，再由色块构成图像，类似于网格、马赛克等纹理的效果。

1．彩块化

该滤镜将图像色彩相似的像素点归成统一色彩的大小及形状各异的色块，形成具有手绘感觉的图像。如图8-51a和8-51b所示，为使用"彩块化"滤镜前后的效果对比。

图8-51 "彩块化"效果

a）源图 b）"彩块化"效果

2. 彩色半调

该滤镜将每一个通道划分为矩形栅格，然后将像素添加进每一个栅格，并用圆形替换矩形，从而使图像的每一个通道实现扩大的半色调网屏效果。如图8-52a所示为执行"彩色半调"滤镜后形成的效果。

3. 点状化

该滤镜将图像分成不连续的小晶块，其缝隙用背景色填充，在弹出的"点状化"对话框中，"单元格大小"选项决定画面中生成单元格的大小，数值越大生成的单元格越大。如图8-52b所示为执行"点状化"滤镜后形成的效果。

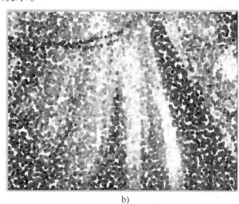

a)   b)

图8-52　"彩色半调"和"点状化"效果

a)"彩色半调"效果　b)"点状化"效果

4. 晶格化

该滤镜可以使图像像素结块生成为单一颜色的多边形栅格，在弹出的"晶格化"对话框中，"单元格大小"选项决定画面中生成单元格的大小，数值越大生成的单元格越大。如图8-53a所示为执行"晶格化"滤镜后形成的效果。

5. 马赛克

该滤镜将画面中的像素分组，然后将其转换成颜色单一的方块，使图像生成马赛克效果，在弹出的"马赛克"对话框中，"单元格大小"选项决定画面中生成单元格的大小，数值越大生成的单元格越大。如图8-53b所示为执行"马赛克"滤镜后形成的效果。

a)   b)

图8-53　"晶格化"和"马赛克"效果

a)"晶格化"效果　b)"马赛克"效果

6. 碎片

该滤镜以方块形式将图像重复 4 次，逐次降低透明度，产生一种不稳的效果。该命令没有对话框。如图 8-54a 所示为执行"碎片"滤镜后形成的效果。

a)　　　　　　　　　　　　　　　b)

图 8-54　"碎片"和"铜板雕刻"效果

a)"碎片"效果　b)"铜板雕刻"效果

7. 铜板雕刻

该滤镜是用点、线条或笔画重新生成图像，且图像的颜色被饱和。它是一种特殊半调网屏图案，其中以随机分布的旋涡状曲线和小孔取代替普通半调网点。如图 8-54b 所示为执行"铜板雕刻"滤镜后形成的效果。

8.3.10　渲染滤镜组

使用渲染滤镜组可以在画面中制作立体、云彩和光照等特殊效果。其中强大的"光照效果"滤镜可以绘制出非常漂亮的纹理图像，"云彩"、"分层云彩"及"镜头光晕"滤镜同样也都是利用价值很高的滤镜。

1. 分层云彩

该滤镜是根据当前图像的颜色，产生与原图像有关的云彩效果，此命令没有对话框，每次使用此命令时，所生成画面效果都会有所不同。如图 8-55a 和 8-55b 所示，为使用分层云彩滤镜前后的画面效果对比。

a)　　　　　　　　　　　　　　　b)

图 8-55　"分层云彩"效果

a）源图　b)"分层云彩"效果

注意：该效果是复制了背景图层，在复制的背景图层上使用"分层云彩"滤镜，然后设置该图层的模式为"差值"，调整其不透明度，多次应用"分层云彩"滤镜得来的效果。

2. 光照效果

该滤镜可以通过改变17种光照样式、3种光照类型和4种光照属性，绘制出多种奇妙的灯光纹理效果，如图5-56a所示为使用"光照效果"滤镜后的效果。

a)   b)

图8-56   "光照"效果和"镜头光晕"效果

a)"光照"效果   b)"镜头光晕"效果

3. 镜头光晕

该滤镜可以使图像产生摄像机镜头的眩光效果，如图5-56b所示为使用"镜头光晕"滤镜后的效果。

4. 纤维

该滤镜是根据前景色与背景色在画面中生成类似于纤维的效果，此命令没有对话框，每次使用此命令时，所生成画面效果都会有所不同，其原理与"分层云彩"命令相似。如图8-57a所示为使用"纤维"滤镜前后效果对比。

a)   b)

图8-57   "纤维"和"云彩"效果

a)"纤维"效果   b)"云彩"效果

5. 云彩

该滤镜是根据前景色与背景色在画面中生成类似于云彩的效果，此命令没有对话框，每次使用此命令时，所生成画面效果都会有所不同。如图8-57b所示为使用该滤镜为一幅风景图片制作的云雾效果。

注意："纤维"和"云彩"效果和"分层云彩"效果相似，都是复制了背景图层，在复制的背景图层上使用相应的滤镜，然后设置图层不同的模式，调整其不透明度，多次应用滤镜得来的效果。

8.3.11 艺术效果滤镜组

使用艺术效果滤镜组可以模拟各种绘画和绘画风格，帮助美术或商业项目制作特殊的艺术效果。

1. 壁画

该滤镜可以在图像的边缘添加黑色，并增加反差的饱和度，从而使图像产生古壁画的效果。如图 8-58a 和 8-58b 所示，为使用"壁画"滤镜前后的画面效果对比。

a)   b)

图 8-58　"壁画"效果

a) 源图　b)"壁画"效果

2. 彩色铅笔

该滤镜可以模拟各种颜色的铅笔在单一颜色的背景上绘制图像，绘图的图像中较明显的边缘被保留，并带粗糙的阴影线外观。如图 8-59a 所示为使用"彩色铅笔"滤镜后的效果。

3. 粗糙蜡笔

该滤镜可以产生彩色画笔在布满纹理的图像中描绘的效果。如图 8-59b 所示为使用"粗糙蜡笔"滤镜后的效果。

a)   b)

图 8-59　"彩色铅笔"和"粗糙蜡笔"效果

a)"彩色铅笔"效果　b)"粗糙蜡笔"效果

4. 底纹效果

该滤镜可以根据纹理和颜色产生一种纹理喷绘的图像效果，也可以用来创建布料或油画效果。如图 8-60a 所示为使用"底纹效果"滤镜后的效果。

a)   b)

图 8-60 "底纹"效果和"调色刀"效果

a)"底纹"效果   b)"调色刀"效果

5. 调色刀

该滤镜可以制作类似于用刀子刮去图像的细节，从而产生画布的效果。如图 8-60b 所示为使用"调色刀"滤镜后的效果。

6. 干画笔

该滤镜可以通过减少图像的颜色来简化图像的细节，使图像有类似于油画和水彩画之间的效果。如图 8-61a 所示为使用"干画笔"滤镜后的效果。

a)   b)

图 8-61 "干画笔"和"海报边缘"效果

a)"干画笔"效果   b)"海报边缘"效果

7. 海报边缘

该滤镜可以减少原图像中的颜色，查找图像的边缘，并描成黑色的外轮廓。如图 8-61b 所示为使用"海报边缘"滤镜后的效果。

8. 海绵

该滤镜可以模拟直接使用海绵在画面中绘画的效果。如图 8-62a 所示为使用"海绵"

滤镜后的效果。

9. 绘画涂抹

该滤镜可以看做是一组滤镜菜单的组合运用，它可以使图像产生模糊的艺术效果。如图8-62b 所示为使用"绘画涂抹"滤镜后的效果。

a)   b)

图 8-62   "海绵"和"绘画涂抹"效果

a)"海绵"效果   b)"绘画涂抹"效果

10. 胶片颗粒

该滤镜可以在画面中的暗色调与中间色调之间添加颗粒，使画面看起来色彩更为均匀平衡。如图 8-63a 所示为使用"胶片颗粒"滤镜后的效果。

11. 木刻

该滤镜可以将画面中相近的颜色利用一种颜色进行代替，并且减少画面中原有的颜色，使图像看起来是由几种颜色所绘制而成的。如图 8-63b 所示为使用"木刻"滤镜后的效果。

a)   b)

图 8-63   "胶片颗粒"和"木刻"效果

a)"胶片颗粒"效果   b)"木刻"效果

12. 霓虹灯光

该滤镜可以为图像添加类似霓虹灯一样的发光效果。如图 8-64a 所示为使用"霓虹灯光"滤镜后的效果。

13. 水彩

该滤镜可以通过简化图像的细节，改变图像边界的色调及饱和图像的颜色等，使其产生一种类似于水彩风格的图像效果。如图 8-64b 所示为使用"水彩"滤镜后的效果。

a)   b)

图 8-64   "霓虹灯光"和"水彩"效果

a)"霓虹灯光"效果   b)"水彩"效果

14. 塑料包装

该滤镜可以增加图像中的高光并强化图像中的线条，产生一种表现质感很强的塑料包装效果。如图 8-65a 所示为使用"塑料包装"滤镜后的效果。

a)   b)

图 8-65   "塑料包装"和"涂抹棒"效果

a)"塑料包装"效果   b)"涂抹棒"效果

15. 涂抹棒

该滤镜可以使画面中较暗的区域被密而短的黑色线条涂抹。如图 8-65b 所示为使用"涂抹棒"滤镜后的效果。

8.3.12   杂色滤镜组

杂色滤镜组中的滤镜用于添加或去掉图像中的杂点。图像中的杂点，实际上是一些颜色随机分布的像素点，就像电视台信号受到干扰时的雪花点一样。使用该滤镜可以创建不同寻常的纹理或去掉图像中有缺陷的区域，如图像扫描时带来的一些灰尘或原稿上的划痕等，也可用这些滤镜生成一些特殊的底纹。

1. 减少杂色

该滤镜是在基于影响整个图像或各个通道的用户设置保留边缘的同时减少杂色。如图 8-66a 和 8-66b 所示，为使用"壁画"滤镜前后的画面效果对比。

a)　　　　　　　　　　　　　　　　b)

图 8-66　"减少杂色"效果

a）源图　b）"减少杂色"效果

2. 蒙尘与划痕

该滤镜可以查找图像中的小缺陷，并将其融入到周围的图像中，使其在清晰化的图像和隐藏的缺陷之间达到平衡。如图 8-67a 和 8-67b 所示，为使用"蒙尘与划痕"滤镜前后的画面效果对比。

a)　　　　　　　　　　　　　　　　b)

图 8-67　"蒙尘与划痕"效果

a）源图　b）"蒙尘与划痕"效果

3. 去斑

"去斑"滤镜用于检测图像的边缘（发生显著颜色变化的区域）并模糊出那些边缘外的所有选区。该模糊操作会移去杂色，同时保留细节。该滤镜没有对话框，图像改变比较细微，可以多次执行该滤镜以达到相应的效果。如图 8-68a 和 8-68b 所示，为执行"去斑"滤镜前后效果对比，可以看出，"去斑"滤镜能将扫描黑白印刷品的网纹轻松去除。

4. 添加杂色

使用"添加杂色"滤镜可以将一定数量的杂色以随机的方式引入到图像中，并可以使混合时产生的色彩有散漫的效果。图 8-69a 所示为执行"添加杂色"滤镜后形成的最终效果。

a)　　　　　　　　　　　　　　　b)

图 8-68　"去斑"效果

a) 源图　b) "去斑"效果

a)　　　　　　　　　　　　　　　b)

图 8-69　"添加杂色"和"中间值"效果

a) "添加杂色"效果　b) "中间值"效果

5. 中间值

通过混合选区中像素的亮度来减少图像的杂色。"中间值"滤镜搜索像素选区的半径范围以查找亮度相近的像素，扔掉与相邻像素差异太大的像素，并用搜索到的像素的中间亮度值替换中心像素。此滤镜在消除或减少图像的动感效果时非常有用。图 8-69b 所示为执行"中间值"滤镜后形成的最终效果。

8.3.13　其他滤镜组

其他滤镜组通过替换像素、增强相邻像素的对比度，使图像产生加粗、夸张等艺术效果。

1. 高反差保留

该滤镜可以把图像的高反差区域从低反差区域中分离出来，该滤镜与"图像"→"陷印"命令结合使用，可以形成比"查找边缘"更好的单线图或用于图像分离。如图8-70a和8-70b所示，为使用"高反差保留"滤镜前后的画面效果对比。

a)   b)

图8-70   "高反差保留"效果

a) 源图   b)"高反差保留"效果

2. 位移

该滤镜可以使图像进行垂直或水平移动，如图8-71a所示为执行"位移"滤镜后形成的最终效果。

3. 自定

该滤镜可以自己设置滤镜，在弹出对话框的文本框中输入数值可以计算图像的亮度，当输入正值时，图像相应地变亮；输入负值时，图像相应地变暗。如图8-71a所示为使用"自定"滤镜后的效果。

a)   b)

图8-71   "位移"和"自定"效果

a)"位移"效果   b)"自定"效果

4. 最大值

该滤镜可以对画面中的亮区进行扩大，对画面中的暗区进行缩小。在指定的半径中，首先搜索像素中的亮度最大值并利用该像素替换其他的像素。如图8-72a所示为使用"最大

246

值"滤镜后的效果。

图 8-72   "最大值"和"最小值"效果
a)"最大值"效果   b)"最小值"效果

5. 最小值

该滤镜可以对画面中的亮区进行缩小，对画面中的暗区进行扩大。在指定的半径中，首先搜索像素中的亮度最小值并利用该像素替换其他的像素。如图 8-72b 所示，为使用"最小值"滤镜后的效果。

8.3.14 Digimarc 滤镜组

可以将版权信息添加到 Photoshop 图像中，并通知用户图像的版权通过使用 Digimarc PictureMarc 技术的数字水印加以保护。使用者一般看不见这种水印（作为杂色添加到图像中的数字代码），它以数字和打印形式长久保存，并且在经历典型的图像编辑和文件格式转换后仍然存在，当打印出图像然后扫描回计算机时，仍可检测到水印。在图像中嵌入数字水印，可使查看者获得关于图像创作者的完整联系信息。该功能对于将作品给他人的图像创作者特别有价值，当复制带有嵌入水印的图像时，也将复制水印和与水印相关的任何信息。

1. 读取水印

该滤镜可以判断图像中是否有水印，该滤镜没有要设置的参数，使用该滤镜后，将会弹出识别结果。

2. 嵌入水印

若要嵌入水印，必须首先向 Digimarc Corporation（该公司维护有艺术家、设计人员和摄影师及其联系信息的数据库）注册，获得唯一的创作者 ID，然后将创作者 ID 连同版权年份或限制使用的标识符等信息一起嵌入到图像中。具体的嵌入水印的操作步骤如下。

1）打开要嵌入水印的图像，每个图像只可嵌入一个水印，"嵌入水印"滤镜在先前标记过的图像上无效。若要处理分层图像，应在标记之前拼合图像；否则水印将只影响现有图层。

2）执行"滤镜"→"Digimarc"→"嵌入水印"命令，弹出如图 8-73a 所示的对话框，单击"个人注册"按钮，弹出如图 8-73b 所示的对话框。如果是第一次使用滤镜，单击"信息"按钮，启动 Web 浏览器并访问位于 http：//www.digimarc.com 的 Digimarc Web 站点，或通过对话框中列出的电话号码与 Digimarc 联系，以获得创作者 ID。在"Digimarc 标识号"与"个人身份号码"文本框中输入相关号码，并单击"好"按钮。

3）返回"嵌入水印"对话框，输入图像的版权年份，选择"图像属性"，指定"目标输出"方式，设置"水印耐久性"数值后，单击"好"按钮，即可嵌入水印。

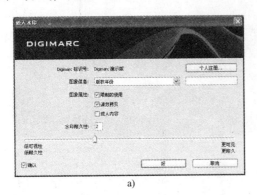 

a)   b)

图 8-73　嵌入水印

a)"嵌入水印"对话框　b)"个人注册 Digimarc 标识号"对话框

注意：若要向索引颜色图像添加水印，可以先将图像转换为 RGB 模式，嵌入水印，然后再将图像转换回索引颜色模式。但是，效果可能不一致。若要确定是否已嵌入水印，请运行"读取水印"滤镜。

8.4　第三方滤镜工具 KPT 7.0

很多接触过 Photoshop 的读者都惊叹于其令人眼花缭乱的滤镜效果，似乎有种让人"不怕做不到，就怕想不到"的感觉。然而设计者的想象力也是让人佩服的：除了 Photoshop 自身提供的上百种滤镜，似乎还不能满足设计者的要求，于是很多第三方滤镜插件应运而生，而 Photoshop 的周到考虑，为添加滤镜提供了方便，能够允许我们使用其他公司的滤镜。

这里要介绍的 Metacreations 公司的 KPT（Kai's Power Tools）系列就是第三方滤镜的佼佼者，是 Photoshop 最著名的滤镜，最新的 KPT 7.0 版本更是滤镜中的精品。

8.4.1　KPT 7.0 的安装

在使用 KPT 滤镜前，有必要对它的特点做些了解。和其他软件的升级方式有所不同的是，KPT 是一组系列滤镜。每个系列都包含若干个功能强劲的滤镜，目前的系列有 KPT 3.0、KPT 5.0、KPT 6.0，以及这里给大家介绍的 KPT 7.0。

虽然版本号上升，但是这并不意味着后面的版本是前面版本的升级版，每个版本的侧重和功能都各不相同，因此，我们不能光看它的版本决定该滤镜是否过时。

KPT 7.0 有两种版本，一种需要安装的，在本书配套素材与源文件的"第 8 章滤镜 \ 相关补丁和软件\kpt 7"目录下有 KPT 7.0 安装的源文件，直接运行 setup. exe 文件即可完成安装，应当注意的是滤镜应当安装到 Photoshop CS4 的 plus-ins 目录下（一般默认路径为 C:\ Program Files\Adobe\Adobe Photoshop CS4 \Plug-Ins）；另外一种是绿色版，不用安装，直接复制所有的文件到 Photoshop CS4 安装目录下的 Plug-Ins 文件夹。

安装好 KPT 7.0 以后，重新启动 Photoshop CS4，就会发现在"滤镜"菜单中多出了一个"KPT Effect"的子菜单。如果安装了大量的第三方滤镜，但又不是经常使用，建议先把它删除，因为 Photoshop CS4 启动时都需要初始化这些滤镜，也就是说会延缓启动过程。一般的滤镜以 8bf 为扩展名，只要放到 Photoshop 的 Plug - in 目录下，再重新启动 Photoshop CS4，即可在"滤镜"菜单中找到。如果安装了许多第三方滤镜，Photoshop 内置的滤镜会随之改变原排放位置，使用起来可能感觉会不方便。

8.4.2　KPT 7.0 滤镜效果

KPT 7.0 滤镜组提供的 9 个功能强大的滤镜命令项，下面分别对这一滤镜组中的各个滤镜做一简单介绍。

1. Channel Surfing

这是一个处理通道的滤镜，它既允许对所有通道进行调整，也可以允许对单个通道进行调整。可以给通道应用 Blur（模糊）、Contrast（调整对比度）、Sharpen（锐化）和 Value Shift（调整明暗）4 种效果，还可以调整这些效果的强度与透明度，并且控制效果同源图像的混合模式。如图 8-74a 和 8-74b 所示，为使用"Channel Surfing"滤镜前后的画面效果对比。

a)　　　　　　　　　　　　　　　　b)

图 8-74　"Channel Surfing"效果

a）源图　b）效果图

2. Fluid

Fluid 滤镜可以在图像中加入模拟液体流动的效果，如扭曲变形效果等。可以运用在如带水的刷子刷过物体表面时产生的痕迹。同时，可以设置刷子的尺寸、厚度，以及刷过物体时的速率，使得产生的效果更加逼真。同时这一滤镜还有视频功能，它能将这一效果输出为连续的动态视频文件，使原本静止的图片变成直观的电影效果。如图 8-75a 和8-75b 所示，为使用"Fluid"滤镜前后的画面效果对比。

3. Frax Flame II

该滤镜能捕捉并修改图像中不规则的几何形状，它能改变选中的几何形状的颜色、对比度、扭曲等效果。如图 8-76a 和 8-76b 所示，为使用"Frax Flame II"滤镜前后的画面效果对比。

a)   b)

图 8-75   "Fluid" 效果

a) 源图   b) 效果图

a)   b)

图 8-76   "Frax Flame Ⅱ" 效果

a) 源图   b) 效果图

4. Gradient Lab

使用此滤镜可以创建不同形状、不同水平高度、不同透明度的复杂的色彩组合并运用在图像中，也可以自定义各种形状、颜色的样式，可以存储起来，方便以后必要时调用。如图 8-77a和8-77b 所示，为使用"Gradient Lab"滤镜前后的画面效果对比。

a)   b)

图 8-77   "Gradient Lab" 效果

a) 源图   b) 效果图

250

5. Hyper tiling

该滤镜为了减少文件的体积，借鉴类似瓷砖贴墙原理，将相似或相同的图像元素，做成一个可供反复调用的对象，既可以减小文件，又能产生类似瓷砖宣传画气势宏伟的效果。如图 8-78a 和 8-78b 所示，为使用"Hyper tiling"滤镜前后的画面效果对比。

 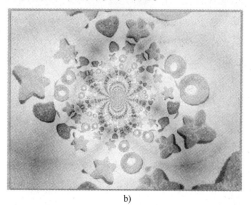

a)　　　　　　　　　　　　　　　　　　　b)

图 8-78　"Hyper tiling"效果

a）源图　b）效果图

6. Ink Dropper

大家都看见过墨水滴入静水中的现象，缓缓散开并产生一种自然的舒展美。"Ink Dropper"滤镜在图像中加入这一效果，但比日常生活中见到的这一简单现象更富变化，更有想象力，且更易控制，利用它能产生流动的、静止的、漩涡状的、不同的大小、下滴速度等。如图 8-79a 和 8-79b 所示，为使用"Ink Dropper"滤镜前后的画面效果对比。

a)　　　　　　　　　　　　　　　　　　　b)

图 8-79　"Ink Dropper"效果

a）源图　b）效果图

7. Lightning

该滤镜通过简单的设置，便可在图像中创建出唯妙唯肖的闪电效果，同时可以进一步对其做修改，甚至包括闪电中每一细节的颜色、路径、急转等属性，从而和源图像之间更协调。如图 8-80a 和 8-80b 所示，为使用"Lightning"滤镜前后的画面效果对比。

8. Pyramid

该滤镜可以将一副图像转换成类似于油画的效果，在该滤镜中可以对图像的色调、饱和度、亮度等参数进行调整，使得生成的效果更具艺术特质。如图 8-81a 和8-81b所示，为使用"Pyramid"滤镜前后的画面效果对比。

a)   b)

图 8-80   "Lightning" 效果

a）源图   b）效果图

a)   b)

图 8-81   "KPT Pyramid" 效果

a）源图   b）效果图

9. Scatter

如果想要去除原图表面的污点或在图像中创建各种微粒运动的效果，"Scatter" 滤镜就有用武之地了，它可以通过该滤镜控制每一个质点的具体放置、颜色、阴影等，可以控制各个细节。如图 8-82a 和 8-82b 所示，为使用 "Scatter" 滤镜前后的画面效果对比。

a)   b)

图 8-82   "KPT Scatter" 效果

a）源图   b）效果图

8.5 案例拓展——你那里下雪了吗

1. 案例背景

下雪的天气并不是天天都有的，其他各种天气也都是可遇不可求，但我们可以通过滤镜来模拟制作各种天气效果，从而方便我们的使用。

2. 案例目标

在 Photoshop CS4 中，滤镜是其最精彩的内容，它主要通过不同的运算方式来改变图像中的像素数据，以达到对图像进行抽象、艺术化的特殊处理效果。本案例通过"添加杂色"滤镜、"自定"滤镜和"动感模糊"等滤镜，来制作一种雪景效果，从而来掌握各种滤镜的使用，对滤镜有一个更深入的认识。

3. 操作步骤

1）执行"文件"→"打开"命令，打开本书配套素材文件"第 8 章滤镜 \ 素材 \ 雪景.jpg"，如图 8-83a 所示。

2）按〈D〉键，恢复默认的前景色和背景色，单击图层面板底部的"创建新图层"按钮，新建"图层 1"图层。

a)

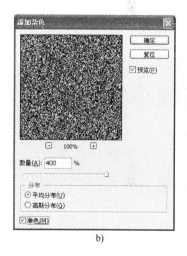
b)

图 8-83　源图与"添加杂色"对话框
a）源图　b）"添加杂色"对话框

3）选取工具箱中的油漆桶工具，设置其工具属性栏选项参数均为默认值，移动光标至图像窗口，单击鼠标左键，填充前景色。

4）执行"滤镜"→"杂色"→"添加杂色"命令，弹出"添加杂色"对话框，设置各选参数如图 8-83b 所示，单击"确定"按钮，图像应用滤镜后的效果如图 8-84a 所示。

5）执行"滤镜"→"其他""→自定"命令，弹出"自定"对话框，设置各选项参数如图 8-84b 所示，单击"确定"按钮。

6）选取工具箱中的矩形选框工具，移动光标至图像窗口，单击鼠标左键并拖曳，创建一个矩形选区，按〈Ctrl + T〉组合键，调出变换控制框，将选区内的图像放大至与窗口一样大小，然后按〈Enter〉键，确认变换操作，如图8-85a所示。

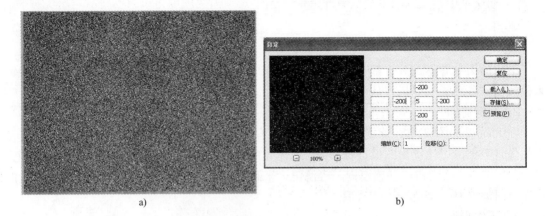

a) b)

图8-84 图像"添加杂色"效果与"自定"对话框
a) 图像"添加杂色"效果 b)"自定"对话框

7）在图层面板中，设置"图层1"图层的混合模式为"滤色"。

8）执行"滤镜"→"模糊"→"动感模糊"命令，弹出"动感模糊"对话框，设置"角度"为68度、"距离"为10像素，单击"确定"按钮，应用滤镜后效果如图8-85b所示。

a) b)

图8-85 应用"自定"滤镜与"动感模糊"滤镜后的效果
a) 应用"自定"滤镜效果 b) 应用"动感模糊"滤镜效果

8.6 综合习题

一、单项选择题

1. 选择"滤镜"→"纹理"→"纹理化"命令，弹出"纹理化"对话框，在"纹理"后面的弹出菜单中选择"载入纹理"命令可以载入和使用其他图像作为纹理效果，所有载入的纹理必须是下列格式中的（ ）。

A. PSD 格式 　　　　　B. JPEG 格式 　　　　　C. BMP 格式 　　　　　D. TIFF 格式

2. 下列命令中，可以减少渐变中的色带（色带是指渐变的颜色过渡不平滑，出现阶梯状）的是（　　　）。

　　A."滤镜"→"杂色" 　　　　　　　　　B."滤镜"→"风格化"→"扩散"

　　C."滤镜"→"扭曲"→"置换" 　　　　　D."滤镜"→"锐化"→"USM 锐化"

3. 下面对模糊工具功能的描述中正确的是（　　　）。

　　A. 模糊工具只能使图像的一部分边缘模糊

　　B. 模糊工具的强度是不能调整的

　　C. 模糊工具可降低相邻像素的对比度

　　D. 如果在有图层的图像上使用模糊工具，只有所选中的图层才会起变化

4. 如果一张照片的扫描结果不够清晰，可用（　　　）滤镜弥补。

　　A. 中间值 　　　　　B. 风格化 　　　　　C. USM 锐化 　　　　　D. 去斑

5. 下列滤镜中，只对 RGB 图像起作用的是（　　　）。

　　A. 马赛克 　　　　　B. 光照效果 　　　　　C. 波纹 　　　　　D. 浮雕效果

二、多项选择题

1. 下列关于滤镜的操作原则正确的是（　　　）。

　　A. 滤镜不仅可用于当前可视图层，对隐藏的图层也有效

　　B. 不能将滤镜应用于位图模式（Bitmap）或索引颜色（Index Color）的图像

　　C. 有些滤镜只对 RGB 图像起作用

　　D. 只有极少数的滤镜可用于 16 位/通道图像

2. 有些滤镜效果可能占用大量内存，特别是应用于高分辨率的图像时。以下方法中，可提高工作效率的是（　　　）。

　　A. 先在一小部分图像上试验滤镜和设置

　　B. 如果图像很大，且有内存不足的问题时，可将效果应用于单个通道（如应用于每个 RGB 通道）

　　C. 在运行滤镜之前先使用"清除"命令释放内存

　　D. 将更多的内存分配给 Photoshop，如果需要可将其他应用程序中退出，以便为 Photoshop 提供更多的可用内存

　　E. 尽可能多地使用暂存盘和虚拟内存

3. 在对一幅人物图像执行了模糊、杂点等多个滤镜效果后，如果想恢复人物图像中局部，如脸部的原来样貌，下面可行的方法为（　　　）。

　　A. 采用橡皮图章工具

　　B. 配合历史记录面板使用橡皮工具

　　C. 配合历史记录面板使用历史记录画笔

　　D. 使用菜单中的"重做"或"后退"的命令

三、问答题

1. 滤镜的工作原理是什么？

2. 使用滤镜应注意哪些事项？

3. 模糊滤镜的作用是什么？

四、设计制作题

利用本章所学的知识，使用如图 8-86a、8-86b、8-86c 所示的"第 8 章 滤镜 \ 综合习题 \ 海豚 . jpg、豹 . jpg 和海洋 . jpg"素材图片文件，设计制作一幅平面效果图，如图 8-86d 所示（可以参考"第 8 章 滤镜 \ 综合习题 \ 海洋 . psd"源文件）。

图 8-86　素材文件和设计效果

a）源图 1　　b）源图 2　　c）源图 3　　d）效果图

第9章 3D图像处理

职业情境：

柳晓莉文秘专业毕业后在三峡美辰广告有限公司客户部担任客户专员，负责广告客户资料图片的收集与整理。柳晓莉发现现在的客户越来越多的喜欢精美绝伦的3D图像，要求设计的作品中大量使用3D效果，而柳晓莉不会使用专业的3D Studio Max、Maya等3D处理软件，能否使用最新的Photoshop CS4来进行3D图像处理？

章节描述：

对3D图像进行处理，是 Photoshop CS4 新增的功能。Photoshop CS4 支持多种 3D 文件格式，并且可以处理和合并现在的 3D 对象、创建新的 3D 对象、编辑和创建 3D 纹理及组合 3D 对象与 2D 图像。

技能目标：

- 熟悉 3D 面板、掌握 3D 操作的基本命令和工具
- 认识网格物体、学会创建 3D 模型、熟悉 3D 材质
- 重点了解材质、光源对 3D 模型的影响

9.1 【案例：虎！虎！虎！】3D 概述

【案例导入】本案例是一款典型的 3D 设计作品，通过本案例来介绍 Photoshop CS4 新增的 3D 功能，让读者感受到 Photoshop CS4 强大的 3D 功能。虽然 Photoshop 还不能列入专业的 3D 软件行列，但可以为 3D 工作创造许多便利。如图 9-1a 和 9-1b 所示，分别为打开 3D 模型的效果和为 3D 模型换上美丽外衣的效果。

【技能目标】根据设计要求，学会打开 3D 文档，熟悉 3D 面板以及 3D 操作的基本命令和工具，掌握场景、材料、光源等的设置。

【案例路径】第 9 章 3D 图像处理\素材\［案例］虎！虎！虎！.psd

Photoshop CS4 新增了 3D 功能，它允许用户打开和导入 3D 格式文件，在画布上对 3D 物体进行旋转移动等变换，大大提升了 Photoshop CS4 处理图像的功能。

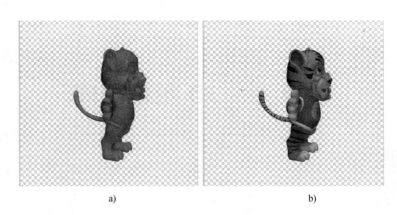

a)   b)

图 9-1 【案例：虎！虎！虎！】前后效果

a) 3D 模型的效果 b) 为 3D 模型换上外衣的效果

9.1.1 3D 基础

使用 Photoshop CS4 不但可以打开和处理由 3D Studio Max、Maya 等软件生成的 3D 对象，而且 Photoshop 还支持下列 3D 文件格式：U3D、3DS、OBJ、KMZ 以及 DAE。

1. 打开 3D 文件

可以打开 3D 文件自身或将其作为 3D 图层添加到打开的 Photoshop 文件中。将文件作为 3D 图层添加时，该图层会使用现有文件的尺寸，3D 图层包含 3D 模型和透明背景。

以【案例：虎！虎！虎！】来介绍打开 3D 文件的使用方法，执行下列操作之一可以打开 3D 文件。

方法一：选择"文件"→"打开"命令，在"打开"对话框中选择文件，打开本书配套素材文件"第 9 章 3D 图像处理\素材\tiger. 3ds"，如图 9-1a 所示。

方法二：在 Photoshop 文档打开时，选择"3D"→"从 3D 文件新建图层"命令，然后选择要打开的文件"配套素材与源文件\第 9 章 3D 图像处理\tiger. 3ds"，如图 9-1a 所示。

提示：此操作会将现有的 3D 文件作为图层添加到当前的文件中，3D 图层不保留原始 3D 文件中的任何背景或 Alpha 信息。

2. 3D 组件

3D 文件可包含下列一个或多个组件。

网格：通常网格看起来是由成千上万个单独的多边形框架结构组成的线框。3D 模型通常至少包含一个网格，也可能包含多个网格。在 Photoshop CS4 中，可以在多种渲染模式下查看网格，还可以分别对每个网格进行操作。如果无法修改网格中的实际的多边形，则可以更改其方向，并且可以通过不同坐标进行缩放以变换其形状，还可以通过使用预先提供的形状或转换现有的 2D 图层，创建自己的 3D 网格。如图 9-2a 所示为显示【案例：虎！虎！虎！】的网格。

材料：一个网格可具有一种或多种相关的材料，这些材料控制整个网络的外观或局部网络的外观。这些材料依次构建于被称为纹理映射的子组件，它们的积累效果可创建材料的外观。纹理映射本身就是一种 3D 图像文件，它可以产生各种品质，如颜色、图案、反光度或崎岖度。Photoshop CS4 材料最多可使用 9 种不同的纹理映射击来定义其整体外观。如

图 9-2b 所示为显示【案例：虎！虎！虎！】的材料。

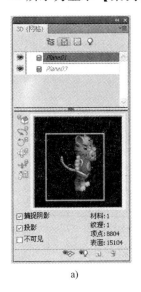

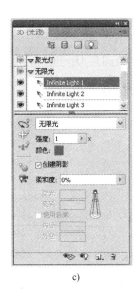

a) b) c)

图 9-2 网格、材料和光源组件

a) 网格 b) 材料 c) 光源

光源：类型包括无限光、聚光灯和点光，可以移动和调整现有光照的颜色和强度，并且可以将新光照添加到 3D 场景中。如图 9-2c 所示为显示【案例：虎！虎！虎！】的光源。

3. 关于 OpenGL

OpenGL 是一种软件和硬件标准，可在处理大型或复杂图像（如 3D 文件）时加速视频处理过程。OpenGL 需要支持 OpenGL 标准的视频适配器。在安装了 OpenGL 的系统中，打开、移动和编辑 3D 模型时的性能将极大提高。如果系统中安装有 OpenGL，则可以在 Photoshop 首选项中启用它，启用 OpenGL 功能的步骤如下。

1）选择"编辑"→"首选项"→"性能"命令，打开"首选项"下面的性能对话框。

2）在 GPU 窗格中，勾选"启用 OpenGL 绘图"复选项，如图 9-3 所示。

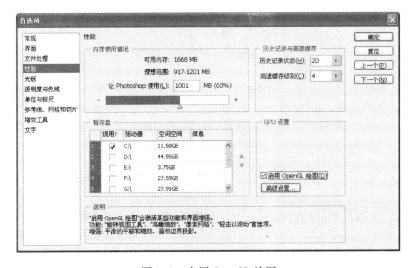

图 9-3 启用 OpenGL 绘图

3）单击"确定"按钮，首选项会影响新的窗口（不是当前已打开的），无需重新启动计算机或是软件。

提示： 必须选中"启用 OpenGL 绘图"才能显示 3D 轴、地面和光源 Widget，如果未在系统中检测到 OpenGL，则 Photoshop CS4 使用只用于软件的光线跟踪渲染来显示 3D 文件。

9.1.2 3D 面板概述

打开 3D 面板的操作方法有以下 3 种：

- 选择"窗口"→"3D"命令。
- 在图层面板中的图层缩览图上双击"3D 图层"按钮。
- 选择"窗口"→"工作区"→"高级 3D"命令。

打开 3D 面板后，此时 3D 面板会显示关联的 3D 文件的组件。在面板顶部列出文件中的网格、材料和光源，面板的底部显示在顶部选定的 3D 组件的设置和选项。如图 9-4 所示为打开【案例：虎！虎！虎！】文件时，选中"场景"选项卡后的 3D 面板。

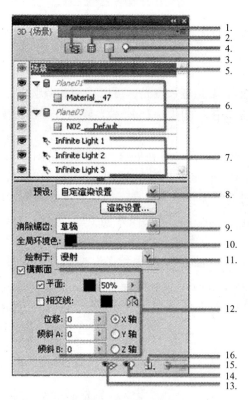

图 9-4 3D 面板

下面介绍 3D 面板中各个按钮或选项的作用和功能。

1）"场景"按钮：单击此按钮，显示所有的场景组件。

2）"网格"按钮：单击此按钮，可查看网格设置和 3D 面板底部的信息。

3）"材料"按钮：单击此按钮，可查看在 3D 文件中所使用的材料信息。

4）"光源"按钮：单击此按钮，可查看在 3D 文件中所使用的所有光源组件及类型。

5）场景：显示 3D 文件中出现的所有场景。

6）材料：显示 3D 文件中出现的所有材料。

7）光源：显示 3D 文件中出现的所有光源。

8）渲染预设菜单：指定模型的渲染预设，此菜单共包括了 17 种渲染预设，要自定义此项，可以单击"渲染设置"按钮。

9）消除锯齿：选择该设置，可以保证优良性能的同时，呈现最佳的显示品质。使用"最佳"设置可获得最高显示品质，使用"草稿"设置可获得最佳性能。

10）全局环境色：设置在反射表面上可见的全局环境光的颜色，该颜色与用于特定材料的环境色相互作用。

11）绘制于：直接在 3D 模型上绘画时，请使用该菜单选择要在其上绘制的纹理映射，也可以通过选择"3D"→"3D 绘画模式"命令，选择用于绘画的目标纹理。

12）横截面设置：在此栏中可以设置平面、相交线、位移和倾斜等横截面的相关属性。

13）"切换地面"按钮：单击此按钮，可以切换到地面设置，地面是反映相对于 3D 模型的地面位置的网格。

14）"切换光源"按钮：单击此按钮，可以显示或隐藏光源参考线。

15）"创建新光源"按钮：单击此按钮，然后选取光源类型（点光、聚光灯或无限光），可以创建一个新光源。

16）"删除光源"按钮：单击此按钮，可以删除在光源列表中已选定的光源。

了解了 3D 面板的各个按钮或选项的功能与使用后，通过相应的设置，能更加方便地对 3D 文件进行编辑与操作。

9.1.3 使用 3D 工具

选定 3D 图层时，会激活 3D 工具，使用 3D 对象工具可以更改 3D 模型的位置或大小，使用 3D 相机工具可以更改场景视图。如果系统支持 OpenGL，还可以使用 3D 轴来操控 3D 模型。

选择 3D 旋转工具，其属性栏如图 9-5a 所示，各个按钮或选项的作用和功能如下。

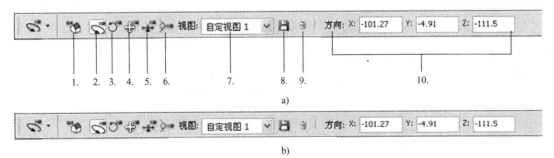

图 9-5 3D 工具

a）3D 旋转工具 b）3D 环绕工具

1）"返回到初始相机位置"按钮：单击此按钮，可返回到模型的初始视图。

2）"旋转"按钮：单击此按钮，上下拖动可使模型围绕其 X 轴旋转，左右拖动可使模型围绕其 Y 轴旋转。

3）"滚动"按钮：单击此按钮，两侧拖动可使模型绕 Z 轴旋转。

4）"拖动"按钮：单击此按钮，两侧拖动可沿水平方向拖动模型，上下拖动可沿垂直方向拖动模型，按住〈Alt〉键的同时可沿 X/Z 方向移动。

5）"滑动"按钮：单击此按钮，两侧拖动要沿水平方向移动模型；上下拖动可将模型移近或移远，按住〈Alt〉键的同时可沿 X/Y 方向移动。

6）"缩放"按钮：单击此按钮，可以缩放 3D 模型的大小。

7）位置菜单：可以更改 3D 模型的视图模式。

8）"存储当前位置/相机视图"按钮：单击此按钮，可以保存 3D 模型的当前位置/相机视图。

9）"删除当前位置/相机视图"按钮：单击此按钮，可以删除 3D 模型的当前位置/相机视图。

10）位置/相权视图坐标：单击此按钮，可以显示 3D 模型的当前位置/相机视图坐标。

选择 3D 环绕工具，其属性栏如图 9-5b 所示，与 3D 旋转工具的属性栏类似，在此不再介绍。

9.1.4 3D 场景设置

使用 3D 场景设置可以更改渲染模式、选择要在其上绘制的纹理或创建横截面。要访问场景设置，可以单击 3D 面板中的"场景"按钮，然后在面板顶部选择"场景"项目，如图 9-4 所示。

1. 查看横截面

通过将 3D 模型与一个不可见的平面相交，可以查看该模型的横截面，该平面以任意角度切入模型并仅显示其一个侧面上的内容。

选择 3D 场景面板底部的"横截面"复选项，设置"对齐"、"位置"和"方向"等相关的选项如下。

- "平面"复选项：选择该选项，以显示创建横截面的相交平面，可以选择平面颜色和不透明度。
- "相交线"复选项：选择以高亮显示横截面平面相交的模型区域，单击颜色板以选择高光颜色。
- "翻转横堆面"按钮：将模型的显示区域更改为相交平面的反面。
- 位移和倾斜：使用"位移"可沿平面的轴移动平面，而不改平面的斜度。在使用默认位移 0 的情况下，平面将与 3D 模型相交于中点。使用最大正位移或负位移时，平面将会移动到它与模型的任何相交线之外。使用"倾斜"设置可将平面朝其任一可能的倾斜方向旋转到 360°。对于特定的轴，倾斜设置会使平面沿其他两个轴旋转。例如，可将与 Y 轴对齐的平面绕 X 轴（"倾斜 A"）或 Z 轴（"倾斜 B"）旋转。
- 对齐方式（X、Y、Z 轴）：为交叉平面选择一个轴（X、Y 或 Z），该平面将与选定的轴垂直。

2. 对每个横截面应用不同的渲染模式

可以对横截面的每个面使用不同的渲染设置，以合并同一 3D 模型的不同视图。下面通过【案例：虎！虎！虎！】来介绍 3D 场景设置的具体操作。

1）选择"文件"→"打开"命令，在"打开"对话框中选择文件，打开本书配套素材文件"第9章 3D 图像处理\素材\tiger.3ds"，如图 9-1a 所示。

2）打开 3D 场景面板，选择"横截面"复选项，当前的渲染设置已应用于可见的横截面，如图 9-6a 所示。

a)   b)

图 9-6　不同的渲染模式

a）选择"横截面"效果　b）选择"线条插图"效果

3）单击 3D 场景面板中的"渲染设置"按钮，弹出"3D 渲染设置"对话框，如图 9-7 所示，在"3D 渲染设置"对话框中的预设下拉列表中选择"线条插图"。

4）单击"确定"按钮之后可以看到图像发生了变化，如图 9-6b 所示。

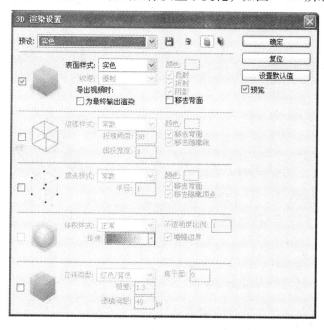

图 9-7　"3D 渲染设置"对话框

提示：默认情况下，对于替代横截面，所有渲染设置都是关闭的，从而使其不可见。

9.1.5 3D 材料设置

3D 面板顶部列出了在 3D 文件中使用的材料，可以使用一种或多种材料来创建模型的整体外观。如果模型包含多个网格，则每个网格可能会有与之关联的特定材料，或者模型可以从一个网格创建，但使用多种材料，在这种情况下，每种材料分别控制网格特定部分的外观。

对于 3D 面板顶部选定的材料，底部会显示该材料所使用的特定纹理映射。某些纹理映射（如"漫射"和"凹凸"），通常依赖于 2D 文件来提供创建纹理的特定颜色或图案。如果材料使用纹理映射，则纹理文件会列在映射类型旁边。

材料所使用的 2D 纹理映射也会作为"纹理"出现在图层面板中，它们按纹理映射类别编组，可以有多种材料使用相同的纹理映射。可以使用每个纹理类型的纹理映射菜单按钮创建、载入、打开、移去或编辑纹理映射的属性，也可以通过直接在模型区域上绘画来创建纹理。根据纹理类型，可能不需要单独的 2D 文件来创建或修改材料的外观。例如，可以通过输入值或使用这些纹理类型旁的小滑块控件来调整材料的光泽度、反光度、不透明度等。

下面通过【案例：虎！虎！虎！】来介绍 3D 材料设置的具体操作。

1）选择"文件"→"打开"命令，在"打开"对话框中选择文件，打开"配套素材与源文件\第 9 章 3D 图像处理\素材\tiger. 3ds"素材文件，如图 9-1a 所示。

2）选择"窗口"→"3D"命令，弹出 3D 面板，在打开的 3D 面板中单击"材料"按钮，然后选择场景"Material_47"，如图 9-8a 所示。

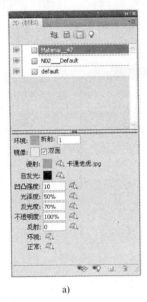

a)   b)

图 9-8 材料设置

a）选择场景"Material_47"   b）材料设置

3）在 3D 面板中分别设置场景的相关材料设置，单击"漫射"旁的"编辑漫射纹理"按钮，在弹出的菜单中选择"载入纹理"命令，在"打开"对话框中选择本书配套素材文件"第 9 章 3D 图像处理\素材\纹理\卡通老虎 . jpg"，设置"凹凸强度"为 10、"光泽度"为 50%、"反光度"为 70%、"不透明度"为 100%、"反射"为 0 等值，效果如图 9-8b

所示。

4）以同样的方法选择场景"N02 __Default"，设置"漫射"的载入的纹理文件为"第 9 章 3D 图像处理\素材\纹理\衣服 . jpg"，效果如图 9-1b 所示。

9.1.6　3D 光源设置

3D 光源从不同角度照亮模型，从而添加逼真的深度和阴影。Photoshop CS4 提供 3 种不同类型的光源，每种光源都有独特的选项。

- 点光：像灯泡一样，向各个方向照射。
- 聚光灯：照射出可调整的锥形光线。
- 无限光：像太阳光，从一个方向平面照射。

要调整这些光源的位置，可使用与 3D 模型工具类似的工具。

1. 添加或删除各个光源

在 3D 面板中，执行下列操作可以添加或删除光源：

1）要添加光源，单击"创建新光源"按钮，然后选取光源类型（点光、聚光或无限光）。

2）要删除光源，在位于"光源"顶部的列表中选择光源，然后单击面板底部的"删除"按钮。

2. 调整光源属性

1）在 3D 面板的光源部分，从列表中选择光源。

2）要更改光源类型，从位于面板下半部分的下拉列表中选择其他光源类型。

3）可以设置以下选项。

- 强度：调整亮度。
- 颜色：定义光源的颜色。
- 创建阴影：从前景表面到背景表面、从单一网格到其自身或从一个网格到另一个网格的投影，禁用此选项可以稍微改善系统的性能。
- 软化度：模糊阴影边缘，产生逐渐的衰减。

4）对于点光或聚光灯，可以设置以下选项。

- 聚光：仅限聚光灯，设置光源明亮中心的宽度。
- 衰减：仅限聚光灯，设置光源的外部宽度。
- 使用衰减："内径"和"外径"选项决定衰减锥形，以及光源强度随对象距离的增加而减弱的速度。对象接近"内径"限制时，光源强度最大。对象接近"外径"限制时，光源强度为 0。处于中间距离时，光源最大强度线性衰减为 0。

提示：将鼠标指针悬停在"聚光"、"衰减"、"内径"和"外径"选项上，右侧图标中的红色轮廓指示受影响的光源元素。

3. 调整光源位置

在 3D 面板的光源部分更改以下任意一个选项就会调整光源位置。

- 旋转工具：仅限聚光灯和无限光，旋转光源，同时保持其在 3D 空间的位置。
- 拖移工具：仅限聚光灯和点光，将光源移动到同一 3D 平面中的其他位置。
- 滑动工具：仅限聚光灯和点光，将光源移动到其他 3D 平面。

- 原点处的点光：仅限聚光灯，使光源正对模型中心。
- 移至当前视图：将光源置于与相机相同的位置。

4. 添加光源参考线

光源参考线为进行调整提供三维参考点，这些参考线反映了每个光源的类型、角度和衰减。点光显示为小球，聚光灯显示为锥形，无限光显示为直线。在 3D 面板底部单击"切换光源"图标即可添加光源参考线。

提示：可以执行"编辑"→"首选项"→"参考线、网格和切片"命令，在弹出的对话框中可以来更改参考线的颜色，这样更加方便使用光源参考线。

下面通过【案例：虎！虎！虎！】来介绍调整光源属性的具体操作。

1）选择"文件"→"打开"命令，在"打开"对话框中选择文件，打开本书配套素材文件"第 9 章 3D 图像处理\素材\tiger. 3ds"，如图 9-1a 所示。

2）选择"窗口"→"3D"命令，弹出 3D 面板，在打开的 3D 面板中单击"光源"按钮，在无限光中选择"Infinite Light1"光源，将其更改为点光类型，设置其"颜色"为红色（R：242、G：7、B：2），在无限光中选择"Infinite Light2"光源，将其更改为点聚光灯类型，设置其"颜色"为黄色（R：251、G：250、B：8），"强度"设置为 10，在无限光中选择"Infinite Light3"光源，设置其"颜色"为蓝色（R：7、G：5、B：253），"强度"设置为 10，效果如图 9-9a 所示。

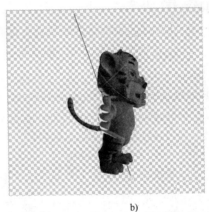

a)   b)

图 9-9 调整光源属性

a) 调整光源 b) 显示光源参考线

3）在 3D 面板底部单击"切换光源"图标，显示出各个光源的参考线，如图 9-9b 所示为添加光源参考线后的效果图。

9.2 【案例：三维台球】3D 编辑与输出

【案例导入】本案例是一款典型的 3D 设计作品，通过本案例来介绍 Photoshop CS 4 新增的 3D 菜单，使用 2D 图像来创建 3D 对象、3D 图层的应用以及 3D 对象的输出。如图 9-10 所示，使用 Photoshop CS4 绘制出类似 3D 效果的三维台球。

【技能目标】根据设计要求，学会生成各种基本的 3D 对象，掌握 3D 图层的相关应用，熟悉存储和导出3D文件。

【**案例路径**】第9章3D图像处理\素材\［案例］3D台球.psd

Photoshop CS4可以将2D图层作为起始点，生成各种基本的3D对象，创建3D对象后，可以在3D空间移动它、更改渲染设置、添加光源或将其他3D图层合并。

图9-10　【案例：3D台球】效果

9.2.1　创建3D明信片

在Photoshop CS4中，可以很方便地创建3D明信片。2D图层转换为图层面板中的3D图层后，2D图层内容将作为材料应用于明信片的两面。原始2D图层作为3D明信片对象的漫射纹理映射出现在图层面板中。另外，3D图层将保留原始2D图像的尺寸。

下面通过一个实例来介绍创建3D明信片的具体操作。

1）选择"文件"→"打开"命令，在"打开"对话框中选择文件，打开本书配套素材文件"第9章3D图像处理\素材\恭贺新年.jpg"素材文件，如图9-11所示。

图9-11　明信片素材

267

2）选择"3D"→"从图层新建3D明信片"命令，素材文件的背景图层就被自动地转化为3D图层，使用3D旋转工具旋转素材文件，最终效果如图9-12所示。

图9-12　3D明信片效果

提示：要将3D明信片作为表面平面添加到3D场景，需将新3D图层与现有的、包含其他3D对象的3D图层合并，然后根据需要进行对齐。此外，要保留新的3D内容，请将3D图层以3D文件格式导出或以PSD格式存储。

9.2.2　创建3D形状

Photoshop CS4可以根据所选取的图层，得到包括锥形、立方体、圆柱体、圆环、帽形、金字塔、环形、易拉罐、球体、球面全景、酒瓶11种3D模型，可以包含一个或多个网格。

下面通过【案例：3D台球】来介绍创建3D形状的具体操作。

1）选择"文件"→"新建"命令，新建一个文档，文档宽度为640像素，高度为480像素，其他均使用默认值，同时使用油漆桶工具将图层"图层1"填充默认的背景色黑色，如图9-13a所示。

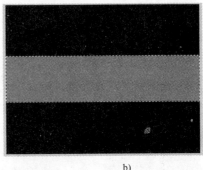

a)　　　　　　　　　　　　　　　　b)

图9-13　新建文档与矩形
a）填充黑色背景色　b）为矩形填充蓝色

2）选择图层"图层1"，单击"新建图层"按钮新建图层"图层2"，利用矩形选框工具在新建的图层上绘制一个矩形，然后使用油漆桶工具将该矩形填充蓝色，如图9-13b所示。

3）选择图层"图层2"，单击"新建图层"按钮新建图层"图层3"，利用椭圆选框工具在新建的图层上绘制一个正圆，然后使用油漆桶工具将该圆填充白色，如图9-14a所示。

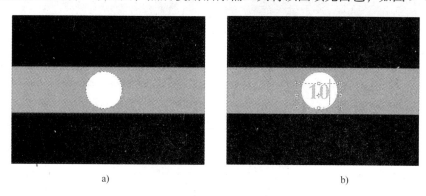

图9-14　新建正圆与输入文字
a）新建正圆　b）正圆中填入文字

4）单击横排文字工具，在正圆的中心输入文字"10"，设置文字的字体为"方正大标宋简体"，颜色为蓝色，大小为"18点"，如图9-14b所示。

5）同时选中文字图层和"图层3"，利用〈Ctrl + T〉组合键对两个对象进行变形，将正圆和文字宽度缩小约30%，如图9-15b所示。

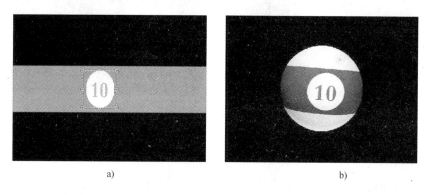

图9-15　调整对象与创建3D形状
a）调整对象　b）创建3D形状

6）同时选中文字图层、"图层2"和"图层3"，选择"3D"→"从图层新建3D形状"→"球体"命令，系统自动生成了一个球体，台球的形状即将创建出来，可以通过3D旋转工具对台球形状进行初步的调整，如图9-15b所示。

7）选择"窗口"→"3D"命令，在打开的3D面板上部单击"场景"按钮，将"消除锯齿"选项设置为"最佳"，如果计算机配置较低的话，建议选择"较好"。

8）在已经打开的3D面板上部单击"材料"按钮，设置材料的相关设置，其中"凹凸强度"为1、"光泽度"为100%、"反光度"为100%、"不透明度"为100%、"反射"为

18，效果如图 9-16a 所示。

9）在 3D 面板中上部单击"材料"按钮，单击"环境"旁的"编辑漫射纹理"按钮，在弹出的菜单中选择"载入纹理"命令，在"打开"对话框中选择本书配套素材文件"第 9 章 3D 图像处理\素材\台球厅.jpg"，单击"确定"按钮，效果如图 9-16b 所示。

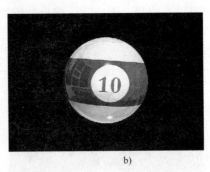

a)   b)

图 9-16 设置 3D 模型的材料

a）调整材料效果   b）载入纹理效果

10）在 3D 面板上部单击"光源"按钮，同时在 3D 面板底部单击"切换光源"图标，显示出各个光源的参考线，在无限光中选择"无限光 1"光源，利用旋转光源工具调整光照位置，依次调整"无限光 2"和"无限光 3"的位置，效果如图 9-17a 所示。

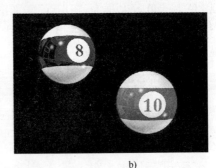

a)   b)

图 9-17 设置 3D 光源并复制 3D 模型

a）设置 3D 光源   b）复制 3D 模型

11）选择系统自动创建的 3D 图层"10"，单击鼠标右键，在弹出的快捷菜单中选择"复制图层"命令，复制得到一个 3D 图层"10 副本"，双击此图层自动切换到新面板，可以修改文字以及填充颜色，在此将文字修改为"8"，填充颜色修改为黑色，完成后再次切换返回刚才的面板，球体的颜色和文字已经自动修改了，可以利用 3D 旋转和缩放工具调整二个 3D 模型的位置和球体的大小，效果如图 9-17b 所示。

12）选择图层"图层 1"，填充一个渐变的背景色，最终的效果如图 9-10 所示。

9.2.3 创建 3D 网格

"从灰度新建网格"命令可将灰度图像转换为深度映射，从而将明度值转换为深度不一的表面，较亮的值生成表面上凸起的区域，较暗的值生成凹下的区域。Photoshop CS4 将深度映射应用于以下 4 个可能的几何形状中的一个，以创建 3D 模型。

- 平面：将深度映射数据应用于平面表面。
- 双面平面：创建两个沿中心轴对称的平面，并将深度映射数据应用于两个平面。
- 圆柱体：从垂直轴中心向外应用深度映射数据。
- 球体：从中心点向外呈放射状地应用深度映射数据。

下面通过一个实例来介绍创建3D网格的具体操作。

1）选择"文件"→"新建"命令，新建一个文档，文档宽度为800像素，高度为600像素，其他均使用默认值，然后选择"滤镜"→"渲染"→"分层云彩"命令，得到效果如图9-18b所示。

a)　　　　　　　　　　　　　　　　　　b)

图9-18　使用滤镜后的效果与调整面板

a）使用滤镜后效果　b）调整面板

2）选择"窗口"→"调整"命令，打开调整面板，如图9-18所示，单击调整面板中的"创建新的曲线调整图层"按钮，打开曲线面板，对曲线进行如图9-19a所示的调整。

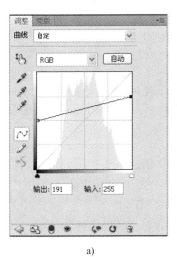

a)　　　　　　　　　　　　　　　　　　b)

图9-19　曲线面板与调整后的效果

a）曲线面板　b）调整效果

3）单击曲线面板下方的"此调整影响下面的所有图层（单击可剪切到图层）"按钮，可对曲线图层下方的所有图层执行调整操作，用鼠标右键单击"曲线1"图层，在弹出的菜单中选择"向下合并"命令，得到的调整效果如图9-19b所示。

4）选择"3D"→"从灰度新建网格"→"双面平面"命令，然后使用3D旋转工具可查看绘制的图像，效果如图9-20a所示；或是选择"3D"→"从灰度新建网格"→"圆柱体"命令，然后使用3D旋转工具可查看绘制的图像，效果如图9-20b所示。

a)   b)

图9-20　双面平面与圆柱体

a）双面平面　b）圆柱体

提示：黑白区分越小，呈现出的高低效果越不明显，可以根据自己的需要使用曲线调整黑白图像的色差。此外，如果将RGB图像作为创建网格时的输入，则绿色通道会被用于生成深度映射。如有必要，请调整灰度图像以限制明度值的范围。

9.2.4　3D图层应用

3D图层应用主要体现在将3D图层转换为2D图层、3D图层转换为智能对象、合并3D图层、合并3D图层和2D图层等方面。

1. 3D图层转换为2D图层

转换3D图层为2D图层可将3D内容在当前状态下进行栅格化，只有不想再编辑3D模型位置、渲染模式、纹理或光源时，才可将3D图层转换为常规图层。栅格化的图像会保留3D场景的外观，但格式为平面的2D格式。

将3D图层转换为2D图层的具体操作是在图层面板中选择3D图层，并选择"3D"→"栅格化"命令即可。

2. 3D图层转换为智能对象

将3D图层转换为智能对象，可保留包含在3D图层中的3D信息。转换后，可以将变换或智能滤镜等其他调整应用于智能对象。可以重新打开"智能对象"图层以编辑原始3D场景。应用于智能对象的任何变换或调整会随之应用研究于更新的3D内容。

在【案例：3D台球】中就使用过智能对象，例如要编辑第2个3D台球的内容，则双击图层面板中的"智能对象"图层。

3. 合并3D图层

使用合并3D图层功能可以合并一个场景中的多个3D模型，合并后，可以单独处理每个3D模型，或者同时在所有模型上使用位置工具和相机工具。合并两个模型后，每个3D文件的所有网格和材料都包含在目标文件中，并显示在3D面板中。在网格面板中，可以使用其中的3D位置工具选择并重新调整各个网格的位置。如果需要在同时移动所有模型和移动图层中的单个模型之间转换，请在工具面板的3D位置工具和网格面板的工具之间切换。

4. 合并3D图层和2D图层

合并3D图层和2D图层有以下两种方法。

方法一：当2D文件被打开时，选择"3D"→"从3D文件新建图层"命令，并打开3D文件。

方法二：2D文件和3D文件都被打开时，将2D图层或3D图层从一个文件拖动到打开的其他文件的文档窗口中，添加的图层移动到图层面板的顶部。

将3D图层与一个或多个2D图层合并后可以创建复合效果。例如，可以对照背景图像置入模型，并更改其位置或查看角度以与背景匹配。

另外在处理包含合并的2D图层和3D图层的文件时，可以在处理3D图层时暂时隐藏2D图层以改变性能。暂时隐藏2D图层有以下两种方法。

方法一：选择"3D"→"自动隐藏图层以改变性能"命令。

方法二：选择3D位置工具或相机工具。

除此之外使用任意一种工具按住鼠标左键时，所有2D图层都会临时隐藏；松开鼠标时，所有2D图层将再次出现。移动3D轴的任何部分也会隐藏所有2D图层。

而在2D图层位于3D图层上方的多图层文档中，可以暂时将3D图层移动到图层堆栈顶部，以便快速进行屏幕渲染。

9.2.5 渲染3D文件

完成3D文件的处理之后，可创建最终渲染以产生用于Web、打印或动画的最高品质输出，最终渲染使用光线跟踪和更高的取样速率，以捕捉更逼真的光照和阴影效果。执行"3D"→"为最终输出渲染"命令，可以渲染3D文件。

渲染完成后，可拼合3D场景以便使用其他格式输出、将3D场景与2D内容复合或直接从3D图层打印。对3D图层所做的任何更改（如移动模型或更改光照）都会停用最终渲染并恢复到先前的渲染设置。

9.2.6 存储和导出3D文件

要保留文件中的3D内容，请以Photoshop格式或另一受支持的图像格式存储文件，还可以以支持的3D文件格式将3D图层导出为文件。

1. 导出3D图层

可以用以下所有受支持的3D格式导出3D图层：Collada DAE、Wavefront/OBJ、U3D和Google Earth 4 KMZ。选取导出格式时，需考虑以下因素：

- 纹理图层以所有3D文件格式存储，但是U3D只保留"漫射"、"环境"和"不透明度"纹理映射。
- Wavefront/OBJ格式不存储相机设置、光源和动画。
- 只有Collada DAE会存储渲染设置。

- U3D 和 KMZ 支持 JPEG 或 PNG 作为纹理格式，DAE 和 OBJ 支持所有 Photoshop 支持的用于纹理的图像格式。

执行"3D"→"导出 3D 图层"命令，在弹出的"存储为"对话框中为图像重命名，并选择文件存储格式，单击"保存"按钮，在弹出的"3D 导出选项"对话框中"纹理格式"下拉列表中选择要导出的图像格式，单击"确定"按钮即可导出 3D 图层。

2. 存储 3D 文件

要保留 3D 模型的位置、光源、渲染模式和横截面，应将包含 3D 图层的文件以 PSD、PSB、TIFF 或 PDF 格式储存。

执行"文件"→"存储"命令或"文件"→"存储为"命令，在文件类型下拉菜单中选择 Photoshop（PSD）、Photoshop PDF 或 TIFF 格式，然后单击"确定"按钮即可存储 3D 文件。

9.3 案例拓展——3D 地球

1. 案例背景

在以前的 Photoshop 软件中，要想做一些 3D 效果，步骤很烦琐，利用 Photoshop CS4 全新的 3D 功能，让这一切变得轻松自如。

2. 案例目标

由于初学者刚刚接触 3D 功能，对于 3D 的工作环境和一些基本功能还不是很熟悉。通过本案例，可以了解 3D 面板和 3D 的基本命令，认识网格物体，学会创建 3D 模型，了解材质、光源对 3D 模型的影响，使读者对 Photoshop CS4 的 3D 功能有一个更深刻的认识。

3. 操作步骤

1）选择"文件"→"新建"命令，新建一个文档，设置文档宽度为 1000 像素，高度为 500 像素，并且命名为"3D 地球.psd"，其他均使用默认值。

2）执行"文件"→"打开"命令，打开本书配套素材文件"第 9 章 3D 图像处理\素材\地球.jpg"，如图 9-21a 所示，选中图层"背景"，单击鼠标右键，在弹出的快捷菜单中选择"复制图层"命令，将该图像复制到"3D 地球.psd"，并将该图层命名为"地球"。

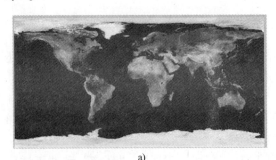
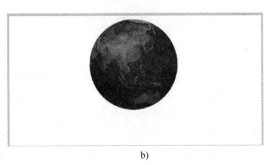

a)　　　　　　　　　　　　　　　　b)

图 9-21　素材文件和创建 3D 地球形状

a）源图　b）创建 3D 地图形状

3）返回"3D地球.psd"窗口，选中图层"地球"，选择"3D"→"从图层新建3D形状"→"球体"命令，系统会自动生成了一个3D地球，可以通过3D旋转工具对地球的位置和大小进行初步的调整，将地球旋转到希望的位置和角度，如图9-21b所示。

4）选择"窗口"→"3D"命令，弹出3D面板，在打开的3D面板上部单击"场景"按钮，将"消除锯齿"选项设置为"最佳"，这样地球的边缘就会变得平滑，同时设置"全局环境色"为（R：7、G：5、B：253），然后单击"确定"按钮，这会将地球周围的颜色变亮一些，效果如图9-22a所示。

5）在已打开的3D面板中选择"球体材料"，单击"凹凸强度"旁边的"编辑凹凸纹理"按钮，选择载入纹理文件，即本书配套素材文件"第9章3D图像处理\素材\地球（黑白）.jpg"，同时要让地球发光，将"不透明度"调整到100％，效果如图9-22b所示。

a)   b)

图9-22 调整3D地球效果1
a) 消除锯齿与调整颜色 b) 载入纹理文件

6）在3D面板中上部单击"光源"按钮，选择"无限光1"，将其颜色调整为（R：150、G：150、B：150）。选择"无限光2"，将其样式调整为"点光"，然后将其颜色调整为（R：180、G：180、B：180）。选择"无限光3"，将其样式调整为"点光"，然后将其颜色调整为（R：130、G：130、B：130），效果如图9-23a所示。

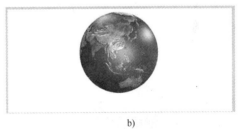

a)   b)

图9-23 调整3D地球效果2
a) 调整光源样式 b) 调整光照位置

7）"无限光3"是放在球体下面的某处的，因为接下来要将球体放在一个表面上并且要加上投影，所以不希望有任何光源在球体的下方，在3D面板底部单击"切换光源"图标，显示出各个光源的参考线，利用旋转光源工具调整光照位置，依次调整"无限光2"和"无限光3"的位置，效果如图9-23b所示。

8）在图层面板中复制图层"地球"，并将其命名为"云彩"，打开"云彩"图层的3D面板并选择"球体材料"，单击"漫射"旁边的"编辑漫射纹理"按钮，移去纹理文件，同时将漫射颜色设置为白色（R：255、G：255、B：255）。

9）在打开的"云彩"图层3D面板中，单击"凹凸强度"旁边的"编辑凹凸纹理"按钮，移去纹理文件，得到一个白色的球体，如图9-24a所示（注：此效果为隐藏了图层"地球"之后的效果）。

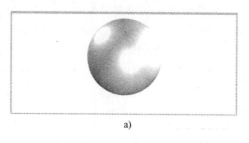

a)   b)

图9-24 调整3D地球效果3

a) 移去纹理文件 b) 调整"云彩"图层

10）在打开的"云彩"图层3D面板中，单击"不透明度"旁边的"编辑不透明纹理"按钮，选择载入纹理文件，即本书配套素材文件"第9章 3D图像处理\素材\云海.jpg"，不透明度纹理文件使得球体的一些部分看不见了，取消选择"双面"，使材料变为单面，并将环境颜色和镜像颜色设为白色（R：255、G：255、B：255），调整图层"云彩"的不透明度为"48%"，同时要使得颜色更突出一些，将3个光源的颜色设为白色（R：255、G：255、B：255），效果如图9-24b所示。

11）对图层"云彩"使用"投影"效果，设置其混合模式为"正片叠底"，颜色为黑色（R：0、G：0、B：0），不透明度为75%，距离为1像素，大小为3像素。

12）选中图层"地球"，用移动工具将地球向上移动一些，为投影和反射留出空间，对图层"地球"使用"内部阴影"的图层效果，设置其混合模式设为"正片叠底"，颜色为黑色（R：0、G：0、B：0），不透明度为100%，角度为-90°，距离为25像素，大小为46像素，这会使球体的下部分变暗，效果如图9-25a所示。

a)   b)

图9-25 调整3D地球效果4

a) 设置"内部阴影" b) 新建"阴影"图层效果

13）在"背景"图层之上新建一个名为"阴影"的图层，使用椭圆选择工具选择一个椭圆选区，使用黑色（R：0、G：0、B：0）填充这一选区，如图9-25b所示。

14）取消选区，执行"滤镜"→"模糊"→"高斯模糊"命令，将半径设为7像素，再执行"滤镜"→"模糊"→"动感模糊"命令，将角度设为0°，距离设为250像素，并适当移动阴影的位置，效果如图 9-26a 所示。

a)   b)

图 9-26　调整 3D 地球效果 5

a）设置"滤镜"效果　b）最终效果

15）在图层面板中选择图层"地球"并且复制图层，将其命名为"倒置"，选择"编辑"→"变换"→"垂直翻转"命令，为图像制作镜像效果，调整该图层中地球的位置，使之位于阴影的下方。

16）选择图层"倒置"，在图层面板下方单击"添加图层蒙版"按钮，添加一个图层蒙版，选择渐变工具并且将渐变方式设为黑到白的渐变，在"倒置"图层上使用渐变填充，这样会使得反射变暗，同样选择"背景"图层，选择渐变工具用浅蓝到白色的渐变填充背景图层，最终的效果如图 9-26b 所示。

9.4　综合习题

一、单项选择题

1. 下面（　　）格式不是 Photoshop 支持的 3D 格式。

　　A. DAE　　　　　　　B. 3DS　　　　　　　C. OBJ　　　　　　　D. PRT

2. 在 3D 面板中"消除锯齿"选项，使用"草稿"设置可获得（　　）性能。

　　A. 草稿　　　　　　　B. 最佳　　　　　　　C. 较好　　　　　　　D. 最差

二、多项选择题

1. 3D 文件可包含下列一个或多个组件（　　）。

　　A. 光源　　　　　　　B. 路径　　　　　　　C. 网格　　　　　　　D. 材料

2. Photoshop CS4 提供 3 种不同类型的光源，包括（　　）。

　　A. 点光　　　　　　　B. 聚光灯　　　　　　C. 无限光　　　　　　D. 散光

三、问答题

1. 3D 图层和普通图层有什么相同与不同点？

2. Photoshop CS4 材料共有几种纹理映射？每种纹理映射的作用是什么？

四、设计制作题

利用本章所学的知识，使用如图 9-27a 所示的素材与源文件"第 9 章 3D 图像处理 \ 综合习题 \ 卡通人物 . dae"，以及其他素材文件"背景 . psd"、"红色条纹 . psd"、"身体材料 . psd"、"手臂材料 . psd"、"眼睛材料 . psd"等，设计修饰 3D 卡通人物，效果如

图 9-27b所示（可以参考"素材与源文件\第 9 章 3D 图像处理\综合习题\卡通人物.psd"源文件）。

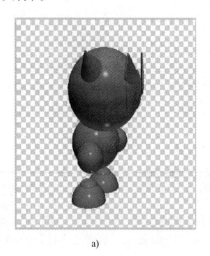

a)   b)

图 9-27　卡通人物素材文件与设计效果

a) 源图　b) 效果图

第 10 章　Photoshop 自动化功能

职 业 情 境:

柳晓莉文秘专业毕业后在三峡美辰广告有限公司客户部担任客户专员，负责广告客户资料图片的收集与整理。在平时的图像处理工作中，柳晓莉发现有很多工作是对大量的图片应用相同的操作，刚开始前几张图片处理起来还有一点新鲜感，越来后面越感觉到烦琐，有没有快速简便的方法能把所有的图片按要求处理好？

章节描述:

在使用 Photoshop 处理图片的过程中，经常会遇到一些重复性的工作，Photoshop CS4 提供了重复执行任务的自动化处理功能，可以大大地提高工作效率。

技能目标:

● 熟悉动作面板，掌握录制、编辑以及应用动作
● 掌握自动命令以及子命令
● 重点了解批处理、Photomerge 命令

10.1 　【案例：电子登记照】动作功能

【**案例导入**】本案例是 Photoshop 动作功能的典型应用，柳晓莉负责某网上考试系统报名数据的录入，她已为所有参加考试报名的人员在现场用数码相机拍摄了电子照片，但摄像的电子照片太大，不符合网上考试系统的要求，网站要求报名的图像大小为 192×144（高×宽）、JPG 格式、8 至 10 KB，可以运用 Photoshop CS4 来快速完成此任务。如图 10-1 所示，为完成部分电子登记照的效果。

【**技能目标**】根据设计要求，熟悉动作面板，掌握如何录制动作、编辑动作、保存和载入动作以及应用动作。

【**案例路径**】"第 10 章 Photoshop 自动化功能\效果\电子登记照"文件夹

动作就是播放单个文件或一批文件的一系列命令，大多数命令和工具操作都可以记录在动作中。动作可以包含停止，可以执行无法记录的任务，也可以包含模态控制，可以在播放动作时在对话框中输入数值。Photoshop 是以组的形式存储动作，以便对动作进行组织。

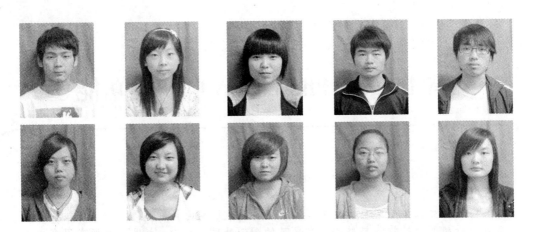

图 10-1 【案例：电子登记照】

10.1.1 认识动作面板

执行"窗口"→"动作"命令或者按〈F9〉键，即可打开如图 10-2a 所示的动作面板，在该面板中可以完成所有关于动作的操作，动作面板中按钮的名称及其功能如下。

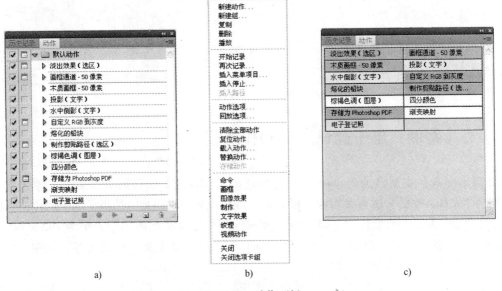

图 10-2 动作面板

a) 动作面板 b) "动作"菜单 c) 将动作面板转换为按钮模式

- 创建新动作 🔲：单击此按钮，可以创建一个新动作文件。
- 删除动作 🗑：单击此按钮，可以删除选中的命令、动作或者序列。
- 创建新序列 🗀：单击此按钮，可以创建一个新动作序列。
- 开始记录 ⬤：单击此按钮，可以开始记录新动作，处于记录状态时，呈红色显示。
- 停止播放/记录 ⬛：单击此按钮，可以停止正在记录或播放的动作命令。

- 播放 ▶：单击此按钮，可以执行选中的动作命令。
- 切换对话开/关 □：控制动作命令在执行时是否弹出参数对话框。
- 切换项目开/关 ✓：控制序列或命令是否执行。
- "展开"按钮 ▷：位于序列、动作和命令的左侧，单击"展开"按钮，可以展开序列、动作和命令，显示其中的所有动作命令。
- "收缩"按钮 ▽：单击序列、动作和命令左侧的"收缩"按钮，可以将展开的序列、动作和命令收缩为上一级显示状态。

在动作面板中，被选中的序列或者动作命令以蓝底白字显示，单击动作面板右上角的三角按钮，弹出"动作"菜单，如图 10-2b 所示，选择"按钮模式"命令，可以把动作面板转换为如图 10-2c 所示的按钮模式，在按钮模式的动作面板中，要执行动作命令只需单击动作名称按钮即可。注意：在按钮模式下，不能对动作进行记录、修改、删除等操作。

10.1.2 录制动作

动作功能适用于以下 3 种情况：

- 对于大量文件使用同一操作时（如转换颜色模式或者调整图像大小），可以使用动作的批处理功能，让计算机自动进行工作，以节省大量的精力并提高工作效率。
- 对于常用的编辑操作，可以录制成一个动作，然后进行反复使用。如在编写教材插图时，需要经常将 RGB 颜色模式图像去色变为灰度图像，然后调整图像大小为 4 ~ 6 cm，分辨率为 72dpi，再另存为 BMP 文件格式。将这些操作步骤录制成动作命令后，只需单击动作按钮，就可以完成这一系列操作。
- 可以将制作精美图像的复杂步骤录制成动作命令（如文字、纹理等特效），在以后的工作中执行动作命令，就可以轻松地得到同样的效果。同时，也便于同他人交流制作思路，提高设计水平。

下面通过【案例：电子登记照】来介绍录制动作的具体操作。

1）选择"文件"→"打开"命令，在"打开"对话框中选择文件，打开本书配套素材文件"第 10 章 Photoshop 自动化功能 \ 素材 \ 电子登记照 \ 数码源照片 \ 42050219901126831x. jpg"（注：此目录下共有 20 张素材，打开任意一个素材文件都可以）。

2）要录制一个满足工作需要的动作，单击动作面板中的"新建动作"按钮或者单击动作面板右上角的三角按钮，在打开的菜单中选择"新动作"命令，在弹出的"新动作"对话框中输入录制动作的名称"电子登记照"，如图 10-3 所示。

图 10-3 "新建动作"对话框

3）单击对话框中的"记录"按钮，动作面板中将显示新建动作名称，"开始记录"按钮将呈红色显示，此时在图像窗口中进行的所有操作及命令都将被录制成动作命令。

4）录制第 1 个动作，执行"图像"→"图像大小"命令，在弹出的"图像大小"对话框中输入图像的宽为 192 像素，高为 144 像素，然后单击对话框中的"确定"按钮。

5）录制第 2 个动作，执行"文件"→"存储为 Web 和设备所用格式"命令，弹出"存储为 Web 和设备所用格式"对话框，如图 10-4 所示，在对话框右上方设置照片的"品质"值为 70，注意观察左下方文件大小的数值，是否符合要求在 8～10 KB 之间。单击"存储"按钮，弹出"将优化结果存储为"对话框，选择存储的路径为"第 10 章 Photoshop 自动化功能\效果\电子登记照"，最后单击"确定"按钮。

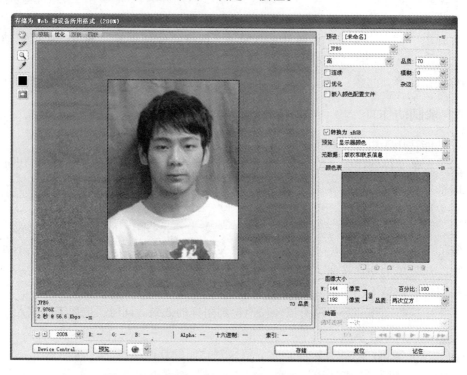

图 10-4　"存储为 Web 和设备所用格式"对话框

6）录制第 3 个动作，执行"文件"→"关闭"命令，单击动作面板中的"停止播放/记录"按钮，完成"电子登记照"动作的录制，如图 10-5 所示。

7）选择"文件"→"打开"命令，可以打开另外 19 张素材文件，依次单击动作面板的"播放"按钮，即可得到已处理好的电子登记照片。

提示：要录制动作，建议首先建立一个新序列，以便与 Photoshop CS4 自带的动作区分。在记录状态中尽量避免错误操作，因为在执行了某个命令后虽然可以按〈Ctrl + Z〉组合键撤销此命令，但在动作面板中不会由于撤销而自动删除已记录的动作命令。因此只能在动作面板中手动删除此命令的记录，否则此命令将被记录到动作命令中。

图 10-5　已完成动作录制的动作面板

10.1.3 编辑动作

对于录制好的动作命令，可以根据工作需要对其进行编辑，在 Photoshop CS4 中，用户可以重命名动作名称，还可以复制、调整、删除、添加、修改和插入动作命令。

1. 重命名动作

要重命名动作，只需双击动作面板中的该动作名称，当动作名称被黑线框起来时，会呈现蓝底白字显示状态，此时重新输入名称即可；或者选中要重命名的动作，双击动作后面的空白区域，弹出"动作选项"对话框，在此还可以选择执行该动作的快捷功能键和显示的颜色，如图 10-6 所示。

图 10-6　修改动作名称

2. 复制动作命令

选择要复制的动作命令，单击动作面板右上角的三角按钮，在弹出的菜单中选择"复制"命令；或拖动该动作到动作面板的新建动作按钮上，如图 10-7 所示。

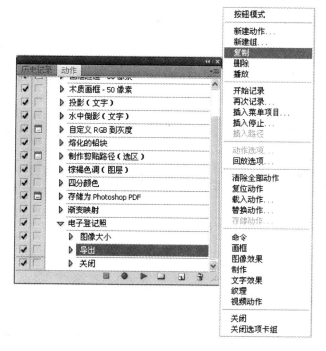

图 10-7　复制动作命令

3. 调整动作

选择需要调整排列顺序的动作，拖动动作命令到合适的位置释放即可。

4. 删除动作

选择要删除的动作，单击动作面板右上角的三角按钮，在弹出的菜单中选择"删除"命令，如图 10-6 所示，或者直接单击动作面板的"删除"按钮，也可以拖动"动作"到"删除"按钮上。在出现的对话框中，单击"确定"按钮即可删除选择的动作命令。

5. 添加动作命令

在录制好的动作中可以添加动作命令，选择需要添加动作命令的动作文件名称，单击动作面板中的记录按钮即可。

6. 修改动作命令

单击动作面板右上角的三角按钮，在弹出的菜单中选择"再次记录"命令，可以重新录制选择的动作，在重新录制的过程中，原来所有动作命令的对话框都将打开，可以重新设置对话框中的选项。

7. 插入动作命令

单击动作面板右上角的三角按钮，在弹出的菜单中选择"插入菜单项目"命令，打开如图 10-8 所示的提示对话框，此时单击需要插入的菜单命令，"插入菜单项目"对话框将会记录下所执行的菜单命令名称。

图 10-8　插入菜单项目

注意：如果在动作面板中选择动作文件，添加的动作命令被记录到该动作的最下面；如果选择的是动作文件中的某一动作命令，那么添加的动作命令将被记录到该命令的下面。

10.1.4　保存和载入动作

录制完动作后，可以将动作保存起来，便于在以后的工作中继续使用。要存储动作，首先在动作面板中选中该动作名称，然后单击面板右上角的三角按钮，在弹出的菜单中选择"存储动作"命令，打开如图 10-9 所示的"存储"对话框，在其中输入名称并选择适当的位置即可。

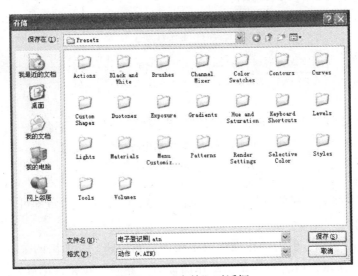

图 10-9　"存储"对话框

保存动作时，必须选中该动作序列文件夹，而且在保存的文件中只包含该动作文件夹中的所有动作，动作的格式为 *.atn 格式。对已保存和从网络上下载的动作可以安装使用，安装时单击动作面板右上角的三角按钮，在弹出的菜单中选择"载入动作"命令，在打开的对话框中即可选择动作文件进行安装，最新安装的动作将出现在动作面板的最下面。

利用动作面板上菜单命令，还可以进行如下操作。

- 清除动作：可以清除动作面板中的所有动作命令。
- 替换动作：可以安装动作，但安装同时，将替代动作面板中的现有动作命令。
- 复位动作：可以将动作面板重新设置为 Photoshop CS4 的默认状态。

Photoshop CS4 自带了多种动作序列文件，单击动作面板右上角的三角按钮，在打开的关联菜单的底部，单击动作序列名称，即可载入动作面板。

10.1.5 应用动作

无论是录制的动作，还是 Photoshop CS4 自带的动作，都可以像所有菜单中的命令一样执行，使用动作时，首先选择动作所在的序列，单击序列左侧的展开按钮，在展开的动作面板中选中动作，单击"播放按钮"执行动作命令。

在按钮模式动作面板中，只需单击要执行的动作名称即可，如果该动作设置了快捷键，可以使用快捷键来执行动作。在按钮模式中执行动作时，Photoshop CS4 将执行动作中的所有步骤，即使动作中没有选择的命令也将被执行。

当执行一个动作命令较多的动作时，经常会提示一些错误信息，由于执行动作的速度较快，无法判断发生错误的步骤，为了方便发现和检查这些错误，可以调整执行动作的速度。单击动作面板右上角三角按钮，在打开菜单中选择"回放选项"命令，打开"回放选项"对话框，如图 10-10 所示，在该对话框中有 3 个单选按钮可以控制播放动的速度。

- 加速：Photoshop CS4 默认设置，执行动时速度较快。
- 逐步：选择该单选按钮，在动作面板中将以蓝色显示当前运行的操作步骤，一步一步地完成动作命令。
- 暂停：选择该单选按钮，在执行动作时每一步都暂停，暂停的时间由右侧文本中的数值决定，调整范围为 1 ~ 60s。

如果在动作面板中选择动作序列名称，单击"播放"按钮后，Photoshop CS4 将依次执行序列文件中的所有动作命令。

提示：选择动作时按下〈Shift〉键，可以选择动作面板中多个不连续的动作；按下〈Ctrl〉键，可以选择动作面板中多个连续的动作。选择动作命令后，单击播放按钮，Photoshop CS4 将按照这些动作在动作面板中的排列顺序依次执行。

图 10-10 "回放选项"对话框

10.2 自动化任务

Photoshop 5.0 开始具有了自动功能，利用自动功能可以大大简化图像编辑的操作步骤，提高工作效率。Photoshop CS4 的自动命令都集中在"文件"→"自动"菜单中，可以自动或批量完成指定的任务。

10.2.1 批处理

利用 Photoshop CS4 的批处理功能可以让多个图像文件执行同一个动作命令，从而实现自动化控制，提高工作效率。例如，如果要修改一批文件，可以先录制一个能够完成此操作的动作，然后将需要处理的文件放在一个文件夹中，最后对此文件使用"批处理"命令，即可一次性完成修改操作。

同样可以通过【案例：电子登记照】来学习批处理的相关操作，执行"文件"→"自动"→"批处理"命令，打开"批处理"对话框，在该对话框中设置相关的参数，如图 10-11 所示，各参数的含义如下。

（1）"播放"选项组
- "组"下拉列表框：选择包含需要应用的动作的序列名称，在此选择"默认动作"组。
- "动作"下拉列表框：选择要执行的动作的名称，在此选择"电子登记照"动作，注意只有载入动作面板中的序列才能在"序列"下拉列表框中显示出来。

（2）"源"选项组
- "源"下拉列表框：在该下拉列表框中选择"文件夹"选项，然后单击"选择"按钮，在弹出的对话框中可以选择需要批处理的文件夹。
- "覆盖动作中的'打开'命令"复选框：选中后，将忽略动作中录制的"打开"命令。

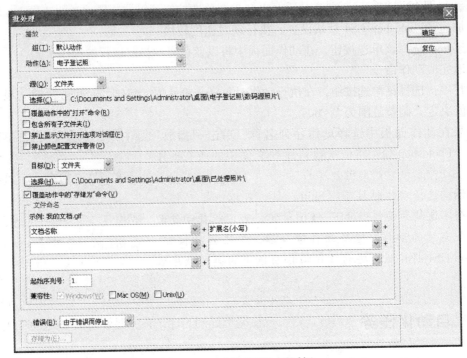

图 10-11 "批处理"对话框

- "包含所有子文件夹"复选框：选中后，可以处理选定文件夹的子文件夹中的图像。
- "禁止显示文件打开选项对话框"复选框：选中后，不显示文件直接打开选项对话框。
- "禁止颜色配置文件警告"复选框：选中后，关闭颜色方案信息的显示。

（3）"目标"选项组

- "目标"下拉列表框：若在该下拉列表框中选择"无"选项，则对处理后的图像文件不做任何操作；若选择"存储并关闭"选项，则将文件存储在它们的当前位置，并覆盖原来的文件；若选择"文件夹"选项，则将处理过的文件存储到另一个位置，单击其下方的"选择"按钮，可指定目标文件夹。
- "覆盖动作中的'存储为'命令"复选框：选中后，可以让动作中的"存储为"命令引用"批处理"的文件，而不是动作中指定的文件名和位置。

（4）"文件命名"选项组

如果需要对执行"批处理"后生成的图像重新命名，可以在其 6 个下拉列表框中选择合适的命名方式。

（5）"错误"选项组

- "由于错误而停止"选项：可以指定当动作在执行过程中发生错误时处理错误的方式。
- "将错误记录到文件"选项：将每个错误记录在文件中而不停止进程。如果有错误记录到文件中，在处理完毕后将出现一条信息。要查看错误文件，在批处理命令运行后可使用文件编辑器打开它。

设置相关的参数后，单击"确定"按钮，系统开始自动执行指定的动作，批处理后的图像自动地保存到目标文件夹中。在执行批处理命令时，按下〈Esc〉键，随时可以终止操作。

10.2.2　创建快捷批处理

使用"创建快捷批处理"命令可以创建一个基于动作的可执行程序的快捷方式。在 Photoshop CS4 未启动的情况下，可以通过将需要处理的图像拖移到使用该功能创建的程序图标上，运行 Photoshop CS4 并使用创建快捷批处理时指定的动作对此图像进行处理。

由于动作是创建快捷批处理的基础，因此在创建快捷批处理之前，必须在动作面板中创建所需的动作。

执行"文件"→"自动"→"创建快捷批处理"命令，弹出"创建快捷批处理"对话框，如图 10-12 所示。

在对话框中可以设置存储快捷批处理程序的位置，单击"将快捷批处理存储于"选项组中的"选择"按钮，在打开的"存储"对话框中指定存储的位置，单击"确定"按钮即可。"创建快捷批处理"对话框中的其他设置与"批处理"对话框相似，在此不再重复。此时在存储了快捷批处理命令的位置将出现快捷批处理图标，在需要处理图像文件时，只需将文件或者文件夹拖移到此图标即可。

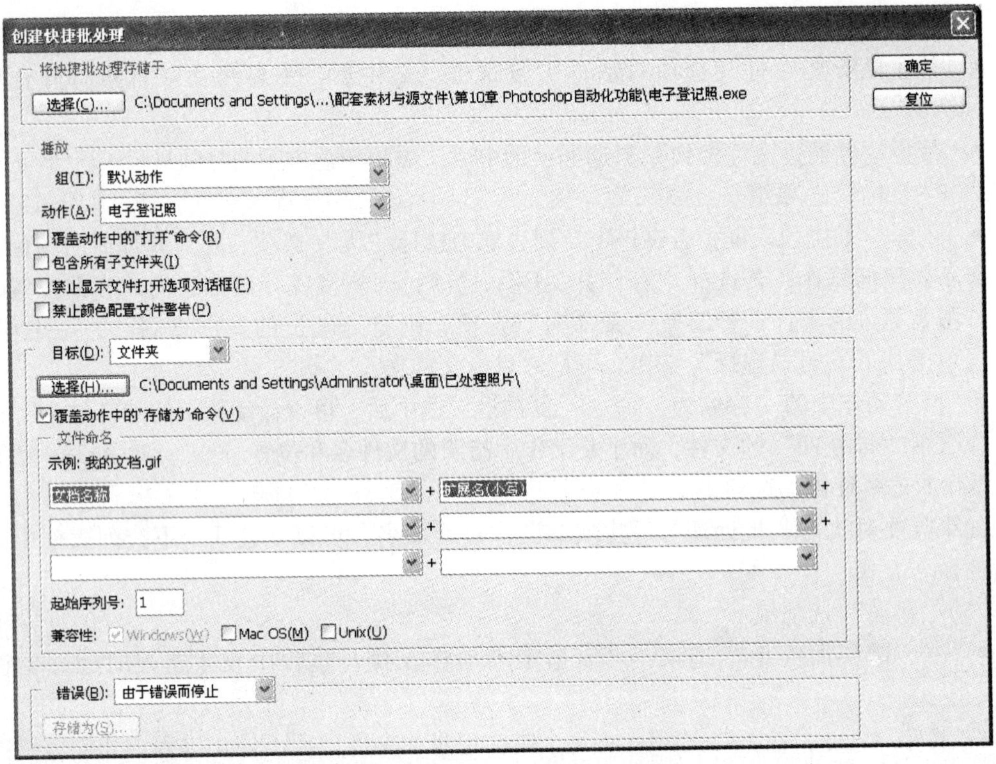

图 10-12　"创建快捷批处理"对话框

10.2.3　【案例：扫描照片】裁剪并修齐照片

【案例导入】 本案例是 Photoshop 自动命令的典型应用，可以在扫描仪中放入若干照片并一次性扫描它们，该命令能够在扫描图像中识别出各个图片，并旋转使它们在水平方向和垂直方向上正好对齐，然后再将它们复制到新文档中，并保持原始文档不变。如图 10-13a 和如图 10-13b 所示，分别为扫描多张照片和裁剪并修齐照片后的效果。

【技能目标】 根据设计要求，掌握裁剪并修齐照片命令以及使用该命令要注意的事项。

【案例路径】 第 10 章 Photoshop 自动化功能\效果\扫描照片

a)　　　　　　　　　　　　　　　　　b)

图 10-13　【案例：扫描照片】

a）扫描多张照片　b）裁剪并修齐照片

下面通过【案例：扫描照片】来介绍裁剪并修齐照片命令的具体操作：

1）选择"文件"→"打开"命令，打开本书配套素材文件"第 10 章 Photoshop 自动化功能\素材\扫描多张照片 . jpg"素材文件，如图 10-13a 所示。

2）执行"文件"→"自动"→"裁剪并修齐照片"命令，Photoshop CS4 就开始裁剪图片，并为每张图片创建一个新文档，共计创建 8 个新文档，排列这些文档，如图 10-13b 所示。

注意：扫描时不要使照片重叠，最好在每个照片之间多留出一些空隙，并且背景应该是均匀的无杂色的颜色。

10. 2. 4 【案例：长江三峡】Photomerge

【案例导入】本案例是 Photoshop 自动命令的典型应用，"Photomerge"命令可以将多幅照片组合成一幅连续的图像，也就是将多幅照片拼合成一幅连续的全景图像。如图 10-14 所示，分别为素材照片和合成后的效果。

图 10-14　【案例：长江三峡】

【技能目标】根据设计要求，掌握"Photomerge"命令。

【案例路径】第 10 章 Photoshop 自动化功能\效果\［案例］长江三峡 . psd

下面通过【案例：扫描照片】来介绍"Photomerge"命令的具体操作。

第 1 步：执行"文件"→"自动"→"Photomerge"命令，弹出"Photomerge"对话框，在该对话框中，在"使用"下拉列表中选择"文件"，然后单击"浏览"按钮，在弹出的"浏览"对话框中选择存放在配套素材与源文件"第 10 章 Photoshop 自动化功能\长江三峡 1. jpg"等 6 张素材文件，如图 10-15 所示，该对话框各选项意义如下。

（1）"版面"选项组

- 自动：Photoshop 分析源图像并应用"透视"或"圆柱"和"球面"版面，具体取决于哪一种版面能够生成更好的 Photomerge。

- 透视：通过将源图像中的一个图像（默认情况下为中间的图像）指定为参考图像来

创建一致的复合图像。然后将变换其他图像（必要时，进行位置调整、伸展或斜切），以便匹配图层的重叠内容。

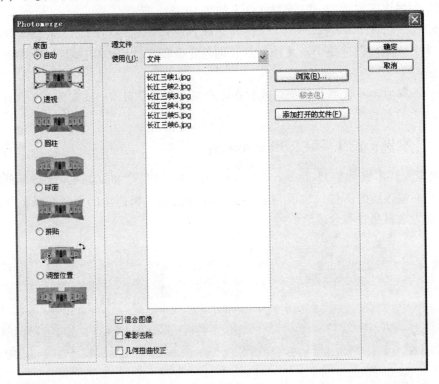

图 10-15 "Photomerge" 对话框

- 圆柱：通过在展开的圆柱上显示各个图像来减少在"透视"版面中会出现的"领结"扭曲，文件的重叠内容仍匹配，将参考图像居中放置，最适合于创建宽全景图。
- 球面：对齐并转换图像，使其映射球体内部。如果拍摄了一组环绕 360° 的图像，使用此选项可创建 360° 全景图，也可以将"球面"与其他文件搭配使用，产生完美的全景效果。
- 拼贴：对齐图层并匹配重叠内容，同时变换（旋转或缩放）任何源图层。
- 调整位置：对齐图层并匹配重叠内容，但不会变换（伸展或斜切）任何源图层。

（2）"源文件"选项组

- 混合图像：找出图像间的最佳边界并根据这些边界创建接缝，以使图像的颜色相匹配。关闭"混合图像"时，将执行简单的矩形混合。如果要手动修饰混合蒙版，此操作将更为可取。
- 晕影去除：在由于镜头瑕疵或镜头遮光处理不当而导致边缘较暗的图像中去除晕影并执行曝光度补偿。
- 几何扭曲校正：补偿桶形、枕形或鱼眼失真。

第 2 步：单击"确定"按钮，Photoshop 可从源图像创建一个多图层图像，并根据需要添加图层蒙版以创建图像重叠位置的最佳混合，如图 10-16 所示，可以编辑图层蒙版或添加调整图层以便进一步微调全景图的其他区域，只要进行适当的裁切就可以得到比较完整的全景图像，最终效果如图 10-14 所示。

图 10-16　图片拼合

10.2.5　【案例：风云坦克】合并到 HDR

【案例导入】本案例是 Photoshop 自动命令的典型应用，合并到"HDR"（High-Dynamic Range，高动态范围，是指图像的最明亮和最暗部分的比例）命令，将拍摄同一人物或场景的多幅图像（曝光度不同）合并成一张包含高动态范围信息的照片，即所谓 HDR 照片。如图 10-17a、10-17b 和 10-17c 所示，利用 3 张不同曝光度的素材文件，生成的如图 10-17d 所示的 HDR 图片。

a)　　　　　　　　　　　　　　　　b)

c)　　　　　　　　　　　　　　　　d)

图 10-17　【案例：风云坦克】素材及效果

a）源图 1　b）源图 2　c）源图 3　d）效果图

【技能目标】根据设计要求，掌握合并到"HDR"命令。

【案例路径】第 10 章 Photoshop 自动化功能\效果\［案例］风云坦克．psd

下面通过【案例：风云坦克】来介绍合并到 HDR 命令的具体操作。

1）执行"文件"→"自动"→"合并到 HDR"命令，弹出"合并到 HDR"对话框，单击"浏览"按钮，在弹出的"浏览"对话框中选择存放在配套素材与源文件的"第 10 章 Photoshop 自动化功能\坦克 1. jpg"等 3 张素材文件，如图 10-18 所示。

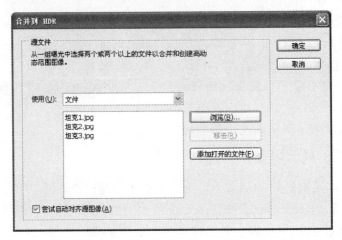

图 10-18　"合并到 HDR"对话框

2）单击"确定"按钮，将显示合并结果中使用的各图像的缩览图、合并结果预览、"位深度"下拉列表框及用于设置白场预览的滑块，如图 10-19 所示。

图 10-19　合并的结果预览

3）单击预览图像下方的"加号"或"减号"按钮可以进行放大或缩小操作，从预览图像下面的弹出式菜单中选取视图百分比或模式，从"位深度"下拉列表框中选取合并图像的位深度。

4）如果希望合并 HDR 图像的所有动态范围数据，在"位深度"下拉列表框中选取

"32 位/通道"，8 位/通道和（非浮点型）16 位/通道的图像文件不能存储 HDR 图像中所有范围的亮度值。

5）在"设置白场预览"中移动直方图下方的滑块可以预览合并的图像，移动此滑块只能调整图像预览，所有 HDR 图像数据在合并的图像文件中保持不变，所有参数设置完毕，单击"确定"按钮，以创建合并图像，最后效果如图 10-17d 所示。

10.2.6 条件模式更改

使用"条件模式更改"命令，Photoshop CS4 可以将任何一种图像模式的源图像转换为指定的颜色模式。执行"文件"→"自动"→"条件模式更改"命令，打开"条件模式更改"对话框，如图 10-20 所示。

在该对话框中可以设置"源模式"，即源图像的颜色模式；在"目标模式"中可以设置源图像转换后的颜色模式，单击"模式"右侧的下拉按钮，在打开的下拉列表框中选择 Photoshop CS4 的各种颜色模式；单击"确定"按钮，Photoshop CS4 可自动为打开的图像转换颜色模式。

提示：将"条件模式更改"命令记录到动作中，不仅可以确保在转换图像时准确无误，同时可以提高工作效率。

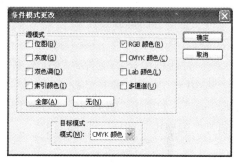

图 10-20   "条件模式更改"对话框

10.2.7 限制图像

利用 Photoshop CS4 的"限制图像"命令，可以自动根据指定的高度和宽度来调整图像大小。打开一幅图像，执行"图像"→"图像大小"命令，查看图像大小，设置宽度 400 像素、高度 336 像素，也可以用鼠标右键其标题栏，在弹出的菜单中选择"图像大小"命令。

执行"文件"→"自动"→"限制图像"命令，打开"限制图像"对话框，如图 10-21 所示，在该对话框中为打开的图像设置限制宽度为 500 像素、高度为 400 像素。

单击对话框中的"确定"按钮，Photoshop CS4 将自动限制图像的大小，此时，单击"图像"→"图像大小"命令，在打开的"图像大小"对话框中发现调整后的图像并不是设置的宽度 500 像素，高度 400 像素，而是宽度 476 像素，高度 400 像素，这是因为"限制图像"命令调整图像大小时，兼顾长宽比例不变的原则。

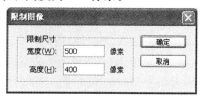

图 10-21   "限制图像"对话框

注意：使用"限制图像"对话框只会改变图像的像素大小，而不会改变图像的分辨率，因此，改变图像大小时，将对图像重新取样，实现对图像扩大或缩小的操作。

10.3 案例拓展——投影批处理

1. 案例背景

实际工作中，经常需要大量重复一种操作，例如作者在编写图书时，为了版式美观，需要为每一幅图片都添加投影效果。

2. 案例目标

利用 Photoshop CS4 提供的批处理命令可以大大简化操作过程，同时通过本案例，熟悉动作面板，掌握如何录制动作、编辑动作以及应用动作，重点掌握 Photoshop CS4 批处理图片的操作方法。

3. 操作步骤

1）首先需要为执行的批处理命令录制一个动作，打开动作面板，单击"创建新动作"按钮，弹出"新建动作"对话框，如图 10-22 所示，在"名称"文本框中输入"添加投影效果"，单击"记录"按钮，即可在"动作"面板中新建一个动作。

图 10-22　"新建动作"对话框

2）此时 Photoshop CS4 将自动录制以下的操作过程，选择"文件"→"打开"命令，在"打开"对话框中选择文件，打开本书配套文件"第 10 章 Photoshop 自动化功能\素材\花式咖啡.jpg"，如图 10-23a 所示，在图层面板中复制背景图层得到图层"背景副本"。

a)　　　　　　　　　　　　　　　b)

图 10-23　素材及调整画布大小

a）源图　b）调整画布大小

3）执行"图像"→"画布大小"命令，打开"画布大小"对话框，在该对话框中选择"相对"复选框，在"宽度"和"高度"文本框右侧的"单位"下拉列表中选择百分比，在文本框中输入 20，使画布相对于图像大小扩展 20%，如图 10-23b 所示。

4）双击图层"背景副本"，打开"图层样式"对话框，在"图层样式"对话框中设置投影效果，角度为 125 度，距离为 20 像素，大小为 12 像素，效果如图 10-24a 所示。

a)　　　　　　　　　　　　　　　b)

图 10-24　投影及裁切

a）投影　b）裁切

5）执行"图像"→"裁切"命令，在弹出的"裁切"对话框选择"左上角像素颜色"选项，将图像周围的白色边框删除，如图 10-24b 所示。

6）按〈Ctrl + E〉组合键合并图层，然后执行"文件"→"存储"命令和"文件"→"关闭"命令，关闭图像窗口。

7）在动作面板中单击"停止播放/记录"按钮，停止录制动作，至此批处理需要的动作"添加投影效果"已录制完成。

8）执行"文件"→"自动"→"批处理"命令，打开"批处理"对话框，单击"动作"右侧的按钮，在打开的下拉列表框中选择录制的"添加图像投影"动作，在"源"右侧的下拉列表框中选择"文件夹"选项，单击其下方的"选择"按钮，在打开的"浏览文件夹"对话框中选择源图像存储路径，选择"覆盖动作'打开'命令"复选框。

9）在"目标"右侧的下拉列表框中选择"文件夹"选项，单击其下方的"选择"按钮，在打开的"浏览文件夹"对话框中设置添加投影效果后文件的存储路径，同时选择"覆盖动作'存储为'命令"复选框，如图 10-25 所示，单击"确定"按钮，Photoshop CS4将自动把"源"文件夹中的所有图像，添加投影效果后保存到在"目标"选项区域中设置的文件夹中。

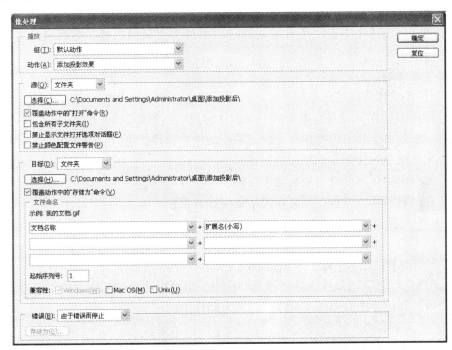

图 10-25　"批处理"对话框

10.4　综合习题

一、单项选择题

1. 只有载入（　　）面板中的动作序列才能在"批处理"对话框的"序列"下拉列表中显示出来。

A. 记录　　　　　　B. 修改　　　　　　C. 动作　　　　　　D. 播放

2. 在 Photoshop 中，当在大小不同的文件上播放记录的动作时，可将标尺的单位设置为（　　）显示方式，动作就会始终在图像中的同一相对位置回放（如对不同尺寸的图像执行同样的裁切操作）。

A. 百分比　　　　　　　　　　B. 厘米

C. 像素　　　　　　　　　　　D. 和标尺的显示方式无关，所以设置哪种标尺都不行

3. 关于文件批处理的源，以下说法不正确的是（　　）。

A. "文件夹"选项用于对已存储在计算机中的文件播放动作。单击"选取"按钮可以查找并选择文件夹。

B. "打开的文件"选项用于对所有已打开的文件播放动作

C. "文件浏览器"选项用于对在文件浏览器中选定的文件播放动作

D. "输入"选项用于对来自不同的多个文件夹的图像导入和播放动作

4. 对一定数量的文件，用同样的动作进行操作，以下方法中效率最高的是（　　）。

A. 将该动作的播放设置快捷键，对于每一个打开的文件按一键即可以完成操作

B. 选择菜单"文件"→"自动"→"批处理"命令，对文件进行处理

C. 将动作存储为"样式"，对每一个打开的文件，将其拖放到图像内即可以完成操作

D. 在文件浏览器中选中所有需要处理的文件，点鼠标右键，在弹出的菜单中选择"应用动作"命令

二、多项选择题

1. 下列关于动作的描述正确的是（　　）。

A. 所谓"动作"就是对单个或一批文件回放一系列命令

B. 大多数命令和工具操作都可以记录在动作中，动作可以包含暂停，这样可以执行无法记录的任务（如使用绘画工具等）

C. 所有的操作都可以记录在动作面板中

D. 在播放动作的过程中，可在对话框中输入数值

2. 以下任务中，不能通过"动作"记录下来的是（　　）。

A. 画笔绘制线条　　B. 魔棒选择选区　　C. 磁性套索创建选区　　D. 海绵工具

3. 关于"动作"记录，以下说法正确的是（　　）。

A. "图像尺寸"的操作无法记录到动作中，但可以选择"插入菜单"命令记录

B. 播放其他动作的操作也可以被记录为动作中的一个命令

C. "对齐到参考线"等开关命令，执行动作的结果取决于文件当时开或关的状态

D. 记录插入菜单的动作时，可以按菜单命令的快捷键来完成记录

4. 关于文件批处理播放的动作，以下说法正确的是（　　）。

A. 显示在动作面板中的动作组合和动作才能被应用

B. 应用动作的文件夹中若包含子文件夹，对其中的文件只能再运行批处理命令来处理

C. 当设置好批处理的选项，单击"确定"按钮后，还需要打开要应用动作的文件

D. 运行命令中出现的错误，可以设置让批处理继续，最后将所有错误记录到文件

5. 关于"动作"记录，以下说法正确的是（　　）。

A. "自由变换"命令的记录，可以通过动作面板右上角弹出的菜单中"插入菜单"

命令实现

    B. 钢笔绘制路径不能直接记录为动作，可以通过动作面板右上角弹出的菜单中"插入路径"命令实现

    C. 选区转化为路径不能被记录为动作

    D. 动作面板右上角弹出的菜单中选择"插入停止"命令，当动作运行到此处，会弹出下一步操作的参数对话框，让操作者自行操作，操作结束后会继续执行后续动作

三、问答题

1. 要为文件进行批处理一般需要几个步骤？

2. 利用 Photoshop CS4 的批处理功能有哪些优点？

3. 动作的自动化命令有哪几个特点？

四、设计制作题

利用本章所学的知识，使用如图 10-26a、10-26b、10-26c、10-26d 所示的"第10章 Photoshop 自动化功能\综合习题\东方明珠 1. jpg"等 4 个素材文件，运用"合并到 HDR"命令，得到一张 HDR 照片，效果如图 10-26e 所示（可以参考"第 10 章 Photoshop 自动化功能\综合习题\东方明珠. jpg"源文件）。

图 10-26　素材文件与 HDR 照片

a) 源图 1　b) 源图 2　c) 源图 3　d) 源图 4　e) 效果图